竜口英幸

Tatsuguchi Hideyuki

海と空の軍略100年史

ライト兄弟から最新極東情勢まで

集広舎

妻にして友、時に師でもある和美に捧げる

〔目次〕

第六章　東西冷戦と極東情勢　165

第七章　二つの中国のはざまで　197

第八章　原子力空母の時代　225

＊大扉写真＝アメリカの多目的攻撃艦ＷＡＳＰに垂直着艦するＦ―35Ｂ戦闘機（二〇一一年一〇月三日、大西洋）

プロローグ

フランスの首都パリの中心部、ナポレオン・ボナパルトの棺《ひつぎ》が安置されているドーム付きの建物「アンヴァリッド」の隣に、フランス軍事博物館はある。フランス革命後の混乱期から軍人として頭角を現し、一九世紀初頭にヨーロッパを席巻して遂には皇帝となったナポレオンの時代の展示品を見ていた時、一枚の油絵が目に留まった。戦場の混乱の中、フランスの砲兵たちが斜面の大砲を懸命に押し上げて態勢を立て直そうとしている場面を描いた作品だ。なぜこの絵に心惹《ひ》かれたのか。それは人の手で押し動かせるまでに小型化した大砲が戦場に登場していたことを示していて感慨深かったからだ。砲兵出身のナポレオンは「神は最良の大砲の傍《かたわ》らに居《い》ませり」との言葉を残し、実際、大砲でヨーロッパを彼の膝下《しっか》に置いた。

中世ヨーロッパに登場し、城攻めの決め手となった大砲は概ね重さ約二・五トン、馬二〇頭で移動させ三十数人で操作する大掛かりな装置だった。一八世紀の戦闘では、敵味方とも戦線に大砲を並べ、その前あるいは後ろに横三列に並んだ歩兵が弾を先込めするマスケット銃を構える陣形で臨むのが一般的だった。大砲の砲撃で戦端を開き、十分に打撃を与えたら歩兵が前進するという戦法だ。

戦争博物館に展示されている油絵

ところがプロイセンのフリードリッヒ大王がフランス・オーストリア連合に戦いを挑んだ七年戦争（一七五六〜六三）では、プロイセン軍は部隊を迅速に移動させて敵の弱点を衝《つ》く作戦で勝利を重ねた。中でも一七五七年一一月のロスバッハの戦いでは、約四万二千人という、プロイセンの二倍にあたる兵力のフランス軍が縦列で進軍してくるところに奇襲攻撃をかけ、挟み撃ちにした。そして、あらかじめ丘の上に配置していた大砲で混乱に陥ったフランス軍を砲撃し圧倒的な勝利を収めた。フランス軍は重い大砲を戦場に残したまま逃げ出し、屈辱的な大敗を喫した。

だが、フランスはこの屈辱から劇的に蘇った。陸軍幹部は、軍事技術者で工兵隊の責任者ジャン・B・グリボーヴァルに新しい兵器システムの構築を命じた。彼が目指したのは「標準化」と「互換性」の確立だ。大砲・砲弾・砲車のサイズと形状が標準化され、大砲の砲身の長さは二m前後と従来の半分となった。重さ五・六kgの砲弾を用いる一二ポンド砲は重量約九八〇kgと、イギリスの同口径の砲より約四四〇kgも軽く、馬四頭で疾走できるまでに軽量化に成功、同時に威力と命中精度を向上させた。また、標準化により製作に熟練技術者を必要としなくなり、大量生産にも道を開いた。職人が勘と経験に頼って製作していた砲や砲弾が、近代的な工場に劣らぬ設備で生産されるようになったのだ。最も壊れやすい砲車は、戦場で部品交換できるようになった。ナポレオンはこの革新的な装備をふんだんに戦場に投入し、部隊を小さな単位に分割して機動力を高める用兵で、輝かしい勝利を手にした。

やがて多数の砲で砲弾の雨を降らせて屍《しかばね》の山を築くというフランスの野戦思想は、アメリカ市民戦争（南北戦争）に反映され、第一次世界大戦にまで影響を与えた。ディーゼル・エンジンが登場すると、大型化した大砲も自動車で容易に移動できるようになり、海では大砲を積んだ戦艦が海洋を支配した。ナポレオンは「大砲の時代」の幕を開けたのだ。

新しい技術は新しい兵器を生み、新しい兵器の誕生は、より効率的に敵を殺戮する新しい用兵思想を生み出す。

二〇世紀初頭に航空機が登場すると、装備や用兵思想はさらに一変した。爆撃機の登場でイタリアの軍人ドーエは前線ではなく、敵の生産拠点や都市を破壊するという用兵思想を生み出し、アメリカの戦略爆撃という、恐ろしく残忍な戦い方へとつながった。航空機の発達は、航空機を戦場近くへと運ぶ航空母艦の誕生を促した。

第二次世界大戦では、日米二ヵ国だけが最新鋭装備の航空母艦群を擁していた。建国以来、西進を続けて領土を拡張し、さらに太平洋の覇者の座を目指した米国と、これに立ちはだかった日本——史上初めて、この二ヵ国が空母群対空母群の戦いで激突した。極東の島国・日本にとって、日露戦争以来二度目の西洋文明との戦争となったが、中国大陸、東南アジア、インド、太平洋と勝算もなく戦線を拡大した日本は、約三〇〇万人もの犠牲者を出して敗れ、勝利したアメリカは太平洋の覇者となった。

その覇者アメリカと敗者・日本は今「日米安全保障条約」で太平洋を跨《また》いで軍事同盟を結ぶ

関係となった。アメリカは世界の警察官となり、約六千人が乗り組む、艦の長さ約三〇〇mの巨大空母一〇隻が、それぞれ護衛艦や駆逐艦群を従えた〝動く航空基地〟に、海をパトロールさせている。

＊

「兵は国の大事なり」――軍事戦略は国の命運を左右する基盤であり努々《ゆめゆめ》おろそかにしてはならない――とは、中国最古の兵法書『孫子』の冒頭の言葉である。魏《ぎ》王朝を打ち立て詩人としても名を残す曹操《そうそう》が注釈書をしたためるほどに敬愛し、今なお世界で読み継がれている古典中の古典である。

残念ながらわが国で『孫子』は、ビジネス書としての人気はあるが、兵法書としては正当な評価を受けていないようだ。ジャーナリズムの世界では「軍事」はタブーのごとく扱われ、国民が安全保障について緩やかな合意さえ形成できないでいる。さらに長期的な視野での戦略思考という、頭脳のトレーニングをも怠る国になってしまった。隣国・中国から俄《にわ》かにむき出しの覇権路線を突きつけられて、これまでの日本に欠けていたものが何であったということに、ようやく国民が気づき始めたというところだろう。

『孫子』の教えの真骨頂は「彼を知り己を知らば百戦危うからず」と、「戦わずして勝つ」を究極の目標に据えたことである。徹底した情報収集と冷静な分析を怠らないことと、戦争に持ち込まずに国家目標を達成するための外交・軍事戦略を最上とする戦略思想だ。その遂行手段として「兵は詭道《きどう》なり」――つまりはかりごと、戦略的優位に立つためのあらゆる権謀術数を尽くすことが求められる。死傷者を出しては戦いの上策とは言えず、相手を戦いに持ち込ませない手立てを追求し続けなくてはならない。冷静そのものの「危機管理」こそが軍事の核心なのだ。

本書は、航空機と航空母艦の開発の歴史を縦軸に、軍事・安全保障の歴史をたどる。こうした歴史の再検証こそが「なぜ日本が無謀な戦争に踏み切ったか」という意思決定の過程を浮かび上がらせ、太平洋国家としての今後の日本の進路と安全保障を考えることに役立つと確信している。軍事史というと何やらいかめしいが、本書は戦争のメカニズムから平和に思いを巡らす書でもある。ぜひとも女性、若い人たちも読んでいただきたいと願っている。

二〇一八年二月一日

凡例

・文中で取り上げた人物はすべて敬称を略した
・文中の日付はアメリカの暦日を原則とした
・個人名はできるだけフルネーム表記とし、当該国の発音に近いもので表記した
・参考資料は煩雑さを避けるため最後に一括したが、特に重要なものは文中に出典を表記した

第一章　航空機の誕生

「航空機は身の毛もよだつ戦争を招来した。だから、いかなる国も二度と再び戦争を引き起こそうとは思わないだろう」（一九一八年、オーヴィル・ライト）

原点は自転車

航空機の歴史は米国東海岸、ノースカロライナ州のアウターバンクス、陸地に沿って堤防のように連なる島々の中の小さな町、キティホークを舞台に始まる。良い風が吹いてグライダーの飛行に適しているということの島で一九〇三年一二月一七日、ライト家の三男ウィルバー・ライト、四男オーヴィル・ライトの兄弟が、一二馬力のガソリンエンジンを搭載した自作のフライヤー号で世界初飛行に成功した。初回と二回目は滞空時間一二秒、三回目が一五秒、そして四回目で滞空時間五九秒の飛行に成功した。わずか一分足らずに過ぎなかったが、鳥のように空を飛ぶという人類の夢の実現の偉大な第一歩を記した日だった。

ドイツのカール・ベンツが世界初のガソリンエンジン自動車の試運転に成功し、特許が認め

ライト兄弟。三男のウィルバー(右)と四男のオーヴィル

られたのが一八八六年。ライト兄弟の飛行実験はそれから一七年後で、自動車は目覚ましく発展し続けていたが、エンジンを付けた機械に人が乗って空を飛ぶなど、だれも想像していなかった。

ライト兄弟の原点は自転車屋だった。一八九二年に一号店を開店、やがて自分たちのブランドの自転車を製作し、ピークの一八九七年には工場労働者の平均年収五〇〇ドルの六倍にあたる三千ドルも売り上げた。ところが自転車の黄金時代は長くは続かず、売り上げは落ち始めた。兄弟はすでに次の挑戦を模索し始めていた。漠然とではあるが、空を飛ぶ機械のコントロール技術の研究だ。兄弟の手許には五千ドルの貯えがあった。

閃《ひらめ》きは突然やって来た。

一八九六年八月一〇日、ドイツ人技術者で、鳥の翼の構造と飛行原理を二〇年間にわたり研究し、鳥の羽根を模したハンググライダーで飛行実験を繰り返していたオットー・リリエンタールが事故死した。ニュースで彼の死を知った兄弟は、稲妻に打たれたかのように突然、航空機に興味を持つ。航空関係の雑誌や書籍をむさぼり読んだウィルバー・ライトは一八九九年五月末、米国の学術団体・スミスニアン協会に資料照会の手紙を書いた。同協会には航空工学を研究していたサミュエル・P・ラングレーがいたからだ。

ラングレーは航空機を設計しては実験に挑戦し、ことごとく失敗していたが、著名な雑誌『マックリュアーズ・マガジン』がラングレーの「フライング・マシーン」を取り上げたことから、兄弟が注目した人物で、ウィリアム・マッキンレー大統領の説得で軍から研究資金の提供を受けた航空力学のパイオニアにして権威だった。在野の研究者だったウィルバー・ライトはラングレーに宛てた書簡で「(動力を搭載すれば航空機による)有人飛行は可能だ」との信念を披瀝し、まずグライダーの研究に着手した。

一方、マサチューセッツ州では一八九九年、チャールズ・H・メッツがアメリカ初の「エンジン付き自転車」を製造、彼はこれを「モーターサイクル」と命名、爆発的な人気とともにモーターサイクルの時代が始まっていた。兄弟は自転車から転身、航空機開発に突き進んだ。

二人は小さなトンネル状の箱に人工的に空気を流す風洞装置を設置し、翼が飛行中に受ける力と翼の構造の関係など、科学的に基礎研究を重ね、翌年にはグライダー第一号機で飛行実験にこぎつけた。一九〇一年には人を乗せたグライダーを開発、一九〇二年秋には七〇〇〜千回の滑空実験を重ねた。

フライヤー号の構造とカタパルトの発明

フライヤー号は木製で、布張りの上下二枚の主翼、上昇と下降のための補助翼(昇降舵)、飛行する方向を操作する補助翼(方向舵)で構成。下側の主翼に腹ばいの姿勢で搭乗し、手足で昇降舵と方向舵を操作する。二枚の主翼はワイヤーで結び、下の翼中央に左右に動くスライド装置を設けた。この装置の上に乗り、腹を左へあるいは右へと動かすと、ワイヤーに引っ張られた主翼がねじれてたわみ、飛行の安定を保つという先見的な発明だった。自転車に乗って滑

フライヤー号と、ライト兄弟が考案したカタパルト

らかにカーブを曲がる時、体を曲がる方向に倒す姿勢から思い付いたのではないか、と現代の専門家は推測している。

在野の研究者だった兄弟は、今日にもつながる航空機の飛行・操縦原理を考案して設計し、しかも自らテストパイロットとして飛行を実現した。搭載した自作のガソリンエンジンは一二馬力・排気量四千cc、自転車のチェーンで二枚のプロペラに回転を伝える仕組みだった。彼らは事前に米国気象局に全米の風に関する情報提供を依頼、さらにキティホークの季節ごとの風向きや風の強さの資料を分析し、満を持して飛行実験に臨んだのだった。

今日の航空機との決定的な違いは、フライヤー号には車輪が付いていないことだ。自転車屋のはずなのに兄弟はなぜ車輪を付けなかったのか、ここにも驚異的な発明がある。エンジンを搭載したフライヤー号の重量は二七四kg。さらに操縦者の体重が加わると約三四〇kgの重さになった。自作のエンジンは、たとえ良い風が吹いても静止した状態から飛び立つには力が足りなかった。そこで兄弟が発案したのが、茶目っ気たっぷりに「大型乗換線」と名付けた発射装置、カタパルト（射出機）だ。

長さ一八mの線路を敷設し、すぐ後ろに高さ約五mの四角錐《すい》の櫓《やぐら》を建て、櫓の頂点に滑車を付けた。一〇人ほどの男がロープを引いて約二七〇kgの重りを櫓の最上部まで引き上げ、重りが落ちる力で線路上の機体を前進させる仕組みだ。機体を乗せる小さな台車は長いロープで結《ゆ》わえられており、線路の終点部分の滑車で折り返して線路の下をくぐり、櫓の下部の滑車で垂直に方向を変えて櫓の頂点の滑車を通って重りと結ばれている。重りを頂点まで引き上げると台車は線路の起点に戻る。機体を載せエンジンが始動すると、男たちがロープを放して重りが落下、台車が重りに引かれて線路の終点まで勢いよく前進して機体が離陸できるだけの速度をかせぐ。兄弟は重りの重量を何段階にも増やし、発進速度を上げた。これは現代の航空母艦が航空機を射出するカタパルトの基本原理と同じである。

アメリカの巡洋艦ノース・カロライナから発進するカーティス社製の複葉機（1915年）

ライト兄弟の業績は初飛行で輝いているが、飛行機を短い距離で安全に発進させる基本原理を考案した点も、もっと称賛されてよい。

兄弟の初飛行から一二年後の一九一五年一一月五日、米巡洋艦ノース・カロライナ（ACR−12）では、前甲板に設置した長さ約一五mのガイドレールからカーティス社製の複葉機AB−2が発進、世界で初めて航行中の艦船からのカタパルト発進に成功した。パイロットは海軍のヘンリー・C・マスティン。カタパルトの動力源は圧縮空気で、時速約八〇km

で飛行機を押し出した。今日の航空母艦で用いている水蒸気式カタパルトの技術が完成するのは第二次世界大戦後だが、これについては後の第五章で説明する。

飛行船に着目したイギリス陸軍

初飛行を成し遂げた後、二人はフライヤー号の改良を重ねて二機を製作、一九〇五年一〇月にはウィルバー・ライトが第三号機を用い、旋回飛行で三九分間の飛行記録を樹立。兄弟は挑戦にピリオドを打った。世界初飛行という名声を獲得し、その成功を世界に知らしめて航空機ビジネスに乗りだそうとしたのである。

ライト兄弟の実験の意義にいち早く気づいたのはイギリス陸軍だった。四半世紀前の一八七八年、イギリスは陸軍飛行船学校を設立、四年後には開発と訓練を行う「飛行船工場(Balloon Factory)」と名前を変え、水素ガスで空に浮かぶ巨大なラグビーボールのような飛行体の開発を続けていたのだ。

空気より軽い水素ガスを用いれば、空に〝浮かぶ〟ことは簡単だった。既にして一八五二年九月、フランスの技術者アンリ・ジファールは三馬力の小型蒸気エンジンを搭載した全長四四m、最大直径一二mの飛行船でパリ上空の飛行に成功していた。世界で初めての飛行船のデモンストレーションだった。国境線を越えて敵の偵察活動ができることに期待が高まったとはいえ、船体構造の弱さ、強風に弱く安定した飛行が困難な上、引火しやすいという弱点はなかなか克服されなかった。

飛行船は気球にエンジンを搭載して操縦できるようにした飛行体だが、その一段階前の気球は、空中に浮かび上がれば進路は風任せである。気球はフランス革命直後の動乱の中で初めて偵察用、つまり軍事目的に用いられ、フランスはいち早く飛行船部隊も設立した。しかし、真の意味で実戦において気球を活用したといえるのは平原での戦いが主だったアメリカ市民戦争（南北戦争）で、両軍は偵察用に用いた。気球に下げたゴンドラに二〜五人が乗り込み、高度約一五〇mまで浮上、気球は風に流されないようロープで地上の樹木などに固定した。ゴンドラから電信線を垂らして地上と結び、乗り込んだ通信士が観測将校の言葉を、電信で地上に待機する味方軍に送信する仕組みだった。もちろん望遠鏡を使うのだが、快晴であれば半径四〇㎞の範囲の敵の動き、つまり野営テントの数や進軍の状況を観察できたという。

観戦武官としてアメリカに来ていたイギリス陸軍将校二人はその有用性に着目、帰国後に気球の軍事応用を進言し、飛行実験も行った。これが後にイギリスの陸軍飛行船学校の設立につながった。

ここで飛行船の開発に取り組んでいたイギリスの技術者にとって、ライト兄弟の成功は、進むべき新たな方向を示す天の啓示だった。フライヤー号の飛行成功から一ヵ月、イギリス政府は飛行船工場を率いていた技術将校、ジョン・カッパー大佐を兄弟の下へ派遣、イギリスが実験成功に強い関心を抱いていることをまず伝えた。これに意を強くしたライト兄弟は下院議員を通じて米国政府に援助を打診したが、返事はつれないものだったようだ。

一九〇六年五月、兄ウィルバー・ライトは販路を求めて訪欧、当時の列強であるイギリス、フランス、イタリア、ドイツの各政府にフライヤー号を売り込み、デモンストレーション飛行も行ったが、商談はうまく行かなかった。イギリス軍部では当時、兄弟をイギリスに招いて実験を始めるプロジェクト構想が立ち上がり、フライヤー号の買い取りも打診するなど準備を重ねていたが、最終的に財政当局と折り合わず、構想は挫折、二人はその後も苦汁をなめ続けた。

こうした折、たまたまイギリス陸軍に軍馬や軍用凧の売り込みに来ていたテキサス出身の米国人、サミュエル・コディーが飛行船工場と手を組み、試行錯誤の末に竹と布で組み立てた複葉機試作に成功した。こうしてライト兄弟の初飛行から五年後の一九〇八年一〇月、イギリス陸軍第一号機は初飛行に成功したのである。

初飛行時のツェッペリン

一方、海軍は一九一一年一二月に海軍航空学校を設立したが、所有する航空機はわずか二機だった。航空機には偵察活動だけでなく、増大しつつあった潜水艦の脅威に立ち向かう攻撃能力が期待されるようになったという時代背景もあった。学校設立の一ヵ月前には、車輪の代わりにフロート（浮き）を付けた水上機も誕生している。イギリスは着実に航空機を開発していたように見えるが、一九一一年に陸軍に所属していたパイロットは全部で一一人、海軍は八人に過ぎず、まさに草創期だった。
この間、ドイツ帝国では元軍人のツェッペリン伯爵が一八九八年に自ら飛行船会社を設立、翌年には「ツェッペリン一号」

の初飛行に成功した。揺籃《ようらん》期にあった飛行機に対し、技術的に製作が容易な飛行船はいち早く実用化に成功、強風に弱く引火しやすいという弱点はあったものの、航続距離の長さと多数の人員輸送が可能という特性を強みとして空の王者となり、第一次世界大戦では度重なるロンドン空爆で、ロンドン市民を恐怖に陥《おとしい》れた。

世界初の戦闘機

飛行機の進化には、戦争という巨大なエネルギー供給源が必要だった。一九一四年六月二八日、オーストリア＝ハンガリー王国の皇帝フランツ・ヨーゼフ一世の甥で、皇位継承者であるフランツ・フェルディナント大公夫妻が、ボスニア系セルビア人の民族主義者の一青年にボスニア・ヘルツェゴビナのサラエヴォで暗殺されるという事件が起きた。オーストリア＝ハンガリー王国による、ボスニア・ヘルツェゴビナ併合に象徴されるバルカン半島への南進政策に対する反発が原因とされる。これで多民族のるつぼであるバルカン半島の民族意識は一気に火を噴いた。好機到来と見たドイツ帝国は、オーストリア＝ハンガリー王国を促して一ヵ月後にセルビア王国に対して宣戦布告させ、第一次世界大戦の火ぶたが切って落とされた。

オーストリア＝ハンガリー王国側にはオスマン帝国、ブルガリア王国、イラン王国が控えていた。ドイツ帝国はいち早く西隣りのベルギー王国に侵攻し、バルカン半島への南進の野望を持っていたロシア帝国、さらにフランス共和国に対し次々と宣戦布告し、イギリス王国は直ちにドイツ帝国に宣戦布告した。一青年が放った銃弾が、ヨーロッパから北アフリカ、バルカン半島、中東に至るまでを戦乱の嵐で覆うことになったのである。ライト兄弟の初飛行成功からわずか一一年後のことであった。

やがてこの大戦が航空機の軍事応用のデビューの舞台を用意することになる。当時のパイロットに要求された重要な技量は、地上のスケッチ画作成能力であり、任務の第一は偵察活動だった。スケッチ画はやがて航空写真に代わるが、偵察活動を重ねるうちに、パイロットは短銃で敵の偵察機のパイロットを撃つようになり、操縦席に積んだレンガ、さらには小型爆弾をパイロットが手で投げ落とすという具合に、航空機の活用法は人間の闘争本能と歩みを共にした。

偵察飛行で地上を写真撮影するパイロット

だが、まだのどかとも言えるこうした局面を一変させたのは、オランダ人アントニー・フォッカーが一九一五年に開発したドイツ機、フォッカー・アインデッカーだ。フォッカーはプロペラの回転と同調するギア（シンクロナイズド・インターラプター・ギア）を発明し、回転するプロペラの羽と羽の間から高速で発射するマシンガンを搭載することに成功した。世界初の戦闘機の誕生である。しかも機体は溶接した鉄板製で、木製の英仏機とは頑丈さに雲泥の差があった。こうして航空機の任務は、敵の偵察機を撃墜することに移った。この開発競争に遅れたイギリスの航空機は、英国民が見上げる上空でフォッカー機にバタバタと撃墜され続け、英国議会では「フォッカーの懲罰」という自虐的な言葉さえ生まれたほどである。

航空母艦の誕生とダーダネルス戦役

航空機は海へも進出した。フロート式の水上機を運ぶ輸送船はフランスが一九一〇年に就航させたラ・フードルを嚆矢《こうし》とするが、航空母艦といえる機能を備えたものは、英海軍が一九一四年一二月一〇日、世界で初めて就航させたHMSアークロイヤルである。民間の穀物輸送船を改造した同艦は、船倉にフロート式の複葉機四機種計六機を格納し、甲板上の二基の蒸気クレーンで航空機を海面に下ろし発進させる仕組みだった。帰還した航空機は海面から引き上げ、船倉に格納した。

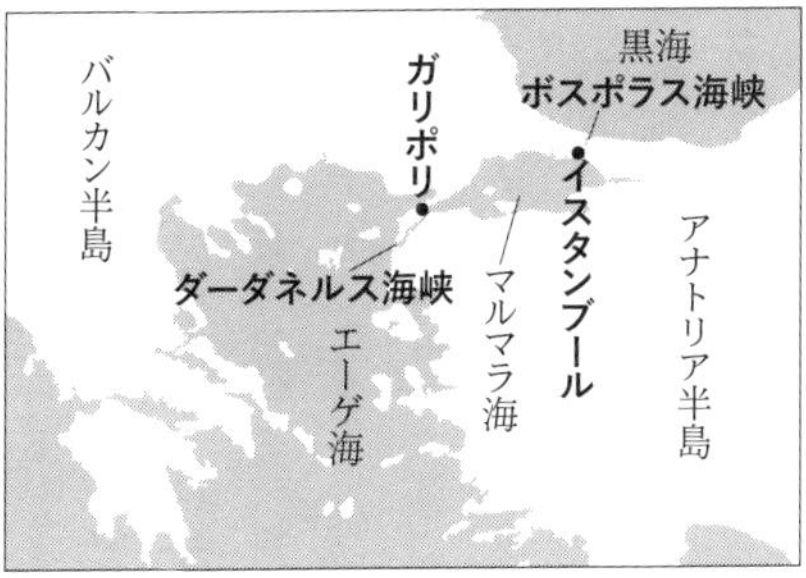

翌年二月、アークロイヤルは初めて実戦に参加、地中海を通ってエーゲ海とマルマラ海の間にあるダーダネルス海峡に向かった。ダーダネルス戦役である。ダーダネルス海峡を突破すればオスマン帝国の首都イスタンブールを海から攻略でき、さらにマルマラ海からボスポラス海峡を通ってロシア帝国の裏庭である黒海への道が開け、ロシア支援が可能となるという作戦だ。ロシアはもともと黒海から地中海を目指す野望を持っていたが、オスマン帝国がロシア南部のコーカサスを侵略したため、ロシア皇帝がイギリスに助力を求める理由が正当化されたことも、ダーダネルス戦役の背景にある。

ダーダネルス海峡を制圧するため、イギリスとフランスは海峡に突き出したガリポリ半島の要塞破壊作戦を立案、アークロイヤルの艦載機はトルコ軍の布陣の様子を偵察し、待機している自軍の戦艦に伝え砲撃させた。小規模とはいえ、ここには「可能な限り敵近くまで飛行基地を運び艦載機を戦闘に投入する」という、航空母艦の戦略思想の原点が明確に現れている。

英仏海軍は二月一九日からガリポリ半島に砲撃を始めたが、海底に大量に敷設された機雷のために半島に近づき難く、逆に要塞からの砲撃や沖に敷設された機雷により戦艦三隻が沈没、さらに被害が拡大し作戦は中止された。トルコの軍事力をなめてかかったイギリスとフランスの完敗だった。イギリスは世界最強の海軍力を過信していたのだ。

敵の要塞を破壊できなかったにも拘わらず、英仏は陸軍を派遣、四月二五日に無謀とも思える上陸作戦を敢行した。トルコ側は英仏の六倍にも上る兵員を配置し準備万端待ち構えていた。上陸作戦は翌年一月まで続行されたが、イギリス軍、フランス軍と、第一次世界大戦のために独立間もないオーストラリア陸軍とニュージーランド陸軍で編成したアンザック軍などの死傷者は約一四万人、這《ほ》う這うの体《てい》で撤退した。対するにオスマン帝国の死傷者は約二五万人だった。トルコは英仏を撃退したが、この勝利は落日のオスマン帝国が最後の光芒を見せたものとなった。

英国ではハーバート・H・アスキス首相がダーダネルス戦役失敗の責任をとって辞任、作戦を立案・遂行したウィンストン・チャーチルも海軍大臣のポストを去った。敵の上陸を想定して態勢を整えている軍の前に兵を上陸させる作戦が、いかに大きな犠牲を伴うかを示した典型例である。現在話題になっている日本の南西諸島の離島奪還上陸作戦などは、もっと冷静に議論を重ねなければならないだろう。

このダーダネルス戦役に関連して、大日本帝国海軍の護衛艦が地中海でドイツ帝国の潜水艦攻撃から英仏の輸送艦を護衛する任務に当たったことは、あまり知られてはいない。しかし、この支援作戦の教訓が当時の海軍首脳にきちんと理解されていたならば、太平洋戦争末期の日本の海上交通路（シーレーン）防衛の軽視という戦略の失敗はなかったはずである。

海軍大臣チャーチルはダーダネルス戦役に敗れたが、海軍にとって計り知れない功績があることに触れておかなくてはならない。それは英艦船の燃料を石炭から石油に劇的に切り替えたことである。エンジン出力や輸送の容易さで石炭は石油にかなわない。しかもイギリスでは炭鉱ストライキが社会問題化しており、エネルギー源として安定供給に不安があった。当時、イギリスでも一部艦船は石油を使っていた。しかし、石油を供給していたのはロイヤル・ダッチ・シェルでオランダ資本だった。ドイツの野望を考えると、オランダ資本に頼ることは非常に危険だった。

チャーチルは、一九〇八年に創設されペルシャで探鉱していたアングロ・ペルシャン・オイル・カンパニーの株の五一％取得にこぎつけ、国策石油会社に仕立てた。石炭から石油への転換で、チャーチルは時速二五ノット（時速約四六㎞）で展開する重装備の戦艦群の建造を目指した。第一次世界大戦直前に就役した戦艦クイーンエリザベス（排水量三万一一〇〇トン＝満載時。以下同様）は時速二四ノット（時速四四㎞）を実現、チャーチルの期待通り、ドイツの野望を打ち砕くことになる。チャーチルの戦略思考には敬服するしかない。

艦船の弱点と制空権

話を第一次対戦前に戻そう。重工業を驚異的に発展させ強大な国家となったドイツ帝国皇帝カイザー・ウィルヘルム二世の野望は、七つの海を支配するイギリスをその座から引き下ろすことだった。一九〇〇年に成立した第二次ドイツ海軍法は、向こう二〇年間に新たに戦艦一九隻を建造して三八隻とし、さらに巡洋艦・軽巡洋艦約六〇隻を建造、独英の海軍力を二対三の比率に引き上げるという野心に満ちた計画を盛り込んでいた。新興強勢国家ドイツ帝国が、ヨーロッパの盟主ともいえる大英帝国に挑戦する国策を推進し始めていたのだ。

一八九七年一一月、山東半島でドイツ人宣教師が殺害される事件が起きると、ドイツはドイツ人保護を名目に、かねて目をつけていた山東半島の膠州《こうしゅう》湾を占領した。その後、青島《チンタオ》に海軍基地を建設し始め、一八九八年三月の独清条約で膠州湾の九九年間の租借権を獲得した。ドイツは、青島をドイツ太平洋艦隊（Ostasiengeschwader）の主基地として整備、北ニューギニア、マーシャル諸島、マリアナ諸島、カロリン諸島、サモアを領土に治め、広大な南太平洋を作戦海域として縦横無尽に活動していた。

大戦勃発後、日英同盟の要請でドイツ太平洋艦隊と対峙することになった日本はまず青島を封鎖、陸軍による青島攻略を支援した。この戦いで、航空史の中で、地味ではあるがモニュメントとなる出来事が起きた。一九一四年九月六日（一説には二七日）、日本の陸軍航空隊が世界で初めて、航空機による艦船爆撃を行い、ドイツの機雷敷設船に打撃を与えた。日本はその意義を十分には理解していなかったが、世界の軍事関係者は極東の小さな戦闘の重大な意義に瞠《どう》目《もく》させられた。すなわち「艦船は空からの攻撃に弱い」。軍艦は船舷側には厚い鉄板を用いているが、甲板や船橋の作りは脆弱《ぜいじゃく》である。戦艦巨砲主義の時代にあって、航空機の活用こそが勝敗の鍵を握ることになるというほのかな予感が、後に航空母艦開発への道を開くことになったのだ。

ちなみに日本で航空機が初飛行したのは一九一〇年末。ヨーロッパで操縦術を身につけた二人の陸軍大尉がドイツ、フランスから輸入したアンリ・ファルマン式複葉機とハンス・グラーデ式単葉機を用い、それぞれ三千mと七〇〇mの飛行に成功したという。一方、日本海軍の初飛行は二年後の一九一二年で、日本が本格的に航空戦力の養成に取り組むのは第一次世界大戦後となる。

ところで、パイロットが操縦席から小型爆弾を落とし始めると、爆撃機の誕生は必然だった。世界初の爆撃機はフランスが開発したヴォワザン機で、一九一四年八月一四日に飛行船ツェッペリンの係留地を爆撃した。同機はエンジンを七〇馬力から一五五馬力へと強化し、搭載できる爆弾の量も六〇kgから三〇〇kgへと飛躍的に向上させた。そしてヴォワザン機六〇〇機からなる部隊を編成し、翌年五月に長大な塹壕で消耗戦を繰り広げていた西部戦線（フランス北東部からベルギー）に投入したのだった。それまでの西部戦線は陸軍対陸軍の戦闘だったが、フランスの爆撃を受けたことでドイツは〝制空権〟の重要性に気づき、戦闘機の大量生産へと舵を切った。ドイツは優秀な戦闘機アルバトロスを開発、一九一七年四月のアラスの戦闘では英軍機三八五機にドイツ機一一四機が立ち向かい、イギリス側はドイツの三倍強に当たる二四五機を失った。

この間、メルセデス、ルノー、ロールスロイスなどの自動車メーカーは航空機用高出力エンジンの開発を競い、航空機設計者は搭載するエンジンの数を単発から双発、さらには三発と大型化を進めた。航空機による戦闘活動は、開戦からわずか三年足らずで凄惨なものになった。イギリスのSF作家、H・G・ウェルズが一九〇八年に出した空想小説『空の戦争』の予言が現実のものとなったのである。

〝モーターサイクル青年〟カーティスと〝命知らずのパイロット〟イーリィ

アメリカでライト兄弟が飛行実験に挑戦し始めていたころ、ニューヨーク生まれのひとりのモーターサイクル青年が、航空機の新たな歴史を切り開こうとしていた。彼の名はグレン・ハモンド・カーティス。後に「アメリカ海軍航空の父」、「アメリカ航空産業の創設者」と讃えられる人物だ。

カーティスは二二歳で自転車ショップを開業、翌年にはヘラクレスと名付けた独自ブランドの自転車にエンジンを搭載したモーターサイクルを発売し始めた。彼が発明した軽量空冷エンジンは全米で最高の人気を博し、ライト兄弟に書簡でこのエンジンの購入を勧めたほどの自信作だった。一九〇三年五月には彼のヘラクレス・モーターサイクルを自ら操縦し、公式記録ではないが時速六四マイル（時速一〇三㎞）の世界最高速を記録した。以後、次々にスピード記

モーターサイクルに乗る「アメリカ海軍航空の父」カーティス

録を塗り替えていき、遂には会社を設立して航空機製作に挑戦する。今日のモーターサイクルに生き続けている技術、ハンドルに付いた回転式スロットル（加速装置）はカーティスが普及させたものである。

スピードに取り憑《つ》かれた青年の姿に、新時代の挑戦者を予感した男がいた。電話を発明したアレクサンダー・グラハム・ベルだ。カーティスはベルとともに航空実験協会（ＡＥＡ）の創設に参画した。カーティスが製作し時速一三六・三六マイル（時速二一九㎞）を記録したモーターサイクル用の八気筒エンジンを搭載し、カーティス自らがデザインした航空機「ジュン・バグ（六月のうるさい虫）」を完成させた。自信をみなぎらせて臨んだ一九〇八年七月四日のサイエンティフィック・アメリカン・トロフィー競技会では、米国で最初の公式認定された飛行記録として見事栄冠を勝ち取った。

ライト兄弟の初飛行は輝かしい記録ではあるが、事前予告し観客の前で出された公式記録ではない。ライト兄弟のフライヤー号とカーティスのジュン・バグを比較すればすぐに分かることだが、カーティスの飛行機には車輪が付いている。エンジンが強力になり、カタパルトなしで離陸できるようになったのだ。

だが、航空機を作り続けるというカーティスの夢をかなえるには、その力を大衆に見せる命知らずのパイロットが必要だった。ユージン・B・イーリィの登場だ。アイオワ州立大学で工学を学んで自動車業界に入り、セールスマンからメカニック、さらにはレーシングドライバーとなり、独学で飛行機の操縦を学んだ男だ。カーティスの飛行チームに加わったイーリィは、飛行ショーで全米を回った。

命知らずのパイロットだったユージン・B・イーリィ

航空機の発展を見守っていたアメリカ海軍はついに動いた。一九一〇年秋、米海軍は海軍大佐ワシントン・I・チャンバースに、航空機が海軍にとって有用な兵器となるものかどうか調査するよう特命を下した。チャンバースは直ちに、航空機が艦船から離着できると示すことが重要な第一歩になると確信し、カーティスやイーリィに相談した。「船を用意できるなら」という条件で話が決まった。もちろんイーリィは狂喜した。

最初の課題は離艦だ。一九一〇年一一月一四日、首都ワシントンDCに近い軍港、ヴァージニア州のチェサピーク湾が舞台となった。軽巡洋艦バーミンガムに木製の板を海へ向かって五度の角度で傾斜させて並べ、約二五mの即席の甲板を設《しつら》えた。イーリィが乗り込むカーティス・プッシャー機には念のためフロートも装着した。船からふわりと舞い上がった機体は落下して海面に軽く接触したが、スキップするように上昇、そのまま約三㎞飛び続け、陸地に無事着陸した。艦船から航空機が飛び立った世界初の瞬間だった。

着艦は離艦よりはるかに難しい。舞台はサンフランシスコ湾に移った。予算の少ない海軍は、海軍長官ジョージ・マイヤーが自ら実験のための募金を市民に呼びかけた。一九一一年一月一八日の朝、湾上の巡洋艦ペンシルバニア号には長さ四〇mの即席甲板が設えられ、両端に重りの砂袋を結《ゆ》わえたロープ一六本が等間隔に並べられた。航空機から下げたフックをこのロープに引っ掛け、機を停止させる仕組みである。これは現代の航空母艦にそのまま踏襲されているアレスティング・ギア（機体捕獲ワイヤー）の原型でもある。

興行家の才能もあるカーティスは見物の船を仕立て数千の客とともにじっとその時を待った。ラグビーのヘッドキャプをかぶり、上半身に安全のための自転車チューブを巻きつけたイーリィは午前一一時、近くの競技場を飛び立ち、何事もなかったかのように着艦した。やがてイーリィは船から飛び立ち、競技場へと帰還した。世界で初めて、海軍航空が誕生した輝かしい冒険の日だった。

この年、海軍はカーティスとライト兄弟の機をそれぞれ買い上げた。しかし、海に守られたアメリカは海外の出来事に関わらないモンロー主義の平和に浸っており、軍備増強の必要がなかった。

アメリカが中立政策を破棄しドイツに宣戦布告した一九一七年四月、米国が所有する航空機は陸軍が二五〇機、海軍が練習機を主体に五四機、その中に一機の戦闘機も持ってはおらず、戦闘能力はほとんどないに等しかった。ヨーロッパに渡ったアメリカ人パイロットたちは、まずフランスやイギリスの飛行学校で飛行訓練を受け、その後イギリス、フランス、イタリアの飛行場に駐屯し、輸送船団の警護とドイツ潜水艦の探索と攻撃の任務に当たった。

空の戦略家ドーエの空爆理論

第一次世界大戦で初めて投入された新兵器、航空機は、偵察機から戦闘機、さらに爆撃機へと発展し、限定的ではあったが新しい戦いの形態を生んだ。特に爆撃は、顔の見えない相手、前線の兵士だけではなく一般市民まで巻き込む陰惨な殺戮の時代の到来を告げる戦争形態となった。

イギリス政府はドイツの飛行船ツェッペリンや爆撃機ゴータに思うがままにロンドン空爆を許してしまった防衛政策の問題点を、陸軍中将ジャン・C・スマッツ率いる委員会に検証させた。スマッツ自身の意見はこうである。

「敵の国土を廃墟と化し、工業地帯や人口密集地を大規模に破壊する航空作戦が行われるようになるのは遠い日のことではない。これこそが戦争の主要形態となり、これまでのような海軍・陸軍の攻撃形態は二次的あるいは従属的なものになるであろう」(「The Smuts Reports」: Short History of the Royal Airforce, chapter1)

スマッツがこう発言したのは一九一七年八月のことである。そのわずか四年後の一九二一年、イタリアの軍人で初の陸軍航空部隊を指揮したジュリオ・ドーエは、空爆を戦略へと理論化した『空の支配(The Command of the Air)』を出版した。

ドーエの主張は「航空作戦は敵軍そのものよりは、敵の背後の工業地帯、鉄道網や道路網などのインフラ、都市と産業労働者などを標的にして空爆し、戦う国家意思を挫《くじ》く方がより効果がある」というものだ。航空機は高速で空を自由に飛び、楽々と国境線を越える機動力がある。敵の背後を衝《つ》くのは難しいことではない。ドーエは航空機が持つ破壊力を確信し、独立した強力な空軍の創設の重要性を繰り返し説いた。戦争開始後直ちに為すべきことは制空権の確保、空の支配なのだ。陸軍や海軍と対等な位置づけでなくてはならず、戦闘機は戦闘機同士の戦いで消耗するよりも爆撃機で敵の国力を挫くのに重点を置いた方が効果的であり爆撃機の護衛をすれば事足りるとした。

実は第一次世界大戦中、オーストリアとの戦闘が膠着《こうちゃく》状態に陥《おちい》ると、ドーエは戦争大臣にオーストリアの都市を五〇〇機の爆撃機で大規模空爆する作戦を提案した。この提案は却下されたが、内閣に送ったメモの中で陸軍の指導者を批判したかどで軍法会議にかけられ一年間服役した。皮肉なことに、欧州に平和が戻ってから書かれた同書は、彼の死後フランス語、英語、ドイツ語、ロシア語に翻訳され、来たるべき戦争の先進的理論として受け入れられた。平和時とは次の戦争の準備期間であると言っているに等しい。軍需工場だけでは事足りず、工場労働者や都市住民まで殺した方が効果的だという体系的かつ予言的な〝理論〟の誕生は「いかに〝合理的に〟戦争するかを追求すると、道徳はなすすべを知らない」ことを証明したようなものだ。すくなくとも人間性は完全に麻痺してしまっている。

ドーエの思想を最も熱狂的に受け入れたのはヨーロッパのような軍備拡張競争に巻き込まれず技術開発も進まなかった米国の陸軍航空隊である。『空の支配』は一九二三年には航空技術学校で紹介され、一九三〇年代から抄訳がパイロット養成学校で出回った。一九三三年には、航空隊長官のベンジャミン・フーロワが謄写版刷りのコピー三〇部を下院軍事委員長に送り、航空戦の原理を理解する優れた思想であると推奨している。

ドーエの戦略空爆理論は、後に太平洋戦争における、木造家屋攻撃のための焼夷弾《しょういだん》（固形ガソリン充填）を開発し一夜で一〇万人余を焼殺した東京大空襲を初めとする都市空爆で、日本を焦土と化す作戦の理論的原点となった。ちなみに一九六四年、日本政府（佐藤栄作首相）は、焦土化作戦を指揮し、一人でも多くの日本人を焼き殺せと命令したアメリカ陸軍少将カーティス・ルメイに勲一等旭日大綬章を授与している。何と愚かでご都合主義の政治だろうか。とはいえ、日本が中国大陸で重慶に三年間にわたって行った延べ一万ソーティー（出撃回数の単位）の空爆もまた、ドーエが提唱した「無差別戦略爆撃」だった。

米空軍の父・ミッチェル

ドーエの戦略爆撃の思想から直接的な影響を受けたわけではないが、航空機の真の威力を確信し、劇的にそれを実証して見せた軍人がいる。アメリカ空軍の父と讃えられるウィリアム・ビリー・ミッチェルだ。

有力な上院議員の息子として生まれたミッチェルは、血の気が多い男だったようだ。一八九八年四月、アメリカのカリブ海進出とフィリピン、グアム島領有のきっかけとなったスペインとの戦争が起きると、一八歳でさっさと大学に見切りをつけ、陸軍に志願して頭角を現した。一九〇八年にはライト兄弟の弟の方、オーヴィル・ライトのデモンストレーション飛行を見学し「空の時代」の到来を確信する。父親の政治力で通信部隊の将校になっていたが、陸軍が航空機を通信部隊の所管に決定したことで、航空機との結びつきが決定的になる。一九一六年には航空機部隊の副指揮官に就任。軍は三八歳のミッチェルが航空機の操縦を習得するには年を取り過ぎていると渋ると、憤然として私費でヴァージニア州のカーティス飛行学校に入り、操縦技術をあっさり習得してしまった。

アメリカが第一次世界大戦に参戦した一九一七年、陸軍中佐となっていたミッチェルは、イギリス航空隊のサー・ヒュー・トレンチャード将軍の知遇を得て戦略や大規模航空作戦のノウハウを身に付けた。大佐に昇進したミッチェルの作戦指揮の名声は高まる一方で、やがて准将へと上る。

ミッチェルは一九一八年九月、ドイツ軍が占領していたフランス北東部のサンミエルに攻勢をかけるアメリカ軍を支援するため、英・仏・米機総勢一四八一機による地上軍支援作戦計画を立案・指揮し、ドイツ軍を撤退させることに成功した。

米空軍の父と呼ばれるウィリアム・ビリー・ミッチェル

米国に戻ったミッチェルはますます航空戦力のパワーを確信し、独立した空軍の設立を声高に主張するようになる。やがて戦争長官（旧陸軍長官）のニュートン・ベイカーと海軍長官ジョセファス・ダニエルズを説き伏せて、陸軍と海軍の合同演習「プロジェクトB」を実現させた。ミッチェルのもくろみは、戦艦一隻を建造する費用で爆撃機一千機を製造できること、航空機はコストが安く経済的な防衛力整備につながることを実証することだった。

一九二一年七月二〇―二一日の陸海軍の合同演習で、ミッチェルは演習のルールを破り、ドイツから接収した戦艦オストフリースラント（排水量二万二八〇八トン）と軽巡洋艦を空爆であっさりと沈めてしまった。さらに九月にはアメリカの退役戦艦アラバマも沈めた。航空機の破壊力を示す点では大成功だったが、一匹狼的なミッチェルには敵が多すぎた。もともと傲慢な突進型の性格で部下や同僚に慕われることがなく、海軍はもとより陸軍内部、連邦議会、ホワイトハウスを敵に回すようになる。相次ぐ軍・政府批判の言動がたたり一九二五年一二月、ミッチェルは軍法会議にかけられ有罪となり、五年間の職務停止を命じられたが、翌年二月に退役した。軍法会議の一二人の判事のうち、最年少のダグラス・マッカーサー（後の連合国軍総司令官）だけが無罪とした。「士官は、意見の異なる上官や戦略の常識と異なることに対し、沈黙を強いられてはならない」というのがその理由だった。卓見である。

ウィリアム・ミッチェルは強引な力技で航空機の能力とパワーを実証して見せたが、第一次世界大戦後に再び内向きの国家に戻っていたアメリカでは、未来につながる航空政策は生まれなかった。そうした時代に、国民一般に航空機の威力を理解させたのは、亡命ロシア人アレキサンドル・セベルスキーの著作『空軍力による勝利』であり、この著作は、ウォルト・ディズニーによって一九四三年に同名のアニメ映画に仕立てられ、人口に膾炙《かいしゃ》した。

帝政ロシア海軍のエースパイロットだったセベルスキーは、革命を逃れて飛行機で米国に亡命。飛行機には父親とその友人イゴール・シコルスキーが乗っていた。シコルスキーは後にアメリカでヘリコプターを発明、数々の軍用ヘリコプターを生産したシコルフスキー社を興した。

セベルスキーは先述のウィリアム・ミッチェルの「プロジェクトB」に協力、一九二三年には正確な爆弾投下を実現するための照準器（ジャイロ・スタビライズド・ボムサイト）を開発した。自身が起こした会社「セベルスキー・エアクラフト・カンパニー」で航空機の製造にも乗り出し、機体全体を金属板で加工したP－43戦闘機（P－47サンダーボルトの前身）を製造したことでも知られる。

二人の亡命ロシア人が米航空産業にもたらした功績は大きいが、セベルスキーの著作『空軍力による勝利』は、ドーエの『空の支配』とともに戦前のアメリカで最も影響力があった戦術書であり、戦略爆撃の思想が大衆に理解されるきっかけとなった。

日本で生まれた世界初の空母

前述したように、一九一四年九月六日（一説には二七日）、日本の陸軍航空隊は青島でドイツ船舶を爆撃した。航空機による世界初の船舶爆撃だった。

これに先立つ一九一〇年と一一年、アメリカ海軍は、かの命知らずのテストパイロット、イーリィを起用して軍艦船での航空機発艦と着艦に成功していた。さらに一九二一年にはミッチェルがドイツ戦艦を航空機による爆撃であっさり沈めてみせた。

しかし、こうした積み重ねはあっても、航空機と艦船を結合させた戦略思想はなかなか誕生しなかった。艦上から自在に発着できるパワーを備えた航空機開発が進まなかったこともあるが、イギリスが一九〇六年に就役させた戦艦HMSドレッドノート（排水量約一万八千トン）の存在があまりに大きかったからだ。

大艦巨砲主義の時代を開いたドレッドノートは、艦長一六〇mで一二インチ（三〇五㎜）の連装主砲五基を装備。高い命中率の射撃方法で、破壊力のある長距離砲撃戦を目指して建造された革新的な戦艦だった。イギリスはドイツ海軍への対抗策として建造したが、各国海軍も一斉に大艦巨砲主義に走った。海軍士官の美学かもしれないが、戦艦を戦艦によって撃沈するのが海の戦いであるという神話はますます大きくなり、各国海軍はなかなかドレッドノートの呪縛から逃れられなかったのである。

イギリスの戦艦ドレッドノート

こうした世界的風潮の中、巡洋艦を改造した空母ではなく、動く航空基地ともいえる世界初の正式な空母が一九二二年一二月、日本で誕生した。空母・鳳翔《ほうしょう》である。全長一六八m、最大幅約一八mで基準排水量七四七〇トン。前年に正式な艦載機として三菱内燃製造（現在の三菱重工業）が日本で初めて完成させた一〇《いちまる》式艦上戦闘機と一〇式艦上雷撃機を搭載した。

両機は共にイギリスから招いた技師ハーバート・スミスの設計でイスパノ300PS水冷発動機を搭載。戦闘機は木造骨格に羽布張りの複葉単座機で最大時速二二五㎞。一三八機製造された。雷撃機は八〇〇kgの魚雷一本を抱く三葉単座機で最大時速二〇五㎞。二〇機が製造された。両機とも当時の世界水準に比しても遜色のない性能で、海軍は航空母艦の運用の試行錯誤

世界初の空母・鳳翔

を重ね、また航空母艦の改良を進めた。今日、鳳翔の存在はほとんど忘れ去られているが、艦船と航空機が名実ともに結合したエアー・シー・バトル戦略が日本で産声を上げたわけで、世界史にその名を刻む歴史的意義がある。

＊

一九一八年四月、イギリスは世界に先駆けて空軍という独立軍を設けた。エアー・パワーの可能性を、予見から戦略的運用へと進める第一歩だった。

第一次世界大戦終了後のアメリカは、欧州諸国の紛争に巻き込まれることにうんざりしており、連邦議会は中立路線を志向した。陸軍は海外への興味を失い、航空兵力はその陸軍に所属していたため、航空兵力の増強には気が向かなかった。さらに海軍は日本が南太平洋の島々を委任統治し始めたことでフィリピンやグアムが奪われる事態を危惧してはいたが、ドレッドノートに象徴される大艦砲艦主義に憧れていた。

日本は陸軍と海軍との仲が険悪で、陸軍の仮想敵はソ連であり、大陸で使用する航続距離が短い航空機で十分と考えていた。アメリカを仮想敵に想定していた海軍はといえば、世界最初に空母を就役させたとはいえ、主流はこれまた艦隊決戦派だった。こうした流れを航空母艦の時代へと転換させたのが、ワシントン軍縮条約だった。

第二章　太平洋の覇権とアメリカ

「わが国の領土は二つの大洋にまたがり、しかもヨーロッパとアジアの中間に位置している。したがってシナが自国を好んで呼ぶ『ザ・ミドル・キングダム（中国）』という名称は、実のところ、わが国にもふさわしいと思われた」（M・C・ペリー著『ペリー提督日本遠征記』）

アメリカの西進

個人の人生と同じように、国家にも不幸な生い立ちとしか言いようのない、過酷な運命に翻弄された歴史を持つ国がある。中米で「太陽の国」との異名を持つメキシコはその典型だろう。ヨーロッパが大航海時代に乗り出していた一五一一年、スペイン人がメキシコ湾内のユカタン半島に漂着した（ポルトガル人の種子島漂着は一五四三年）。うち一二人がその後も生存していることを知ったスペインは直ちに征服を企て、次々に遠征隊を繰り出した。スペイン軍を率いたエルナン・コルテスは一五二一年、メキシコ中央高原にある一大都市国家・アステカ帝国の都テノチティトランを陥落させ、アステカ帝国を滅亡に追い込んだ。

スペイン人が持ち込んだ流行病で激減した先住民、スペイン移民の子孫であるクリオージョ、先住民とスペイン系白人との混血であるメスティソ、銀鉱山労働者としてアフリカ大陸から連れてこられた黒人奴隷と先住民の混血であるムラートなど、複雑極まりない人種構成となったメキシコは、以後三〇〇年近く、スペインの植民地として統治され、富を搾りつくされた。

その後、スペインの衰退に伴い、日本の明治維新に先立つこと約半世紀の一八二一年、メキシコはようやく独立を果たした。とはいえ当時、北米から中米に至る、現在の領土の二倍に当たる四〇〇万㎢という広大な国土をまとめる統治機構もなく、国家の体裁を整えるのは至難の業《わざ》で、混乱続きだった。国土の広さを認識するすべさえ持ち合わせていなかったという方が当たっているだろう。

政権安定などからほど遠い状態の一八三六年には、メキシコ領テキサス地方が「テキサス共和国」として独立を宣言、アメリカは「共和国民が望んでいる」という理由でこれを併合し、二八番目の州とした。さらにアメリカはメキシコに対し、国境線策定に関しあからさまな無理難題の要求を突き付けて脅し、戦争に持ち込むや三方向から侵攻、首都メキシコ・シティーを占領した。

一八四八年二月に締結したグアダルーペ・イダルゴ条約でアメリカとメキシコの国境を確定し、アメリカは戦勝国として現在のアメリカの西半分、カリフォルニア、ニューメキシコ、ユタ、ワシントンの各州領域、さらにオクラホマ、コロラド、カンサス、ワイオミング、モンタナ州域という空前の領域を、わずか一五〇〇万ドルという破格の安値で〝買い取った〟のだった。ワシントン州のすぐ南、オレゴン州はイギリスとの交渉で手に入れたものの、実質的にはアメリカ・メキシコ戦争の結果得た領域によって、アメリカは太平洋に到達したわけだ。メキシコが今なおアメリカに屈折した感情を持つのは当然だろう。

このアメリカの膨張主義を推し進めた人物こそ、テキサス併合を公約として当選した第一一代大統領、ジェームズ・ノックス・ポーク（民主党）である。

彼は、テキサス併合を正当化するための理屈付けとして「未開の地を文明化するのはアメリカに課された使命である」とする「マニフェスト・デスティニー（Manifest Destiny）＝明白な使命」思想の信奉者だった。この思想は一八四五年に『デモクラティック・レビュー』誌の編集者ジョン・L・オサリバンが同誌に発表したもので、西部開拓、先住民の虐殺、メキシコ、スペインとの戦争、ハワイ併合と続く、アメリカの覇権主義を正当化していった。ただ、熱狂的な領土拡張主義者の大統領が一人でこうした思想を振りかざしたわけではなく、当時のアメリカ国民がこれを支持したのだ。

また、海軍との関係でいえば、一八四五年二月に開校した海軍士官学校は、海軍力充実のためポークが開設したものである。

マハンの制海論とペリーの深意

ペリー提督が第一三代ミラード・フィルモア大統領の命令を受けて日本への航海に出発したのは一八五二年一一月二四日。通商のため日本への友好的な入国を成就すること、米国の蒸気船が太平洋を横断する際に必要な石炭の貯蔵所を適当な地点に設置することなどが目的だった。だが、軍事権と外交権を特別に授けられた東インド艦隊司令官ペリーは、航海中に海軍長官ジョン・P・ケネディーに宛てた書簡で本音を吐露している。「もし日本が開港を拒んだら琉球群島の主要な港を占拠することも正当化される」と。

ペリーは、大西洋を南下して喜望峰からインド洋を横切り、マラッカ海峡から香港に至り、琉球にいったん停泊して地質調査と水路調査を行った。次いで小笠原諸島へ向かい、ここでも綿密な調査を行った。ペリーはカリフォルニアと中国・上海を結ぶ蒸気船航路が開設されれば、小笠原諸島が最適の停泊地となると考え実地調査を行ったのである。

当時、イギリスは毎週二便の郵船をエジプト、紅海、インド洋を経由して香港へと運行させていた。香港から上海までは蒸気船で五日間の行程だ。しかも上海は中国の商業の中心地として発展途上にあった。

ペリーは上海こそがサンフランシスコへと向かうアメリカの太平洋航路の起点になると考え、上海、小笠原、ホノルルを経てサンフランシスコに至る所要日数を蒸気船で三〇日と計算していた。上海はイギリスの東回り航路の終点だ。だからこそ上海はアメリカの太平洋航路の起点となり得る、とペリーは考えたのだ。ペリーは、日本や太平洋の島々が「併呑《へいどん》政府（手当たり次第に植民地化を進めるイギリスを揶揄《やゆ》した言葉）」の手に落ちる前に、目的を達成しなければならないと確信していた。鎖国をしている日本には思いもよらなかったことだが、当時、何千人もの中国人が、一人五〇ドルの渡航費を払って船に乗り込み、カリフォルニアへと移民していた。

後世の戦略思想に多大な影響を与えたアルフレッド・セイヤー・マハン

日本が眠っている間に、太平洋の時代はもう始まっていた。ペリー来航の真の目的は、太平洋国家を目指すアメリカが、中国市場に進出できるように橋頭堡《きょうとうほ》を築くことだったのだ。

ペリーが先鞭を付けたアメリカの太平洋進出と、太平洋国家への夢を、戦略思想家として強力に推進したのが、アルフレッド・セイヤー・マハンだ。アメリカ海軍大学長として『海上権力史論』を著した人物である。マハンは欧州列強の興亡と海軍力の関係の歴史を詳述し、強力な海軍力で制海権を確保することこそが覇権国家に道を開くと主張、世界に大きな影響を与えた。米国の進路について大海軍の建設、太平洋進出とハワイ王国攻略、黄色人種・日本人の米国への移民阻止など過激な思想を声高に主張もした。

今日の中国の海洋進出の基礎を築いた劉華《りゅうか》清《せい》は、ソ連に留学しマハンの熱烈な信奉者だった海軍元帥セルゲイ・ゴルシコフに師事、帰国後海軍部長となり近代的海軍に道を開いた。「中国のマハン」「中国海軍の父」と呼ばれるゆえんだが、現在の同国のあからさまな海洋進出は、まさにマハンの思想の具現化そのものである。海軍の増強は巨額の予算が必要となる。両大戦間にワシントン軍縮会議、ロンドン軍縮会議が開かれたのは、海軍力整備で軍事拡大競争を始めると、国家経済が破滅の淵に追い込まれかねないと当時の指導者たちが危惧したからだ。ゴルシコフの大海軍国家への奔走は、結果的にソ連崩壊を早める遠因となった。空母を建造し海軍力増強に突き進む中国も、同じ轍《てつ》を踏まないとは限らないのである。

セオドア・ローズヴェルト

そのマハンは幕末の日本と不思議な縁で結ばれている。一八六八年一月一日、兵庫港開港を祝う国際式典に参加した米艦イロコイ号に、副長として乗り組んでいたのがマハン少佐だった。式典後しばらくして鳥羽伏見の戦いが起き、淀川河口の天保山沖に停泊していたイロコイ号は、偶然にも大坂城を忍び出た将軍・徳川慶喜の一行を一晩保護したのだ。

なお当時、陸軍主体の国家アメリカでマハンの良き理解者であり庇護者となったのは、海軍次官から大統領になったセオドア・ローズヴェルトだった。太平洋戦争時の大統領フランクリン・ローズヴェルトは遠縁に当たり、後者もまた海軍次官を経験、少年時代からマハンの信奉者となり、海軍増強を推進した。

西進の正当化と大洋への侵出

ひとたび太平洋に進出したアメリカは貪《どん》欲なまでに西進を開始した。一八五六年には米連邦議会で西進を正当化する法律、グアノ島嶼《とうしょ》法が成立した。「グアノ」とは海鳥やコウモリの糞が堆積して肥料となったもので、火薬の原料でもあった。この法律は、米国民が、グアノがある島や岩礁を発見し、そこが他国の法的支配に属していない場合は、発見者のものとなることを認めるものである。ミッドウェーはハワイ諸島の北西部にある二つの島で、ほぼ太平洋の中央、日付変更線のすぐ東に位置する。一八五九年、民間船の米人船長N・C・ブルックスが発見、グアノがあったため彼が所有するブルックス島と名づけられた。しかし、その戦略上の重要性から一八六九年に米海軍が基地化し、ミッドウェー島と改名された。

さらに南太平洋のサモア諸島に海軍基地を建設、一八八七年にはハワイ諸島オアフ島の真珠湾に軍港を建設する許可をハワイ王カラカウワから得た。明治期から日本人移民が急増していたこともあり、王は明治新政府に助力を頼み、皇室との縁戚関係樹立も求めたが、実現しなかった。王が亡くなるやアメリカは一八九三年、海兵隊員一六〇人を送り込み、武力で女王リリオカラーニを軟禁して退位させた。有名な歌曲「アロハオエ」はこの時の王女の嘆きの歌だ。アメリカの海兵隊はもともと、荒くれ乗組員から海軍士官を守るための艦内警察部隊として一七七五年に発足した。この事件以降、敵前上陸部隊として成長し、太平洋戦争での島嶼上陸作戦で勇名を馳せることになる。現在は海軍と行動を共にする緊急派遣軍の主力であり、在外公館の警備部隊としての機能も果たしている。

王女の退位後は一旦「共和政体」を敷くが、共和党出身の第二五代大統領ウィリアム・マッキンレーは、マハンの論文やルーズベルト海軍次官の影響から一八九八年六月にハワイを事実上併合する〝合併〟条約を承認した。

同年二月、アメリカは米市民保護のためキューバのハバナ港に派遣していた戦艦メイン号が謎の爆発で沈没したことを理由に、四月二五日にスペインに宣戦布告した。アメリカはキューバのサンチャゴ港を海上封鎖、一方、米アジア艦隊はマニラ湾に向かい五月一日、スペイン艦隊を壊滅させた。この戦争でアメリカはフィリピン、グアム、メキシコ湾のプエルトリコを獲得、キューバは米国の実質的な保護領となった。日露戦争で連合艦隊司令長官・東郷平八郎の参謀長を務めた秋山真之《さねゆき》は、観戦武官としてサンチャゴ港封鎖作戦を見学、その知見を基《もと》に日露戦争での大連港封鎖作戦を立案・実施した。

一九〇三年一一月三日、中米パナマで、フランス・アメリカ資本が共同経営する「パナマ運河会社」に支援されたコロンビアからの分離独立派による反乱が起きると、アメリカはコロンビア政府軍による鎮圧活動を妨害、さらに、軍艦ナッシュビルを派遣して反乱軍を保護した。そしてわずか三日後の同月六日、無血革命によるパナマ共和国の成立を承認、直ちに結んだ条約で運河建設に関わる土地の永久租借権を得た（一九九九年にパナマ政府に返還）。太平洋と大西洋を結ぶ要衝、パナマを手に入れ、アメリカは自己の腹部に当たるカリブ海・メキシコ湾を押さえ、さらに太平洋へと海路を開くことになった。

一連のアメリカの膨張主義路線は、まさに「柔らかな口調で話すが、片手にはこん棒を握りしめている」と評されたローズヴェルト外交の面目躍如である。

ペリー提督が記した太平洋国家への獏とした予感は、ここに至り現実のものとなり、中国大陸は目前に迫った。今やアメリカに立ちはだかるのは日本であり、財政危機に陥ったスペインからマリアナ群島とカロリン群島を購入したドイツ帝国だった。

ローズヴェルト大統領の野望は、日露戦争（一九〇四―一九〇五）の講和条約（ポーツマス条約）締結の仲介で露わになる。それは日本に対し、ロシアに対する賠償金要求を諦めさせるという形で現れた。日本をロシアと戦わせ、しかも日本がロシアからの賠償金によって巨額の戦費を賄うのを阻止し、日本の軍備整備を遅らせる——こうすればアメリカは容易に満州の権益が手に入るという構図だ。日本では反米感情が一気に高まった。ローズヴェルトは大西洋艦隊の戦艦一六隻をわざわざ白く塗装させて「大白色艦隊」を編成し、一四ヵ月に及ぶ世界一周航海に派遣、艦隊は一九〇八年一〇月に東京湾に入った。白い塗装を施すことで戦艦のグレーのイメージを打ち消し、日本も友好親善の歓迎パーティーで出迎えたが、日本に対する威嚇が本来の目的であり、厚化粧の砲艦外交だった。日本は日露協商、日仏協商を締結、日英同盟を改定しアメリカを満州から締め出した。ここにおいて、アメリカはオレンジプラン策定、つまり日本との戦争作戦研究に入ったのである。

ウィルソンの挫折とローズヴェルトの野望

アメリカの歴代大統領の中で、最も偉大な大統領と史家が評価するのは「新しい自由（New Freedom）」を掲げて当選した第二八代のウッドロー・ウィルソン（民主党）だ。政治学の教授を経てプリンストン大学の学長も務めたウィルソンは、アンダウッド関税法による約四〇年ぶりの関税引き下げ、既存の独占禁止法を強化する反トラスト法の制定と消費者保護のための連邦取引委員会の設立、児童労働の禁止、婦人参政権の確立など、歴史的業績に輝く。

第一次世界大戦が勃発すると、ウィルソンは直ちに中立を宣言した。だが、かろうじて再選されると、ウィルソンは一九一七年四月二日、議会にドイツへの宣戦布告の承認を求めた。公約違反の行為だが「世界を民主主義にとって安全な場所にしなければならない」と述べ、一四項目の参戦理由を掲げた。その最後で「平和を希求する新しい国際機関の創設」を高らかに宣言した。これがヴェルサイユ条約と国際連盟につながる。だが米連邦議会上院は七票差で国際連盟への加盟に反対、ウィルソンは失意のうちにこの世を去った。ウィルソンの歴史的汚点は、一九一九年のパリ講和会議における国際連盟創設の討議の場で、日本が提案し、採決で賛成多数となった人種平等条項を、議長として却下したことだ。理由は「全会一致ではない」というものだった。アメリカ西部諸州は日本人を差別していたし、ウィルソン政権下の二つの連邦政府庁舎では白人と黒人のトイレを〝区別〟していた。南部出身の彼にとって、人種差別は越えることができなかった壁だったのだろう。

「新しい自由」を掲げたウッドロー・ウィルソン

　ウィルソンの没後、アメリカの第一次世界大戦への参戦は金融機関や軍需産業の利益追求のための策略だったという見方が国内で急速に強まり、一九三〇年代の欧州やアジアの不穏な情勢から再度の大戦は必至との予想も手伝って、米連邦議会は一九三五年八月三一日に武器や弾薬の輸出を禁じ、戦争当事国への参戦を禁じる「中立法」を成立させた。時の大統領、第三二代フランクリン・D・ローズヴェルト（民主党）は当初中立法に反対したが、中立を求める連邦議会の強い意志や強硬な世論を前に、しぶしぶ同意した。世界恐慌後の経済立て直しを目指す彼の看板政策である「ニューディール（新規まき直し）」政策への支持を取り付けておかなければならなかったからだ。また、これは忘れられがちなことだが、当時のアメリカ外交の主な舞台はカリブ海諸国や南アメリカ諸国であり、ヨーロッパやアジアにさしたる関心はなかった。アメリカが「世界の警察官」になるのは朝鮮戦争以降である。

連邦議会はさらに翌三六年二月二九日、中立法を一年延長するとともに、交戦国へのいかなる融資拡大をも禁止する条項を加えた。また、交戦国のすべての船についてアメリカの領海に入ることを禁止する権限や武器や武器の材料についても禁輸する権限を大統領に付与した。

ニューディール政策を推進したフランクリン・ローズヴェルト

中立政策を確実なものにしたかに見えた改正中立法ではあるが、戦争当事国であっても、アメリカが製造してはいない武器を現金で購入し外国船籍の船で運ぶのであれば、大統領は二年間を限度にこの方策を認めることができるという大統領特権（通称「キャッシュ・アンド・キャリィ条項」）が付加されていた。

イタリアがエチオピアに侵攻し、スペインで市民戦争が起きると、ローズヴェルトは国際紛争に介入し「抑圧者」を攻撃したいという野望をたぎらせる。彼の遠縁である大統領セオドア・ローズヴェルトは、日露戦争の仲介で米大統領として初のノーベル平和賞を受賞しているのだ。一九三九年九月にドイツ軍がポーランドに侵攻し欧州で第二次世界大戦が勃発しても、外国の戦争に巻き込まれるのはごめんだという国民の意志は揺るがず、同年一一月、連邦議会で更なる改正中立法が成立、交戦国とのすべての貿易に「キャッシュ・アンド・キャリィ条項」を適用するよう強化され、アメリカの艦船は交戦国の港へ物資を輸送することまで禁止された。

こうした厚い岩盤のような連邦議会と国民の反戦意識に風穴を開けるためにローズヴェルトが打った手が、ラジオスピーチや講演だった。就任直後、ローズヴェルトはニューディール政策に国民の理解を求めるため、ホワイトハウスの暖炉からラジオで国民に語りかける「炉辺談話」を始め、〝温和な〟語り口と分かりやすい話法で人気を博していた。

しかし、ローズヴェルトの前任者、第三一代大統領ハーバート・フーバーが残したメモによると「ローズヴェルトはアメリカを日本との戦争へと駆り立てた狂気の男」と記している。閣僚や外交官もローズヴェルトにならうようにラジオや講演で「ヒトラーがやって来る」と煽り立てたのだ。

一九三七年一〇月五日のシカゴ演説は最初の口火といえる。ローズヴェルトは「ここ二、三年、世界は恐怖による統治と国際的な規模での無法が幅を利かせ始めた」と前置きし、「アメリカが逃れられるとは思えない」、「平和を愛する諸国家は法を守り平和を守り抜く具体的な努力をしなくてはならない」と強調。さらに「伝染病が発生したら医師は病気の蔓延から地域を守るために患者を隔離する。これが私の平和政策推進の決意である」と述べた。有名な「隔離演説」だが、大統領の演説としてはいささか品格を欠いた直截《ちょくせつ》なものである。

翌一九三八年九月二七日、ローズヴェルトはアドルフ・ヒトラーとイタリアの首相、ベニート・ムッソリーニに宛て電報を送った。ヨーロッパに戦争のむら雲が立ち込め、風雲急を告げている時だ。

状況はこうだ。チェコスロバキア領ズデーテン地方は、動物の角のようにドイツ領に入り込んだ地域で、ドイツ系住民が多い工業地帯である。ヒトラーは、「ドイツ系住民がチェコ政府に迫害されている」と主張し、ヴェルサイユ条約が掲げた民族自決の精神を根拠に、同地方の割譲を迫ったのだ。当時、チェコスロバキアはフランス、ソ連とそれぞれ相互防衛条約を締結しており、ドイツが侵攻すれば世界大戦の引き金を引いてしまうと思われた。結局、英仏はチェコに割譲を勧告、イギリス首相ネヴィル・チェンバレンは対独融和策をとり、英仏とヒトラー、ムッソリーニの四者会談でミュンヘン協定を成立させ、つかの間の平和を手にしたのだった。

ローズヴェルトが電報を送ったのはミュンヘン協定成立の直前で、アメリカの仲介の余地は全くなかった。しかも、その電文たるやフィンランドからイランまで三一ヵ国の国名を挙げて、これらの国を侵略しない保障を求め、保障を得たら直ちに仲介に乗り出すという、何ともピントが外れた奇妙な内容なのだ。

ヒトラーはローズヴェルトに宛てた九月二七日付の返電文でズデーテン地方の歴史を説明し、ウィルソン大統領が提唱した民族自決権の重要性を強調した。「今や二一万四千人のズデーテン・ドイツ人が家を捨て難民として父祖の国に戻ろうとしている。チェコスロバキアに住む三五〇万人のドイツ人の権利剥《はく》奪は停止されなくてはならない」と主張し、「今、英仏はズデーテン地方の割譲に同意し、チェコスロバキア政府も既に両政府に割譲同意を伝えている」、「平和を望むのかそれとも戦争に踏み切るのかは、唯一チェコスロバキアの決断にかかっているのわんばかりの内容だった。ヒトラーの返信は、事情を理解しないで何をとぼけたことを、と言わんばかりの内容だった。

ローズヴェルトは自分がヒトラーに送った電文を翌一九三九年の四月一四日、アメリカ国民に公開した。現実の状況とは関係なく三一もの国名を挙げたのは、ドイツとイタリアが全ヨーロッパを標的にしていると強く印象付けるための演出と言われても仕方なかろう。電文公開の二週間後、この措置に対抗するようにヒトラーは四月二八日、ドイツ帝国議会での演説の冒頭に「議員の皆さん、アメリカの大統領がおかしな内容の電報を寄こした」と揶揄している。宣伝相、ヨーゼフ・ゲッペルスがこの電報について「平和を求めるというより米国の『中立法』を自壊させる新たな作戦ではないか」と疑ったというのも無理からぬこととといえる。

リンドバーグの予言

目まぐるしく政治の嵐が吹きすさぶヨーロッパで大戦前、欧州各国の軍事力を冷静な目で俯《ふ》瞰《かん》し、その後の展開を予言していた一人のアメリカ人がいた。チャールズ・A・リンドバーグ。愛機スピリット・オブ・セントルイス号に乗り込み、一九二七年五月二〇日から二一日にかけて大西洋のニューヨーク―パリ間五八一〇㎞を三三時間二九分二九・八秒かけて無着陸横断飛行を成し遂げた航空家だ。時に二五歳だった。フランスもアメリカもこのニュースに熱狂した。米大統領ジョン・カルヴァン・クーリッジはリンドバーグと愛機を米国に連れ戻すようフランスに軽巡洋艦メンフィス（CL―13）を派遣、六月一一日にワシントン海軍工廠《こうしょう》の岸壁にリンドバーグを出迎え、彼のために特別に設けた「航空殊勲十字章」を授与してたたえた。

リンドバーグは単なる飛行家ではなかった。陸軍飛行学校を首席で卒業し予備役少尉に任じられ、大西洋無着陸横断飛行で予備役大佐に特進したが、航空機製造業界の技術コンサルタント業務に取り組み、政界や産業界、軍に幅広い人脈を築いていた。自動車王ヘンリー・フォードとも親交を重ねた。

一九三八年、リンドバーグはソ連、ドイツ、イギリス、フランスの航空事情を視察する米陸軍の計画に参加し、航空機製造工場見学や戦闘機の試乗までした。最初に訪問したソ連では陸軍の試験飛行場を訪れ戦闘機や軽爆撃機を子細《しさい》に見学し「アメリカやドイツ、イギリスの同じデザインの機種には劣るが、近代戦では十分に効果的に使える出来栄えだ」と結論づけている。ドイツではメッサーシュミット社で戦闘機メッサーシュミット108型機に試乗し「抜群に最高の飛行機だ」との感想を書き留め、ドルニエ社ではバイエリッシェ・モトーレン・ヴェルケ社（BMW）のエンジンを搭載したDO17型爆撃機の実演飛行を見学した。さらにユンカース社の最新鋭爆撃機JU90の操縦桿《かん》も握り、ユンカースの87型急降下爆撃機も見学した。

彼の報告ではイギリスの航空機生産を月産七〇〇機、フランスは月産三〇〇機、イタリアは月産一二〇機と推定、ドイツは手元に十分な機数があると感じているようで、生産設備はフル回転していないと結論づけている。

イギリスについて「彼らは常に自分たちと敵との間に艦隊を置いて戦争というものを考えてきた。彼らは航空機がもたらした変化に気づいていないのだ」、「イギリス海峡の軍事的価値は、軍用機の日進月歩で過去のものとなりつつある」と記している。そして一九三六年にドイツからイギリスに戻った時の感想として「ドイツは数ヵ月以内に完全な制空権を握り、イギリスがヨーロッパ海域で保持するのと同じ地位をヨーロッパの上空に持つだろうと確信した」と日記に記している。「ドイツ軍は、イギリス艦隊と対抗する自国の空軍力に絶大な自信を持っているかのようだ」、「ドイツ空軍はヨーロッパの全空軍を合わせたよりも遥かに優勢だ」と警鐘を鳴らした。

リンドバークは、準備ができていないアメリカがヨーロッパ戦線に参入すれば悲惨な結末を招き、才能ある若者の屍《しかばね》の山を築くとして参戦反対を表明、大統領について「ローズヴェルトはやがて戦争が国家にとって最高の利益になると自分に言い聞かせるようになるだろう」、「誰も彼もローズヴェルトの出方を憂慮しており、大統領は参戦への途《みち》を懸命に急ぎつつあると感じている」と批評した。これに対しローズヴェルトは彼に公然と「ファシスト」とのレッテルを貼りつけた。

アメリカが参戦を決めると、リンドバーグは「祖国のために戦うのは当然だ」と軍務復帰を望むが、どのルートで話を持ち込んでも断られてしまう。ホワイトハウスの意向であることは疑うべくもなかった。

その後リンドバーグは航空機メーカーの技術コンサルタントとして活動、航空関係者や軍に精力的に助言を与え続けた。一九四四年には日米が対峙する南太平洋ニューギニア一帯の戦場視察に赴き、戦闘機の実戦能力やパイロットの飛行技術などを観察した。

この時、アメリカ兵が日本兵の死体から金歯を盗むのが流行していることや、日本兵の遺体を故意にゴミと一緒にブルドーザーで埋めるなど死者の尊厳を冒涜《ぼうとく》していること、投降者をすべて殺害し「捕虜は一人もいない」とうそぶく部隊など、アメリカ兵の蛮行の数々に深く憤って日記に書き留めた。

ダグラス・マッカーサー将軍には「燃料節減のための飛行技術の習得で、戦闘機の作戦飛行距離を飛躍的に改善できる」と進言、部隊への指導も行った。ドイツが降伏すると、海軍技術調査団の一員として渡欧し、ジェットエンジンやロケットエンジン開発に携わる研究者たちと再会を果たし、貴重な技術情報を収集した。

戦後、アイゼンハワー政権はリンドバークの戦時中における活動を再評価し、彼を予備役准将に任じた。ゼネラル（将軍）になったのだ。

「民主主義の武器庫」

一九三九年九月一日、ドイツはポーランドに電撃的に侵攻、圧倒的な空軍力で制空権を握り都市を爆撃、海上からは軍艦シュレスウイッグ・ホルシュタインがダンツィヒ（現在のダダニスク）港を砲撃、陸上では戦車に率いられた機甲師団がポーランド軍を圧倒した。第二次世界大戦の勃発だ。信じられないことに、ポーランド軍は騎馬兵が主力、ドイツは第一次世界大戦の塹壕《ざんごう》戦に登場した戦車を陸軍の主力兵器に仕立て、圧倒的なスピードと破壊力で驀《ばく》進した。ナチス・ドイツは戦争のスタイルを革新したのだ。

九月一七日にはソ連が東からポーランドに侵攻した。実は、ヒトラーとスターリンは八月末に不可侵条約を結び、ポーランドの分割統治で秘密合意していたのだった。ソ連は前年一一月にポーランドとの不可侵条約を更新していたが、スターリンはまったく気にかけなかった。九月末には首都ワルシャワが陥落、一〇月初めにポーランドは降伏した。ポーランドと同盟を結んでいたイギリスとフランスはドイツに宣戦布告したが、何ら勝算の根拠があるわけではなく、対ドイツ戦に向け軍備を整えていたわけでもなかった。何より本格的な航空機の時代が始まっているという時代認識に欠けていた。気位だけが高い斜陽国家はドイツの再軍備を傍観し、ポーランドと同盟を結んだばかりに第二次世界大戦を引き寄せたのだ。

ドイツはデンマークからノルウェーに攻め込み、さらにベルギーを降伏させるとオランダを占領し、一九四〇年六月にはパリが陥落した。フランスにはナチス・ドイツの傀儡《かいらい》であるヴィシー政府が誕生した。ソ連はフィンランドからバルト三国に進駐、さらにイランに軍を進めた。

一九四〇年六月、ヨーロッパを席巻しているドイツは突然ソ連に向かって進軍を開始し、またまた世界を驚愕させた。そして九月二七日には日独伊の三国軍事同盟が成立した。ヨーロッパの戦況が人々の心に重くのしかかる中、ローズヴェルトは一九四〇年秋の大統領選挙で、アメリカが参戦しないこととアメリカの息子たちをヨーロッパの戦場に送らないことを公約に掲げて三選された。

ところが、選挙の余燼《よじん》冷めやらぬ一二月二九日、ローズヴェルトのラジオ放送は、定例の炉辺談話と思ってラジオのスイッチを入れた米国民には唐突で異様なものだった。

「これは炉辺談話ではありません」と語り始めて聴衆を驚かせ、「われわれは新たな危機、わが国の安全に対する新たな脅威に直面しています」と事の重大さを強調した。更に「ナチスはドイツを支配するだけでなく全ヨーロッパを服属させ、さらにヨーロッパの資源を用いて全世界を支配しようとしています」と煽った。他方で「アメリカは国境を越えて遠征軍を送るよう要請されてはおらず、政府職員の誰一人として軍を送り出す意図はありません。ヨーロッパに兵を送るのではないかというういかなる言説も、事実ではないと粉砕できます」と戦争介入の意図を明確に否定した。国民の感情を煽っては覚まし、また、煽るという繰り返しで、国民の心を操ろうとしたのだ。

ローズヴェルトはまた「われわれの国家政策はわが国と国民を戦争から遠ざけることにあります」と前置きした上で、武器、弾薬、船舶、航空機の大増産の必要性を強調し「アメリカは民主主義の巨大な弾薬庫にならなくてはならない。アメリカは戦争と同じくらいに深刻な非常事態を迎えているのです」と参戦を否定しながら軍備増強を強烈に訴えた。後年「民主主義の武器庫演説」と呼ばれるラジオ演説である。

真珠湾への布石

「民主主義の武器庫演説」を終えると、ローズヴェルトは外国へのアメリカの軍事援助を合法化する「レンド・リース法」を連邦議会に提案、同法は翌一九四一年三月一一日に成立した。該当国の防衛がアメリカ防衛のために欠かせないと米大統領が判断すれば武器や軍需物資を供与する法律だ。この法律によりイギリス、中華民国、ソ連、ブラジルなど多数の国に軍事援助した。

同法について中立主義者の共和党上院議員ロバート・タフトは「大統領に宣戦布告なしの戦争を世界中で遂行する権限を与え、戦いの最前線に兵を置くことなしにアメリカは何でもできるようになる」と極めてまっとうな批判を展開している。

この法律の重大性はいくら強調しても強調し過ぎることはない。なぜならナチス・ドイツはこの法律成立の二年前にソ連と不可侵条約を締結していたし、中国大陸では蒋介石《しょうかいせき》の国民政府軍と日本が戦っていた。ソ連、中華民国への軍事援助が、日本を標的にしたのは明らかだった。

これより先、ローズヴェルトは一九四一年初めに蒋介石夫人の宋美齢《そうびれい》の求めに応じてカーティスP－40B戦闘機一〇〇機を、極秘の大統領令で国民政府軍に供与した。宋美齢の申し出は、国民政府軍支援の方策を探っていたローズヴェルトには願ってもない好機だった。日本の真珠湾攻撃の半年前には米陸軍航空隊の退役大尉クレール・L・シェンノートが率いる八七人のパイロットと整備要員など三〇〇人が中国大陸に入っていた。フライング・タイガースだ。供与された戦闘機の操縦席近くに天使の羽根をつけたトラの絵を描いていることからこの名が付いた。フライング・タイガースは表向き義勇軍を装い、国民政府から給与を支給されたが、ニューヨーク港からさらに一〇〇機のカーティス・ライトP－40S戦闘機が追加供与されるなど、事実上アメリカ軍の作戦下にあった。

日本の真珠湾攻撃は「卑怯な不意打ちだ」と悪名のレッテルを貼られているが、実はローズヴェルトは近衛《このえ》内閣の平和交渉提案を蹴り、太平洋艦隊の基地を米国西海岸から太平洋の真ん中のハワイ・パールハーバーに移し、中国大陸にはフライング・タイガースを送り込んで、戦闘準備を整えて待ち構えていたのだ。

ローズヴェルトは何としても米国民の中立支持の流れを変えなくてはならなかった。フランスがドイツに降伏した直後（一九四〇年七月一九日）でさえ、週刊誌『タイム』の世論調査では、実に米国民の八六％が欧州への参戦に反対、参戦支持はわずか一四％に過ぎなかった。流れを変えるには、とてつもない大事件が必要だったのである。

フライング・タイガースの異名を取ったカーティスP–40B戦闘機。翼に青天白日旗のマークが入っている

一九四一年一月下旬、駐日大使のジョセフ・グルーは、ペルーの駐日大使から「日本は真珠湾を奇襲攻撃する」との情報を得て、ワシントンに送っていたが、まともに取り合ってもらえなかった。近衛文麿《ふみまろ》はローズヴェルトとの頂上会談で何とか戦争を回避したいと考え、四月以降、両国は断続的に協議を続けていた。協議は一向に進展せず、日本は最終案への回答期限を一一月二五日とする腹づもりだったが、このことは暗号解読で米側に筒抜けだった。ローズヴェルト政権幹部は、回答期限の設定は日本が開戦方針を固めたサインと受け止め、国務長官コーデル・ハルは二六日、一〇カ条からなるメモ（いわゆる「ハル・ノート」）を突き付けた。日本軍の全面的撤兵を求める強硬な内容で、軍部に引きずられた日本がとてものめる内容ではなかっ

た。開戦への歯車が回り始めた。

アメリカ軍の西太平洋の要《かなめ》であるフィリピンには既に七月に兵員二万二千人（うち一万二千人はフィリピン兵）の極東軍が編成され、ローズヴェルトは司令官にかつて陸軍参謀総長を務め退役していたダグラス・マッカーサーを据えていた。極東軍には一一月一九日付で台湾にある日本の航空基地を爆撃する作戦計画「レインボー5」が指示され、一二月初めに米軍は日本攻略のため上海から海兵隊員八〇〇人を移し、四川省重慶からB－17D重爆撃機三五機、最新鋭のP－40ウォーホーク戦闘機一〇七機が飛来した。

海軍作戦部長のハロルド・R・スタークは一一月二五日、真珠湾にいる太平洋艦隊司令官ハズバンド・E・キンメルに対し「大統領も国務長官も日本の奇襲攻撃が不可避と考えている」と警戒を指示。ローズヴェルトは閣僚に「われわれは次の月曜日（一二月一日）に攻撃されるだろう。ジャップは奇襲攻撃で悪名高いからな」と語り、イギリス首相のウィンストン・チャーチルには「我々は、ごく近いうちに直面する新たな困難にできる限り備えなければならない」と電報を打っている。一方、陸軍参謀総長のジョージ・C・マーシャルは二七日、パール・ハーバーにいる陸軍准将ウォルター・C・ショートに「（日本の）敵対行動はいつ起きてもおかしくない。もし敵対行動が不可避なら、合衆国は日本が公然と先制攻撃をすることを望む」とのメッセージを伝え、この方針はマッカーサーにも伝わった。戦争省（旧陸軍）

日米開戦時の駐日大使を務めたジョセフ・グルー

長官スティムソンの悩みは「いかにしてアメリカ側に最小限の犠牲しか出さない奇襲攻撃を日本にさせるのか」という難題だった。

一二月一日、ローズヴェルトはマニラに駐留している海軍提督トーマス・C・ハートに三隻の小型船を出航させ、南下するであろう日本軍の船団に遭遇させるよう命じた。その意図は、日本側に先制の一撃を発射させるためである。

一二月六日、つまり真珠湾攻撃の前日、ローズヴェルトは日本軍が仏領インドシナ（ヴェトナム）に上陸したとの知らせを得ると、ホワイトハウスの執務室で側近のジェームズ・バーンズに「これは戦争だ」とつぶやいた。バーンズが「われわれが先に攻撃を仕掛けることができなかったのはまずかったのではないか」と応じると、ローズヴェルトはすかさず「ノー。それはできない。アメリカは民主主義国家であり平和を愛する国家だ」と答えた。そして語気を強めて「われわれは正当な記録を手にする。その記録の側に立つのだ。公然たる最初の一撃はできない。その時が来るのを待たなくてはならないのだ」と語ったのだ。アメリカは戦争の準備を整え、今か今かと「その時」を待っていたのである。

第三章　日米の総力戦と大艦巨砲主義の終焉

「太平洋戦争は海軍大学での研究通り推移した。研究した以外のことは何もなかった、カミカゼ（特攻）を除いては」（米太平洋艦隊司令官、チェスター・ニミッツ）

猛将と知将の対決

真珠湾攻撃を遡ること半世紀。スペインとの戦争に勝利したアメリカは急速に海軍力を増強、これに合わせ海軍士官の養成も急務となった。

こうした時代の空気の中、テキサス州出身のチェスター・W・ニミッツは一九〇五年に海軍士官学校を一一四人中第七位という優秀な成績で卒業した。後の太平洋艦隊司令官として太平洋戦争をアメリカの勝利に導いた軍人だ。戦艦乗務が花形だった時、ニミッツはアメリカで二艦目の潜水艦、オランダで建造された「プランジャー」の指揮を手始めに潜水艦乗りとしてキャリアを重ね、一九二〇年には真珠湾の潜水艦基地建設も手がけた。基地を完成させた一九二二年、東海岸のニューポートにある海軍大学に招請され、ここで対日戦を想定した図上演習、い

アメリカの海将チェスター・W・ニミッツ

わゆる「オレンジ作戦」に参加する。オレンジ作戦は、一九〇三年ごろから三〇年以上にわたって続けられ、海軍首脳の間に、対日戦の共通認識を形成するのに役立った。

ニミッツより七歳年上のアーネスト・J・キングも潜水艦乗りだった。一九〇一年に海軍士官学校を第四位の席次で卒業、大西洋を荒らしまわったドイツの潜水艦Uボートと戦ったが、航空部隊も体験したのが強みとなった。大変な自信家・野心家で、常々「俺は海軍長官になる」と言ってはばからなかった。評伝で「聡明で、有無を言わせぬ物言い、大酒のみでしかも女たらしの戦士で癇癪《かんしゃく》持ち」と表現されるキングは、後に合衆国艦隊司令長官兼海軍作戦部長、つまり海軍の制服組トップとして戦争指揮に当たり、アメリカに勝利をもたらした。苦労人で気配りの人だったニミッツとは対照的に、冷酷無比、部下を歯車のごとく思い通りに回し続ける強靭さがあり、戦争指揮のために生まれてきたような男で、部下に慕われ愛されるということはなかったようだ。

対する山本五十六《いそろく》は新潟県出身。ハーバート大学に留学し、米国駐在武官も務めた知米派。砲術科出身ながら、早くから航空戦力育成の重要性を説き、自身の希望で霞ヶ浦航空隊教頭兼副長に就任した。一九二九年にロンドン海軍軍縮条約交渉に代表団の一員として参加。同条約は主力艦の保有量に制約を課すもので、主力艦で米・英に後《おく》れを取ることになった日本は、条約の制約外である航空戦力の増強が課題となった。航空本部長となった山本は国産の海軍航空機開発を推進する。空母・赤城《あかぎ》の艦長、第一航空戦隊司令官として空母の発着艦技術向上を図る訓練、計器飛行や夜間飛行の研究推進、海軍航空廠を核として民間各社に航空機の開発競争を行わせるなど、海軍航空の牽引《けんいん》車となった。
　ただ、海軍次官、連合艦隊司令長官に就任すると、海軍の主流である戦艦・大和や戦艦・武蔵を看板とする大艦巨砲主義に従わざるを得なかった。

対艦爆撃機の進化

　オレンジ作戦で対日戦を想定した図上演習を重ねたアメリカは、一九四〇年にはパールハーバーへの奇襲を想定した演習も行っている。戦略は明確だった。優位に立つ主力艦隊で日本の連合艦隊を撃破し、フィリピンから西太平洋の島々を北上して日本を海洋封鎖し、資源や食糧を断って降伏に追い込む作戦だ。この戦略の成否は、太平洋という広大な海域でいかに効率的に敵を捕捉するか、またいかに安全な補給線を確保するかにかかっていた。アメリカが最も恐れたのは、日本が飛び石のように連なる委任統治領の島々を要塞化してアメリカを迎え撃つ作戦を採ることだった。

山本五十六

　一九二一年に創設された海軍航空局の初代局長で少将のウィリアム・モフェットは、空母が戦艦に勝るとも劣らない破壊力を持っていることを確信し、空母の役割の重要性を強調、空軍の独立を主張した陸軍大将だ。後に「アメリカ空軍の父」と呼ばれたウィリアム・ミッチェルと論争を繰り広げ、海軍航空力の増大に努めた。航空戦力の増強が、制海権すら握るという確信に沿った手を打ったのである。そして敵艦隊を発見したら直ちに空母を沈め、制空権を確保する作戦を徹底した。問題はいかにして敵空母を沈めるか、少なくとも甲板を破壊して使用不能にするかだ。

かつてウィリアム・ミッチェルが戦利品のドイツ戦艦を爆撃機で沈めて見せた時（第二章参照）、ミッチェルの部隊のだれもが爆弾を命中させたわけではなかった。実は命中率は非常に低かったのだ。陸軍の爆撃機は水平に飛行しながら爆弾を落とす。爆撃機を大型化し多くの爆弾を搭載できるようにすれば攻撃力は増すが、それは陸上の攻撃目標に対してのことだ。敵戦闘機から身を守りながら高い高度から爆弾を落とし目標に命中させる戦法は、ましてや海上の船舶に対してとなれば、さらにに難しい。確実に艦船を沈めるには別の戦略が必要だった。

このために開発されたのが航空母艦に搭載する急降下爆撃機と魚雷攻撃のための雷撃機だ。急降下爆撃機は敵艦船からの対空砲火を避けるため上空から急角度で急速に降下して可能な限り目標に近づき、爆弾を投下するや否や急角度で上昇しなければならない。そのためには、強力なエンジンと強靭な機体構造が求められる。雷撃機は破壊力のある重い魚雷を抱いて低空を水平飛行し、魚雷を発射する。

日米はほぼ同時期に急降下爆撃機を開発していた。日本は二五〇kg爆弾を搭載する九九式艦上爆撃機で、緒戦の真珠湾攻撃やオーストラリアのポート・ダーウィン攻撃で活躍した。一方、アメリカは「ドーントレス（不撓《ふぎょう》不屈）」の名を付けたダグラスＳＢＤ機で、千ポンド（約四五〇kg）爆弾を搭載した。日米の命運を分けたミッドウェー海戦で活躍した。

零戦の誕生

アメリカのオレンジ作戦に対し、日本も日露戦争以降アメリカを仮想敵として準備を進め、西進してくる米主力艦隊と小笠原近海からマリアナ諸島での艦隊決戦を行うというシナリオを描いていた。だが、ロンドン軍縮条約の結果、戦艦の建造中止の五年延長や、巡洋艦や駆逐艦の合計排水量制限などが決まり、主力艦の保有量で英米の六割と劣勢に追い込まれたのは、当初の想定外の事態だった。しかも陸軍は中国東北部でソ連軍との戦いを進め、蔣介石軍とも戦っていたのである。

さらに一九二四年五月、日本を主な標的として日本からの移民を制限する「移民法（ジョンソン・リード・アクト）」が成立して以降、日本の対米世論は悪化の一途をたどっていた。「中立」を掲げて当選したローズヴェルトは、盟友ウィンストン・チャーチルが苦境に陥っているヨーロッパ戦線へ参入するには、名誉ある孤立主義から脱する正当性を世論に認めてもらわなくてはならなかった。

太平洋を舞台とする戦いの歯車は、後戻りができないよう締め付けて行くラチェット・ギアのように回っていった。この時点で、日米双方とも、航空母艦という革新的な軍事力の秘めた力に気付いていた。だが、それを実現するには運用戦術の成熟と十分な訓練、広い海域で敵を見つけ打撃を与えることができる、航続距離が長くて攻撃力に優れる高性能の航空機の開発が必要だった。航空母艦を投入する戦いは、まだ手探りだったのだ。

一歩先んじたのは日本だ。山本五十六が技術部長当時の海軍航空本部は、海軍航空廠を設立、一九三二年に三菱内燃機（現三菱重工業）に試作機五機種を発注した。このうちの一つが発注年の昭和七年の「七」から命名した「七試《ななし》艦上戦闘機（通称「七試」）であり、設計主任は堀越二郎が務めた。後に世界の航空史に燦《さん》然と輝く零戦の主任設計者だ。

二年後、海軍は新たに艦上戦闘機の試作を発注、九試単戦《きゅうしたんせん》（単座戦闘機）と呼ばれたこの飛行機開発は、七試で培った設計思想と技術力を結集して「九六艦戦」として結実した。最高速度は時速四五〇㎞、世界最高速を記録した。格闘戦のテストにおいても高速と急速な上昇力を兼ね備えていることが実証され、海軍は九六式一号艦上戦闘機として制式採用した。航空機開発が世界最先端に到達したのだ。その実力のほどは一九三七年に始まった「日華事変」で発揮された。アメリカ、イギリス、ソ連製の戦闘機をなぎ倒し、艦上戦闘機の破壊力を世界に実証して見せた。

零式艦上戦闘機

当時、どんなに優れた戦闘機でも、二年たてば陳腐化するというのが常識だった。そして海軍は同じ年、新たな試作機「十二試艦戦」を発注する。同機の「計画要求書」はこれまでとは比較にならないほどハードルが高かった。そして一九三九年三月、試作機が完成、上空を舞う雄姿に、堀越は「美しい」と咽喉《のど》の奥で叫んだという。翌年七月中旬、十二試艦戦は試作機のまま中国戦線に送られ、実戦に赴いた。七月末、十二試艦戦は制式機として採用され、日本紀元二六〇〇年にちなみ、末尾の「零《ゼロ》」をとって零式艦上戦闘機と名付けられた。世界に例を見ない航続距離の長さと格闘能力の高さ――まさに世界最強の戦闘機が誕生したのだ。

ハワイ海戦――空母時代への号砲

一九四一年一二月二日、天皇の裁可を得た「大海令《だいかいれい》第一二号」を受領した連合艦隊司令長官・山本五十六は、旗艦・長門《ながと》から全部隊に対し「新高山《にいたかやま》登レ一二〇八」、つまり対米、英、蘭戦争の作戦開始日を一二月八日とする電報を発令した。

ハワイ海戦は山本の信念に基づく作戦だといわれる。その年の五月、ローズヴェルト大統領はアメリカ艦隊の主力基地をそれまでの太平洋岸からハワイ真珠湾に移す命令を下した。真珠湾は狭くて平均水深が一四mと浅く、艦隊基地としては向いていないとされていた。

しかし、一九三九年九月のポーランド侵攻で第二次世界大戦の火ぶたを切ったドイツは破竹の進撃を続け、日本の首相・近衛文麿は翌四〇年九月に日独伊三国同盟を結んでナチスと手を結んだ。中立を保ちながら戦略物資支援などでイギリスを支援していた米国にとって、ナチスと手を結んだ日本は、もはや仮想敵国ではありえなかった。

太平洋艦隊を真珠湾に移すという決定は、日本を牽制《けんせい》し、さらに将来の太平洋決戦を優位に進める布石だった。とはいえ太平洋の中間地点まで主力基地が前進したことで、結果的に山本を引き寄せてしまった。航空戦力では日米とも航空母艦八隻、艦載機約六〇〇機と互角だが、ロンドン軍縮会議で日本は、主力艦は米英の六割と劣勢に立たされている。

一方、砲術科出身の山本は、海軍航空力の増強を推進はしたが、海戦では主力艦が死命を決するという「大艦巨砲主義」から抜け出せず、勝利を手にするにはいち早く米の主力艦隊を撃滅するしかないと考え続けていた。

千島列島の択捉島《えとろふ》ヒトカップ湾に密かに終結したハワイ海戦の機動部隊は、赤城、加賀、蒼龍、飛龍、翔鶴《しょうかく》、瑞鶴《ずいかく》の空母六隻を、戦艦二隻、重巡洋艦二隻、軽巡洋艦一隻、駆逐艦九隻が護衛するという陣立てで、さらに潜水艦三隻、タンカー七隻がこれに従った。

真珠湾まで二三〇カイリ（約四二五㎞）にまで迫った航空母艦から出撃した航空機は計三五三機。九九式艦上爆撃機による六ヵ所の飛行場への急降下爆撃で火ぶたを切り、後継機の九七式艦上攻撃機が続いた。アメリカは陸軍機・海軍機合わせて三一一機を失い、艦船にも多大の損害を被った。

この時アメリカ海軍は、戦艦の内九隻を太平洋方面、八隻を大西洋方面に配備しており、空母は三隻が太平洋に、四隻が大西洋にいた。太平洋配備の米空母はサラトガ、レキシントン、エンタープライズで、攻撃当日、エンタープライズとレキシントンは、日米開戦に備え中部太平洋の戦略拠点ウェーク島とミッドウェー諸島の基地に航空機を輸送し真珠湾への帰路についていたところだった。フィリピンへの補給路を確保する作戦だった。また、空母サラトガはカルフォルニア州の軍港サンディエゴで整備を終えたばかりだった。空母三隻が真珠湾におらず攻撃を免れたことが、後の日本の躓《つまづ》きのもととなる。さらに大西洋に配備されていたヨークタウン、ワスプ、レーンジャー、ホーネットの空母四隻のうち、真珠湾攻撃の四時間後にはヨークタウンが太平洋に向かい、ホーネット、ワスプも翌年には太平洋艦隊所属となる。アメリカは航空母艦の時代に素早く切り替えたのだ。

ハワイ海戦は、航空母艦という新しい兵器体系を実戦で初めて成功させた、世界の海戦史に残る戦いだ。主役である六隻の空母を敵の基地近くまで進め、統合運用する作戦力、機動力は、まさに戦艦の時代の終焉と航空母艦の時代の到来を告げる号砲だった。また、潜水艦の装備だった魚雷を航空機から発進させる雷撃機の威力を初めて実証したのも、ハワイ海戦の大きな特徴だ。

空母からの奇襲に備えよ――生かされなかった助言

空母を用いた軍港攻略の失敗例はハワイ海戦の一年前にある。二隻の空母、イラストリアスとイーグルを擁するイギリス艦隊が、イタリア南部ターラントを母港とするイタリア艦隊を夜間空襲した一九四〇年一一月一一日のターラント戦だ。雷撃機と急降下爆撃機が月明かりの下で敵艦隊を粉砕して地中海での自由な航行確保とイタリアの北アフリカへの進出阻止につなげる作戦だった。

ターラントの外港には戦艦六隻、巡洋艦三隻と駆逐艦数隻、内港には巡洋艦二隻、駆逐艦二一隻、潜水艦一六隻、タンカー九隻などが停泊していた。格好の標的だったのだが、攻撃直前に空母イーグルが燃料システムの故障で戦線離脱したため、空母からの出撃機は全部でソードフィッシュ二一機に限られてしまった。このうち一一機が二五〇ポンド（一一三kg）爆弾と曳《えい》光弾《こう》を搭載、戦域を照らし出したところで残る一〇機が雷撃機として魚雷攻撃に移った。ところが投下した爆弾六〇基のうち一五基が不発、魚雷一一基中命中したのはわずか三発で、残りは海底の泥に突っ込んでしまい、イタリア艦隊に目的通りの打撃を与えることはできなかった。

翌日夜に予定していた第二波攻撃は、悪天候のため中止し、攻撃時間がわずか六時間に過ぎないターラント戦は、戦術があいまいで、攻撃も徹底しておらず、イギリスにとってははなはだ不本意な戦いとなってしまった。戦艦四隻を撃破したものの、イタリア艦隊は一二月までには立ち直り、ターラント港の防衛も大幅に強化したため、イギリスは地中海で、より苦戦する結果を招いた。

原因は二つあった。二五〇ポンド爆弾では命中しても戦艦に打撃を与えるには威力が弱かったことと、雷撃（航空機からの魚雷攻撃）の研究不足だ。

ターラント港の水深は約一二m。当時、魚雷を命中させるには二〇mの水深が必要と言われていた。魚雷は投下されると鼻先から斜めに水中へと突き進んでいく特性がある。水深が十分であれば、魚雷に取り付けられたジャイロ（角度を検出する測定器）が働いて攻撃に適正な深さに戻し、この深さを保つことができる仕組みだ。水深は十分だったが、イギリスは念のため魚雷の鼻先にワイヤーを取り付け、これで潜り過ぎを防ごうとしたが、結果的に失敗した。

日本海軍はイギリスの失敗を教訓に、魚雷を改造した。魚雷尾部の羽根の部分に木製のヒレを取り付けたのだ。「航空魚雷」と名付けた改造魚雷は、水深一〇mでも命中する世界最高の魚雷となった。この魚雷こそが雷撃機の真価を発揮させ、大艦巨砲主義の時代に引導を渡したのだ。

日本海軍が真珠湾で正確無比な攻撃を実行できた陰には、一九四一年三月に、ホノルルの日本総領事館事務員として赴任した諜報員・吉川猛夫《よしかわたけお》の情報によるところが大きい。海軍兵学校出身の少尉だった吉川は、湾の背後の丘にある日本料亭の部屋や遊覧船を利用して出入りする米艦船の動きや停泊位置を観察、釣りを装って水深を測ったり、さらには気象情報など、膨大な情報を東京へ打電した。諜報員としての訓練を何ら受けていない吉川が、単独でこれほどの活動ができたのには、ただただ驚くしかない。吉川は開戦直前に帰国したが、ハワイの日系市民約七〇〇人が協力者との疑いをかけられ収容所に送られた。

日本によるハワイ海戦の成功には、ターラント戦のほかにも伏線がある。それは一九二三年来、アメリカ海軍が実施してきた「フリート・プロブレム」と名付けた模擬戦演習だ。一九三二年二月に実施した演習は、〝パールハーバー〟の脆弱性を検証するものだった。

攻撃側に回ったのは海軍少将ハリー・ヤーメルが率いる艦隊で、ヤーメルは一九二七年以来空母サラトガを指揮し、空母の戦いに習熟していた。彼が選んだ作戦決行日は二月七日、日曜日の夜明け前の奇襲攻撃だ。米本土方面からの方角ではなく、ハワイの北東に陣取った二隻の空母サラトガとレキシントンからは、戦闘機ボーイングＦ－４Ｂと急降下爆撃機マーティンＢＭ－１が発艦、共に複葉機で計一五二機が攻撃に加わった。まず、飛行場の滑走路と航空機、次いで港に並ぶ戦艦の隊列に、爆弾に模した袋詰めの小麦粉を投下して行き、一気に決着をつけた。模擬戦の審判はヤーメル側の圧勝と認定した。

守備側はヤーメルが戦艦による攻撃で模擬戦を開始すると思い込んでいた。おさまらない敗軍は「みんなが教会へ行く日曜日、しかも夜明け前の卑怯な奇襲攻撃」と非難した。さらに敗軍の将官たちは「急降下爆撃機の爆弾や正確さを欠く爆撃で停泊した戦艦を沈めるなど非現実的だ」と強く主張し、戦争省からの圧力に屈した審判は、結果を逆転させて守備側の勝ちと再判定した。しかし、空母を知り尽くしているヤーメルは「日本はこれまで宣戦布告をせずに戦争を始めるのが常だった」と動じなかった。知将だったのだ。

この演習の重要性は、真珠湾は航空機の攻撃に弱く、北東側から飛来すると山の陰になり捕捉しにくいこと、戦艦を沈めるには雷撃機の性能を上げることが課題になるということを示唆したことにある。この二項目と、さらに日曜の夜明け前の攻撃を、日本は真珠湾攻撃で実行したのだ。

海軍の高官たちは、空母の攻撃力に目を開かなかった。「アメリカは眠っていた」と自嘲気味に語られるゆえんだ。

制空権あっての制海権——真珠湾に学んだアメリカ

一九三九年六月に米太平洋艦隊司令長官兼合衆国艦隊司令長官に任命されたジェームズ・O・リチャードソンは、翌年五月のハワイ大演習の後、ローズヴェルトから「艦隊をハワイに留め、そのまま真珠湾を母港にせよ」との命令を受けた。リチャードソンは施設や防衛力が脆弱で、米本土からの補給も難しく、何よりも日本を戦争に引き込むことにつながりかねないと異を唱えた。するとローズヴェルトは彼を即刻解任、後任にハズバンド・E・キンメルを据えた。

もともと、オアフ島にはホノルル港しか港はなく、捕鯨船の補給基地、砂糖やパイナップルの輸出港として使われていた。ハワイ併合後、アメリカ海軍はホノルル港の一角に基地を設けたが、陸軍も基地を置いたため港湾周辺の敷地が狭く、港としては手付かずだった真珠湾への移設を一九一三年に開始、一九一九年に海軍軍港として機能するようになった。

ただ、真珠湾は奥行きは十分あるものの、入口の水路が狭い瓢箪《ひょうたん》のような構造で、港に入れば敵艦船の追尾はかわしやすいが、約一〇〇隻の艦船で構成する太平洋艦隊がすべて出航するには数時間を要し、軍港の機能としては今一つだった。また、空母などの大型艦船は、港内での方向転換が難しく、港に入らずオアフ島沖に停泊することも多かった。

ローズヴェルトがリチャードソンの反対にもかかわらず母港化をごり押ししたのは、ミッドウェー、グアム、ウエーク島などへの補給拠点が必要だったのと、海軍次官を務めた経歴から軍港新設への強い憧れがあったようだ。

キンメルもまた、真珠湾の防衛力を危惧する司令官だったようだ。後に、日本の終戦工作に深く関わることになる海軍情報局（ＯＮＩ）の大佐、エリス・Ｍ・ザカリアスは一九四一年三月末、ハワイの司令部にキンメルを訪ね、「もし日本が戦争に踏み切るとすれば、空母を発進した航空機によるわが艦隊への攻撃で始まるだろう」、「攻撃はたぶん日曜日の午前中になる。わが艦隊の戦艦四隻の破壊が目的だ」、「向かい風を避けるため北方から飛来するだろう」と助言した。戦後、ザカリアスが米連邦議会合同委員会で行った証言だ。対策を尋ねるキンメルに「毎日五

○○マイル（約八○○○㎞）の範囲の偵察が有効だろう」とザカリアスが説明すると「我々にはそれを実行する飛行機も要員もない」とキンメル。ザカリアスは「オアフ島周辺への潜水艦の出没が攻撃の予兆となるだろう」と助言を重ねたが、生かされなかった。

真珠湾攻撃の日の七日午後二時、ローズヴェルトは戦争省（旧陸軍省）長官のヘンリー・L・スティムソンに電話し、いささか興奮した声でこう語った。

「ニュースを聞いたか」

スティムソンが「日本軍がシャム湾（タイ）に侵攻してきたという電報なら聞いていますが」と答えると、大統領は「オー・ノー。それじゃない。日本軍がハワイを攻撃したんだ。彼らは今、ハワイを爆撃している。興奮せずにはいられない出来事だ」（スティムソンの回想記『平和と戦争を率いて〈On Active Services in Peace and War〉』に引用した自身の日記より）。明らかに、待望した事件が起きたという反応だった。真珠湾攻撃をラジオのニュースで知った英首相ウィンストン・チャーチルは直ちにローズヴェルトに電話した。ローズヴェルトは、今度は余裕を持ってこう答えた。「いまやわれわれは同じ船に乗ったわけです」。イギリス一国でかろうじて持ちこたえていた欧州での戦争に、アメリカの参戦が事実上決まった瞬間だった。チャーチルはその著『第二次世界大戦』にこう記す。「感激と興奮とに満たされ、満足して私は床につき、救われた気持で感謝しながら眠りについた」

だが、その三日後、チャーチルは絶望のどん底に突き落とされる。イギリスに残された希望の星、シンガポールに派遣していた最高性能の主力艦にして英海軍の誇り、戦艦プリンス・オ

真珠湾への奇襲攻撃により炎上するアメリカの戦艦ウェストヴァージニア

ブ・ウェールズ（排水量四万一千トン）と巡洋戦艦レパルス（三万三千トン）が、マレー沖で日本海軍飛行隊の八五機の九六式陸攻（陸上攻撃機）と一式陸攻に爆沈されたのだ。チャーチルはこの二隻をパールハーバー攻撃から生き延びたアメリカ艦隊と合流させ、日本艦隊に決戦を挑むシナリオを描いていた。今やインド洋にも太平洋にも米英の主力艦は一隻もいなくなったのだ。チャーチルはこう記す。「すべての戦争を通じて、私はこれ以上直接的な衝撃を受けたことはなかった」

一方、台湾の台南と高雄の基地からは、マニラ時間で八日未明に攻撃を開始できるよう、零戦部隊が約九三〇㎞南のフィリピンに向けて飛び立ち、米陸軍航空隊の基地攻撃に参加した。真珠湾攻撃はマニラ時間で八日午前二時半から始まり、午前三時にはマニラのマッカーサーの下に知らせが届いた。さらにワシントンから陸軍幹部が電話で直接マッカーサーに真珠湾攻撃を知らせ、副官たちは再三攻撃許可を求めたが、マッカーサーは動かなかった。マッカーサーが攻撃許可を出したのは午前一一時過ぎで、日本軍と交戦を始めたのは正午過ぎだったが、時すでに遅かった。零戦は一式陸攻爆撃機部隊を掩護《えんご》しながら米軍のP－40戦闘機、P―30戦闘機約六〇機を撃墜または使用不能にする戦果を挙げて帰還、さらに一〇日の攻撃では米戦闘機四四機を撃墜し、壊滅的打撃を与えた。

マッカーサーの決断について「空白の九時間」という表現がつきまとう。マッカーサーがなぜすぐに動かなかったのかはいまだに謎に包まれているが、軍法会議にかけられないのが不思議なくらいの大失態だった。日本軍はフィリピン攻略に引き続きグアム、ウェーク島も制圧し、ハワイからフィリピンに至るアメリカ軍の補給路を完全に断ち切ったのだった。こうして、マッカーサーはオーストラリアに撤退したのである。

この三日間にわたる強襲作戦は、航空機の威力を見せ付け、今や制空権なしに制海権はあり得ないことを世界に示した。これまでも紹介した通り、「アメリカ空軍の父」ウィリアム・ビリー・ミッチェルは一九二一年七月に、ドイツから接収した戦艦オストフリースラントを空爆で沈める実験を行ったが、その二〇年後、真珠湾攻撃とマレー沖海戦で日本は初めて実戦で戦艦を沈めてミッチェルの〝予言〟を実証し、さらにフィリピン攻略で世界を驚かせたのだ。

だが、緒戦の勝者はこの意味に気付かず、敗者は教訓に学んで巻き返しに転じた。真珠湾攻撃を受け、米国は直ちに戦艦七隻の建造を中止し、航空母艦の建造にエネルギーを注いだのだ。ローズヴェルト大統領は、直ちに戦うための人事刷新にも着手した。真珠湾攻撃を許した太平洋艦隊司令官兼合衆国艦隊司令長官ハズバンド・E・キンメルを解任、後任の合衆国艦隊司令長官兼海軍作戦部長にアーネスト・J・キング、太平洋艦隊司令官にチェスター・W・ニミッツを任命した。日本は真珠湾の勝利から学ばなかったが、アメリカは緒戦の失敗から鮮やかに方向転換を遂げ、航空母艦を主役とする戦略を採用した。キングは海兵隊が陸軍に吸収されないよう、大統領の了承を得て自分の直属組織とした。広大な太平洋に基地を持たないアメリカは、太平洋の島々に上陸しては航空基地を造成して日本を追いつめて行く作戦を採用したが、これは空母群と海兵隊によって担われ、犠牲は大きかったが戦局を着実に変えていくことに成功した。ニミッツは戦場での航空母艦戦術の立案・指揮に向かう。

米空母初の日本列島攻撃――ドゥーリトル爆撃作戦

電撃的な真珠湾攻撃を受けても、アメリカの世論はローズヴェルトが期待していたようには盛り上がらない。軍人の間でさえパールハーバーは無名に近かったのだ。むしろ主力艦隊を失った上に、ウェーク島、シンガポール、香港、フィリピンを短期間で制圧されたため、打ちひしがれて無力感に襲われていたといった方が当たっているだろう。ローズヴェルトは、戦意高揚には日本本土を速やかに爆撃するしかないと焦り、陸海の軍首脳に作戦立案を迫った。しかし、いかんせん太平洋には爆撃機が発進できるアメリカの基地はなかった。

そんな時のことだ。かつてキングの部下として潜水艦乗りだった大尉、フランシス・ローが一九四二年一月初め、海軍基地ノーフォークを訪れた。真珠湾攻撃の一月《ひと》余り前に完成したばかりの最新鋭航空母艦ホーネット（CV－8）を見に来たのだが、その巨大な船体を見て、ローは陸軍の中距離爆撃機なら何とか発進できるかもしれないと閃いた。

彼は即座にキングにこのアイデアを伝えた。仮に発進できたとしても船に帰還はできない特攻のような作戦だ。キングはこれに飛びついた。早速部下に技術的検討をさせると、かつてミッチェルが搭乗し、彼の名を冠した双発のノースアメリカン社製B－25爆撃機ミッチェルなら航続距離は申し分なく、爆弾の搭載量を最低限に調整すれば航空母艦から発進できるかもしれないという結論に達した。

　B－25爆撃機はアメリカで唯一、人名が付いた航空機である。もちろん陸軍も、初の海陸合同作戦の出現を喜び、飛行機のレースパイロットの経歴があり、危険なスタント飛行をいとわないことで有名だった中佐、ジェイムズ・H・ドゥーリトルにこのプロジェクトの指揮をとらせた。ドゥーリトルの結論は、燃料タンクを増設し、五〇〇ポンド（約二三〇kg）爆弾を四発搭載して日本から九〇〇kmの位置まで空母ホーネットが航行してこの地点から発進すれば、日本本土の目標を爆撃して中国大陸沿岸部に着陸する作戦が可能というものだった。

ホーネット甲板のB–25爆撃機

　ホーネットは排水量一万九八〇〇トンながら、飛行甲板の長さは二五一mで船腹幅が三四・七m。爆撃機B－25ミッチェルは機体の長さ一六・一mで単体重量は九二一〇kg。問題は、B－25ミッチェルの設計仕様では、離陸には最低でも約二三〇mの滑走が必要とされていたことだ。
　陸軍パイロットを速成で〝海軍パイロット〟にする特訓期間は三週間しか許されなかった。フロリダ州エグリン飛行場に集まったスタッフの指導教官となった海軍大尉ヘンリー・L・ミラーは、滑走距離目標を三〇〇フィート（約九一m）以内と設定、機体を引き起こす角度やスピードなど海軍流操縦術を事細かに指導した。さらに昼夜連続五〇時間操縦訓練を実施し、対空砲火を避けることを重視する陸軍からすると非常識な高度五〇〇

mという超低空からの爆撃訓練を重ねた。

攻撃目標は、一九三九年六月から駐日アメリカ大使館の駐在武官を務めた経歴を持つ大尉ステファン・ジュリカがリストを作成した。ジュリカは日本の主要な工業地帯を克明に記録しており、その中から航空機製造会社、電力・ガス会社、弾薬製造工場、石油精製設備、港湾設備など一機ごとに爆撃目標を割り当てて地図化し、パイロットたちに地形の特徴、周辺の建物などを具体的に教えた。爆撃を終えたら中国大陸沿岸の蔣介石率いる国民政府軍の支配地域の飛行場に着陸し、燃料を補給して重慶へ向かう作戦だった。

一九四二年三月末、パナマ運河を回航してサンフランシスコ港に着いた空母ホーネットの甲板に一六機のB－25ミッチェルを固定、ホーネットに本来配備されていた戦闘機や急降下爆撃機は船腹の格納庫に格納した。四月二日午前、新鋭航空母艦は甲板にB—25爆撃機を並べた異様な姿で金門橋《きんもん》をくぐった。そして四月一八日午前八時半、ドゥーリトル率いる一三四人は一六機のB－25ミッチェルに搭乗し飛び立った。ドゥーリトルを含めパイロット全員が、航空母艦からの発進はこの時が初体験だった。

正午ごろ日本列島上空に至った部隊は東京、横浜、名古屋、大阪、神戸に爆弾を投下して南下、一機は燃料不足のためソ連のウラジオストックへと進路を変え、空港で乗務員は拘束された。残る一五機が中国沿岸部に到着したのは午後九時半ごろ。濃霧のため目標の飛行場を確認できず、浙江省一帯の水田や沿岸海面に強行着陸を試みたり、パラシュートで脱出したりした。一五機全部が大破し、乗員のうち三人は着陸時に死亡、八人が日本軍に捕われ、残りの乗員は中国人の助けで逃げることができたという。

空前の軍需体制と産業都市の発展

ドゥーリトル爆撃は、日本への物理的な実害はほとんどなかったが、本土への爆撃を許したこと自体大きな精神的ショックを与えた。一方、新聞報道が解禁されると米国民は熱狂した。ようやく国民が戦争への関心を高めたところで、ローズヴェルトは「一九四二年歳入法」を成立させた。所得のない個人・企業にも税を課す内容で、個人には一律五％の戦勝税を新設。課税対象は一九三九年の四〇〇万人が、一九四五年には四二〇〇万人に拡大、税収も一〇億ドルから一九〇億ドルへと急増し、戦争国債も計七回発行した。ローズヴェルトの後任の大統領トルーマンが、一九四七年三月に連邦議会で明らかにしたアメリカの戦費総額は一九四〇年のレートで三四一〇億ドル、現在の邦貨で約三五〇兆円という、とてつもない額に達した。ローズヴェルトは史上最も高コストの戦争を遂行した大統領として記憶されることになったわけだ。

ドゥーリトル爆撃が重要なのは、戦争の行方に決定的な影響を与えたことだ。開戦からわずか四ヵ月で日本本土空爆という事態を招いたことにより、連合艦隊司令長官・山本五十六は、危険が大きすぎるという海軍軍令部の反対を押し切って〝米艦隊狩り〟を決断、ミッドウェー海戦へと駆り立てられた。ハワイ海戦に続きミッドウェー海戦も敵主力艦隊を叩くために遠く離れた太平洋の中心まで出撃する作戦となった。これは当初計画をあっさり変更して、山本が上層部の反対を押し切った形だ。無謀すぎると思われたアメリカの賭けだったドゥーリトル爆撃は、予想もしなかった好機をもたらすことになる。日米の運命を逆転させるミッドウェー海戦まで一ヵ月半と迫っていた。

これより先の一九四〇年六月のドイツ軍のパリ占領を受け、アメリカはその一ヵ月後に海軍作戦部長ハロルド・スタークが提案した海軍拡張計画「両洋艦隊法」を成立させていた。大西洋と太平洋の二つの大洋で展開できる海軍力を築くのが目的で、戦艦七隻、大型巡洋艦六隻、航空母艦一八隻、巡洋艦二七隻、駆逐艦一一五隻、潜水艦四三隻により海軍力（艦船建造量）七割増を目指すという、大胆かつ野心的な計画である。

さらにローズヴェルトは連邦議会で「この大戦のいかなる局面においても、疑問の余地がないほどに敵を圧倒し撃滅することができるよう、空前の規模の装備を生産しなくてはならない」と演説した。大統領が設定した目標は航空機を一九四二年に六万機、四三年に一二万五千機生産すること、戦車をこの二年間で一二万両製造すること、対空火器を五万五千台作るというものだった。

実は山本五十六が恐れていたのは、アメリカのこうした底力だ。山本は海軍次官で中将の澤本頼雄《よりお》に宛てた手紙で「開戦となれば第一日の二五〇機消耗を手始めとして、最初の一段落までには八千機を使用し尽くすことは火を見るより明らかである。補充は果たして之《これ》に伴うべきだろうか」（現代語訳は筆者）と率直に不安を伝えている。

第一次大戦時より軍備の破壊力は格段に増し、燃料や爆弾などはもとより戦闘機・艦船などの消耗も大きい。戦争を継続するにはかつてないほどの工業生産力が必要になる。日米が国家の総力を挙げた戦いに入ると、日本の基礎体力はあまりに弱い。そのことを米国生活で痛感していた山本は、この戦いが短期戦で終わることを願っていた。山本は日本本土が空爆され工業力が破壊される時が来るなど予想していなかっただろうが、それでも不安は隠せなかったのだ。

一方アメリカはこの大統領演説を境に一躍、世界トップの工業国家に変身する。米国を象徴する自動車産業は、一九四一年には三〇〇万台を生産していたが、戦争終結まで軍需生産に転換、その間新車増産台数はわずか一三九台。クライスラーは航空機の胴体、ゼネラルモーターズは航空機エンジン、火砲、軍用トラック、戦車を製造。さらにパッカードは英空軍向けのロールスロイスエンジン、フォードは二四時間操業体制でB－24長距離爆撃機の部品を生産した。

製造中のB25戦闘機

太平洋戦争の期間中、アメリカは実に三〇万四千機もの航空機を製作した。ロサンゼルスにあるダグラス・エアクラフト社は七分間に一機のペースで航空機を生産、海岸近くの田舎町だったロサンゼルスには労働者が大挙して移住し、西海岸を代表する大都市に成長した。当時、まだ弱小企業だったロッキード社は主力戦闘機P－38ライトニング（稲妻の意）、ボーイング社からのライセンス生産の爆撃機B－17フライング・フォートレス（空飛ぶ要塞の意）など約一万九千機を生産した。

艦船の建造も目覚ましかった。米造船業界は一九四〇年にはわずか二三隻を建造したに過ぎなかった。しかし、太平洋戦争中には四六〇〇隻を建造、その四五％は造船所が急増するサンフランシスコ湾一帯で建造された。戦争の総日数三年九ヵ月の間にサンフランシスコでは一四〇〇隻を建造、一日一隻の割合で新船を送り出したのだ。

戦時の労働力不足は女性が補い、八〇〇万人が軍需産業で働いた。これが黒人の軍隊編入とともに戦後のアメリカ社会の変革を促す源流となった。

空母時代の雌雄を決したミッドウェー海戦

アメリカの反撃作戦は翌四二年二月から始まった。その戦術はアーネスト・J・キングが一九三九年にまとめたガイダンス「航空母艦群作戦」が出発点となった。「航空母艦の使命は作戦海域の制空権を確立・維持すること」と明記しているが、この戦術による演習で空母作戦の弱点も明らかになった。艦載機を発進させるには、風に向かって全速力で同一方向に艦を進め、艦載機が飛び立てるよう揚力を増さなければならない。この時空母は最も無防備になり、敵機、潜水艦、艦船の攻撃を受けやすくなる。

また、艦載機が出撃した後の空母をいかに敵の攻撃から守るか、という難題も浮上した。これを克服するには第一にこちらから敵に第一撃を加えること、第二に敵の航空母艦を先に発見すること、第三は夜戦には参加しないことの三点が掲げられた。

二隻の空母を、攻撃と防御のローテーションで分担する手法、大型空母二隻と軽空母二隻を組み合わせる手法など研究を重ねたが、やがて革新的な装備が誕生し問題を解決に導いた。それは船舶を探知するSGレーダーと主に航空機を探知するSKレーダー、零戦を上回る高性能の新艦載機F6Fヘルキャット、そしてすべての航空機にIFFトランスポンダー（敵味方識別装置）を搭載したことだ。

二つのレーダーはレイセオン社が開発した。高い周波数の電波を増幅する真空管、クライストロンを用い、SGレーダーは三〇〜四〇kmの範囲の船舶を、SKレーダーは爆撃機なら一九〇km、戦闘機なら一四〇km、戦艦なら五五kmの範囲で捕捉することができた。新装備を駆使した戦術マニュアル「PAC－10」はニミッツが切望していたもので「〝稲妻〟のように日本軍に突然襲い掛かり、戦闘では作戦的にも戦術的にも優位を維持し続ける」ことが可能となったのだった。

ニミッツは空母艦載機により日本が占領している南太平洋の島々に次々に攻撃を仕掛けていった。四二年六月、山本五十六はミッドウェーに米空母群を誘い出す作戦をとったが、南雲忠一《なぐもちゅういち》が指揮する第一機動部隊は逆にアメリカのヨークタウン、エンタープライズ、ホーネットの三空母群の待ち伏せに遭い、加賀、赤城、蒼龍、飛龍の四空母が全滅するという致命的打撃をこうむった。このミッドウェー海戦が太平洋戦争の流れをアメリカ側に引き寄せ、以後日本はずるずると後退を重ねていく。

ミッドウェー海戦を指揮した第一六機動部隊司令官レイモンド・スプルーアンスは、日露戦争の日本海海戦でバルチック艦隊を待ち受けて圧倒的な勝利を収めた東郷平八郎を研究し、東郷の作戦を模倣した。一九四四年六月のマリアナ沖海戦でもスプルーアンスは日本空母艦載機の攻撃を待ち受けて日本の空母艦載機をほぼ全滅させるという大勝利を収めている。米メディアはこの一方的な勝利を、狩りが簡単な七面鳥猟に例え「マリアナの七面鳥撃ち」と半ばからかう調子で表現した。スプルーアンスは「対馬でロシア艦隊がやってくるのを待つ東郷提督のやり方は、常に私の胸中にあり続けた」と後年語っている。

山本が切望した戦艦対戦艦の激突戦はミッドウェー海戦から四ヵ月後、一九四二年一〇月のガダルカナル島決戦と、一九四四年一〇月二五日のスリガオ海峡海戦（レイテ沖海戦の一つ）の二回だけ。これに対し航空母艦対航空母艦の海戦は主要なものだけで六つもある。大艦巨砲の時代は去っていたのだ。

もう一つ象徴的な海戦がある。マリアナ沖海戦である。日本からは完成したばかりの新鋭空母・大鳳《たいほう》（排水量二万七千トン）が出撃した。航空母艦の弱点は飛行甲板であり、これが損傷すると艦載機は母艦に戻れないし、爆弾が貫通すると弾薬庫や燃料庫が大爆発を起こす。大鳳は甲板に五〇〇kg爆弾の急降下爆撃に耐えられるよう鋼板による重装甲を施し、そのために「不沈空母」と喧伝された。だが同海戦で第一次攻撃隊を発進させた直後に、アメリカの潜水艦アルバコア（排水量二四六〇トン）の魚雷一発が命中し、艦載機を甲板に上げるエレベーターを破損、さらに燃料タンクから漏れ出したガソリンによる爆発を起こして沈没した。この時以来、航空母艦は攻撃が容易な「鉄の棺桶」と呼ばれるようになり、今日に至るも潜水艦を最大の敵としている。太平洋戦争以降、海軍の主役は航空母艦となったが、大鳳の沈没は航空母艦の歴史の〝終わりの始まり〟、潜水艦の時代の到来を告げるものとなったのだ。

「飢餓作戦」――機雷による日本封鎖

太平洋戦争が大詰めを迎えた一九四四年秋、ローズヴェルトはハワイ・オアフ島でニミッツ、ならびにフィリピン駐屯米極東陸軍司令官から南西太平洋方面最高司令官となったダグラス・マッカーサーとの三者会談を行い、日本をいかにして無条件降伏させるか協議した。選択肢は三つ。①翌年秋からの陸軍による日本本土進攻②開発中の原子爆弾の投下③飢餓作戦（オペレーション・スタベーション）、だった。①は米陸軍の犠牲者が多すぎるとして却下された。

そもそも戦略家マハンは一九〇〇年に北京で起きた義和団事件の際、各国が派遣した軍隊を比較し、日本陸軍の軍律の徹底とその精強ぶりに畏怖の念を抱いていた。何しろ米陸軍は第二次世界大戦の号砲となった、ドイツのポーランド侵攻前の兵員はわずか一七万五千人、ポルトガルより少ない世界第三九位の規模で、しかも騎兵隊が五万人もいて大砲を馬で移動させる前近代的な組織だったのだ。これが一九四五年には八〇〇万人を超える組織になるのだが、近代戦の経験不足は明らかだった。アメリカは日本海軍を恐れてはいなかったが、日本陸軍には心底恐怖心を抱いていた。

「飢餓作戦」という、あまりに露骨な名称の作戦は、文字通り日本を海洋封鎖し、一切の物資・

食糧の搬入を阻止して戦意をくじく作戦だ。マリアナ諸島に本部を置く第二一爆撃軍司令官カーティス・ルメイが指揮する部隊は、一九四五年三月からB－29爆撃機で関門海峡や主要港湾に機雷二万五千発を投下した。

ボーイング社が製造したB—29爆撃機は、それまでの爆撃機のイメージを一新させた怪鳥だった。「スーパー・フォートレス（空飛ぶ超要塞）」との命名にふさわしく、翼長約四三m、機の長さ約三〇mで、機体重量約三四トン。翼には四基のエンジンを備え、爆弾と燃料と一二基の機関銃の弾薬を最大限に積んだ約六〇トンの機体は、高度一万mを時速三五〇㎞で巡航した。

最初の実戦任務は一九四四年六月五日、英領インドの基地から七七機がタイのバンコクの日本軍を爆撃した。前年一月にカサブランカで開かれた連合国首脳の会議で、ローズヴェルトは蒋介石に爆撃機の大部隊を中国大陸に派遣し日本本土を攻撃するつもりだ、と知らせていた。この方針に従ってB－29を四川省の成都に配備し、一九四四年六月一五日、四七機が日本本土に飛来し北九州の八幡を爆撃した。

日本本土への空襲作戦を率いたカーティス・ルメイ

日本本土に対する、初めての本格的爆撃になるはずだった。だが、アメリカ軍は日本上空を強いジェット気流が流れていることを知らなかった。高度約一万mから投下した爆弾は、ジェット気流に流されて攻撃目標をほとんど外してしまい、作戦は失敗に終わった。このためアメリカは日本との激戦の末に手にしたマリアナ諸島に拠点を移し、一〇月二八日から南太平洋の島々に展開する日本軍を爆撃した。こうして攻め上ったアメリカ軍は、満を持してコードネーム「ミーティング・ルーム（会議室）」と名付けた帝都・東京への大空襲へと駒を進めたのだ。

狂気の軍人ルメイ

作戦を指揮したルメイは、爆撃に取りつかれたような、しかも野心的な男だった。彼は部下のロバート・S・マクナマラ中佐（後にケネディー政権、ジョンソン政権の国防長官に就任）にこう語った。「これまでの（爆撃の）やり方を変えようとしない者たちからのプレッシャーにさらされているが、俺は彼らを無視し、チャンスをつかむ」と。

徹底的に日本を破壊するためにルメイが採用した方策は、機銃をすべて外して爆弾を積み込めるだけ積み、夜間、高度約九〇〇～一七〇〇mから爆撃するという、常識を覆す低高度からの爆撃作戦だった。作戦の説明を受けた乗員たちからは「ルメイは俺たちを殺す気だ」との声が上がったという。

三月九日、南太平洋のグアム、サイパン、ティニアンの米軍飛行場に集結したB－29爆撃機は計三三四機。グアム時間の午後六時過ぎに離陸を開始し、全機が飛び立つまでに二時間四五分を要した。

東京は空気が乾燥し、強い風が吹いていた。機体の調子が悪いB－29などが途中で脱落し、爆撃を行った二七九機が東京上空に飛来したのは東京時間で午後一一時過ぎだった。全機にあらかじめ爆撃担当地域を割り当てて、二時間半余りの爆撃で投下された引火性の高いナパーム弾、すなわちジェル状のガソリンを詰めたパイプを多数束ねた爆弾の総量はおよそ五〇万発。道路のアスファルトは一八〇〇度の高熱で沸騰し、人々は争うように墨田川に飛び込んだと伝えられている。たった一晩の爆撃で一〇万人以上が焼殺され、どの遺体も高熱で炭化していた。だが、大日本帝国の首都がこの地獄絵図に見舞われても、軍部は戦争を止めようとしなかった。

いつもは寝つきがいいルメイも、この夜だけは起きていた。そして傍らのマクナマラにこう語った。

「もしこの戦争に敗《ま》けたら、われわれは間違いなく戦争犯罪者として処刑されるだろう」

ルメイは東京大空襲とそれに続く日本の都市空爆の非人道性を認識していたのだ。だが、後に彼がヴェトナム戦争でのB－29爆撃機の作戦に際して発した言葉は「ヴェトナムを石器時代に戻してやる」だった。狂気の軍人だったのだ。

B29爆撃機

ルメイはまた、機雷という安上がりで無慈悲な武器による港湾・海峡封鎖で、日本の船舶を無差別に沈めた。

海底に横たわる機雷は、船舶が近づくと磁力の作用で浮上し船に接触して爆発する。この作戦で日本の船舶は六七〇隻、一二五万総トンが犠牲となったが、これはアメリカを二分した市民戦争・南北戦争（一八六一～六五）で北軍の老将軍ウィンフィールド・スコットが北軍の犠牲者を増やさないために立案し、リンカーン大統領が踏み切った兵糧戦「アナコンダ・プラン」に学んだ作戦といえる。南軍の地域をぐるりと取り囲み、ミシシッピ川も封鎖して軍需品や食糧の搬入を阻止した。大蛇であるアナコンダが獲物に巻きつき、じわじわと締め上げて窒息死させるのをまねた作戦は、当初はあまりに消極的な作戦として批判されたが、結果的には北軍を勝利に導いた。兵員の消耗を最小限に抑えるために立案された作戦だったが、南北戦争の死者は実に六〇万人に上った。

日露戦争では、ロシア皇帝が勅命で通商破壊を目指すウラジオストック艦隊を編成させ、同艦隊の攻撃で日本は中国大陸への軍用輸送に大きな被害を被った。ウラジオストック艦隊が東京湾へ進入すると、日本では船舶の保険料が高騰し株価も暴落する事態を経験している。また、日本は第一次世界大戦中、イギリスの要請にこたえ地中海へ艦船を派遣し、英仏の艦船をドイツの潜水艦攻撃から守った実績もある。しかし、太平洋戦争で日本の海軍首脳には、敵の輸送船への攻撃はもとより、日本の民間輸送船、軍用輸送船を敵の攻撃から守る意識がまったくと言っていいほど欠落していた。この結果、民間船員六万二千人が戦没し、三六〇五隻、九〇五万総トンの船舶を失ったため、日本にはエネルギーはもとより食糧も入らなくなった。船員の死亡率は四三％にも達したが、陸軍は二〇％、海軍は一六％で、民間の犠牲者は軍の二～三倍もの高率となった。

太平洋戦争の終結を決定づけたのは米の「飢餓作戦」である。広島・長崎への原爆投下が戦争を終わらせたという声高な主張は、シーレーン（海上交通）輸送路を守ろうとしなかった軍指導者や政治家の責任を包み隠すものでしかないだろう。

「やむにやまれぬ戦争」――マッカーサーの戦後証言

あまり言及されはしないが、ローズヴェルトは一九四一年一二月六日付、つまり日本時間で真珠湾攻撃前日の一二月七日付で、昭和天皇にメッセージを送っている。「太平洋地域では両国の永年の平和を脅かす事態が進行しているし、悲劇に発展するかもしれない」と前置きしており、日米関係に関する内容が続くのかと思えば、唐突に「われわれアメリカ国民は日本と中国との現在の紛争終結を希望しているし、太平洋の平和を望んでいる」、「日米両国はいかなる形態であれ軍事的脅威を取り除くことに同意しなければならない」と中国での紛争と太平洋を同列に置いている。ローズヴェルトはさらに、日本がフランスのヴィシー政権の許可を得て仏領インドシナへ軍を進めたことについて「このやり方は防衛の範囲を超えている」と警告し、「もし日本軍が兵を引き揚げるなら、アメリカはこの地域に侵攻することは絶対にない。これは中国についても同様だ」と述べるなど、意図が分かりにくい。何より、近衛文麿がローズヴェルトとの会談を求めて四月から数度にわたり提案していた平和交渉をアメリカが拒絶したことについては、一言も触れていないのだ。昭和天皇に「平和的提案をした」という言い訳のためのアリバイづくり、と言われても仕方あるまい。

戦後、連合軍最高司令官だったダグラス・マッカーサーは一九五一年五月、連邦議会上院外交委員会で証言した。朝鮮戦争をめぐる極東の軍事情勢と、彼が主張した中国封じ込め策について、アイオワ州選出の上院議員バーク・B・ヒッケンルーパーの質問に答えたものである。

中国封じ込めを第二次世界大戦の対日戦略と関連付けている点が弁解がましくはあるが、以下に紹介する。

日本は八千万人の人口を擁し、四つの島に密集して暮らしている。ほぼ半分が農業人口であり、残る半分が産業従事者だ。労働者は質に於いても数に於いても良好で、労働の尊厳を身に付けている。彼らは働いている時、建設に従事している時により幸福感を感じるのだ。彼らは工場を建設し、労働力も十分にある。しかし、基本的な原料がないのだ。日本は綿花、羊毛、石油製品、スズ、ゴムと、ありとあらゆる原料を欠いている。原料の供給が止まれば、一千万人から一二〇〇万人が失業する。したがって彼らの目的、日本が戦争へと向かった目的は、ほとんど自衛というか自存のためだったのだ。日本が必要とした資源はマレーシア、インドネシア、フィリピンなどにあり、これらに基地を築き、太平洋の島々を砦としたのだ。連合国軍は彼らを取り囲み、じわじわと包囲網を狭めた。日本が降伏したとき、私が知る限り三〇〇万人もの陸上部隊が残存していた。彼らが武器を置いたのは、戦闘に必要な資源とそれを集める手立てがなくなったからだ。連合国軍が空爆と海上封鎖で日本の経済システムを破壊すると、彼らは戦闘継続に欠かせない物資を部隊へ供給することができなくなった。だから降伏したのだ。（証言は筆者訳）

軍人マッカーサーは日本が起こした戦争を、追い込まれた末の「やむにやまれぬ戦争」と同情的に位置付けた。連合軍を率いた将軍の、しかも議会での証言はとてつもなく重い。確かに、マッカーサーが証言したように、資源入手を目指す日本はアメリカ、イギリス、オランダ、中国の四ヵ国が構築した、いわゆる「ＡＢＣＤ包囲網」に追い詰められたが、戦争は日本の武力によるインドシナへの資源獲得と真珠湾への日本の先制攻撃で始まった。日本が先に手を下してしまった事実は厳然たる重みを持ち、言い訳のしようがない。明治憲法は天皇以外に軍部を統制する仕組みを欠いており、軍事力だけがいびつに突出した日本は、世界の情勢を冷静に分析できず、また、アメリカを深く研究することなく、狂信的な軍部に引きずられて外交による歯止めが効かなくなってしまっていたのである。

第四章　戦争終結への隘路

「日本は知的で有能な人材を擁する国であり、世界の責任ある成員となるべく国の再建を任せられるリベラルな指導者が十分にいる」（米戦争省長官ヘンリー・L・スティムソン）

アヘン戦争とローズヴェルト家

戦争をいかに終結に導くかは、戦端を開くより格段に難しく複雑だ。日本は中国大陸で戦争を継続していながら、強大な親中国家アメリカと事を構えた。しかも軍事的な勝負はついているのに、天皇制護持問題という巨大なハードルが立ちはだかり、日本国民は最後の最後まで戦争の災禍に苦しめられ続けた。

イギリスの植民地だったアメリカが独立を果たすきっかけとなったのは、イギリスによる砂糖や茶葉への課税強化だった。イギリスは七年戦争（一七五六～六三）でフランスに勝利し、植民地インドを手に入れたものの、戦争の後始末の財政立て直しに苦しんだからだ。一七七三年にアメリカ・ボストンで起きたボストン茶党事件では、港に停泊するイギリス東インド会社の船を過激な市民が襲撃し、積み荷の茶葉を海に投棄し、これが独立戦争につながった。

独立を果たしたアメリカを中国（清王朝）へと向かわせたのは、奇しくも茶葉だった。イギリスから貿易を封じられ、紅茶が入らなくなったからだ。一七八四年二月、建国の父の一人に名を連ねる資本家ロバート・モリスは、三本マストの商船を雇い、「中国の女帝号」と名付けてニューヨークを出港させた。船はアフリカの喜望峰を回って半年後にマカオに到着した。ここで中国人の水先案内人を雇い、広東の珠江《しゅこう》から黄埔《こうほ》に入った。積み荷のラッコの毛皮、北アメリカに自生する三〇トンもの朝鮮人参は中国商人を喜ばせ、船が持ち帰った茶葉、陶磁器、絹織物は当時のお金で三万ドルもの巨利をモリスにもたらした。アメリカの初の海外貿易だった。モリスは事前にフランス人宣教師から「中国人は朝鮮人参をありがたがる」との情報を得ていた。モリスの成功はアメリカ商人を中国大陸へと向かわせ、広東での貿易は賑わいを見せた。

対中貿易で先行したイギリスだったが、やがて深刻な事態に陥った。茶葉やシルクなどイギリスが中国から買いたい品物はあっても、中国人商人がほしがる物産をイギリスは持っていないという貿易構造に直面し、貿易赤字が膨らみ続けたのだ。茶葉については栽培に適した新産地をインドやセイロンで何とか探し出したものの、貿易赤字解消には程遠い。

そこで目を付けたのがインドのアヘンである。イギリスのアヘン輸出は民衆にアヘン中毒を広め清王朝を揺るがし、清王朝はアヘン輸入取引を禁止した。しかし、流れは変わらず一八四〇年イギリスとのアヘン戦争に立ち至り、敗れた清王朝は開港を迫られた。やがて外国人の旅行や移動が認められると、中国大陸はプロテスタント宣教師の伝道の新天地となった。聖書の中国語訳、貧民救済、医療奉仕、学校教育と活動は広がり、一八五八年にわずか八〇人に過ぎなかったアメリカ人のプロテスタント宣教師は、一九〇五年には三千人を超えるまでになった。宣教師の〝聖戦の地〟としての中国像が定着し、「虐《しいた》げられた善良な農民」、「纏足《てんそく》という虐待に苦しむ女性たちをキリスト教徒は救わなければならない」という道徳的情熱が、アメリカ社会に広まっていった。

アメリカで週刊誌『タイム』『フォーチュン』『ライフ』を創刊したメディア王ヘンリー・ルースは、宣教師の息子として中国・青島に生まれ、熱烈な中国びいきとなった。『タイム』は蔣介石を一貫して支持し、一九二七年四月四日号「日没から日の出へ」で将軍・蔣介石を初めて表紙に登場させた。第二次大戦終了までに計七回、戦後は一九五五年四月一八日号までに計三回、表紙に蔣介石を掲載した。異様な肩入れである。

大統領ローズヴェルトの母方のデラノ家が中国貿易で財をなしたことはよく知られている。一九三九年一一月四日に国民政府の元外交官で中国紅十字会国際委員会主席の顔恵慶《がんけいけい》と会談した際、「私の母方の祖父は中国で会社を経営していた。我が家は中国に三代の友誼がある。中国の災難は常に私が心を痛めていることである」とローズヴェルトは語っている。

ここで言う会社経営とは何か。ローズヴェルトの母方の祖父ウォーレン・デラノは一八三三年、二四歳の時に広東に赴き、ボストンの貿易会社「ラッセル・アンド・カンパニー」の現地スタッフに加わり頭角を現す。イギリスが広東の中国人商人に賄賂《わいろ》を贈ってアヘン輸出で稼ぎ始めると、デラノもアヘンで儲け始める。インドのアヘン商人をこっそり味方に引き入れたり、トルコ産のアヘンを商ったりして巨万の富を築いたのだ。さらにアメリカで南北戦争が始まると、負傷兵のための医療需要に目をつけ、本国にアヘンを輸出して財を成した。ローズヴェルトはこの事実を知っていたかどうか明らかにしていないが、「三代の友誼」の源は、中国の民衆を苦しめて退廃的生活に陥れ、清王朝を崩壊させたアヘンだったのだ。

親中政策のツケ

ローズヴェルトは対中物資支援やアメリカ陸軍中国方面軍の新設など、続けて蔣介石に肩入れし、一九四三年には蔣介石夫人・宋美齢をアメリカに招いた。宋美齢は全米各地で講演し、対日戦への支援を訴えた。アメリカ留学で鍛えた流麗な英語と、小柄な体を漆黒のチャイナドレスで包んだ容姿で、宋美齢はアメリカ人を夢中にさせた。

一九四三年二月一八日、宋美齢は連邦議会上下合同会議の場で演説するという最高の栄誉を与えられた。この席で宋美齢は「日本人は妥協というものを知りません」、「中国が日本の暴虐な攻撃を受けた最初の四年半、中国はどこからも援助を受けず、一人で立ち向かったことを忘れないでください」と訴え、最後に「中国は皆さん同様、全人類のためにより良い世界を望んでいるのです」と格調高く締めくくり、万雷の拍手を浴びた。アメリカ国民の支持を取り付けるローズヴェルトと蔣介石の世論攻勢は成功した。

（左から）訪米した蔣介石と妻・宋美齢、米の中国方面軍司令官を務めたジョセフ・スティルウェル

中国に肩入れする米外交について、戦後ソ連に対する「封じ込め政策」を提唱し、アメリカを代表する外交官として知られたジョージ・F・ケナンは「疑いもなく、極東の諸国民に対するわれわれの関係は、中国人に対するある種のセンチメンタリティーによって影響されていた…中国人に対するわれわれの態度には何か贔屓《ひいき》客のような感じがある」と述べている。さらに「われわれの日本に対する不満は、日本が当時東北アジアで占めていた地位――朝鮮と満州での支配的な地位――に主として関わっていたように思われる」と分析し、日本による支配を法的にも道徳的にも不当と考えた当時のアメリカ外交について「われわれ自身の法律家的・道徳家的な思考基準を、それらの基準とは実際にはほとんど全く関係のない状況に当てはめようとするものであった」と批判している。そして、日本をアジア大陸で占めていた地位から排除した結果、そこに生じた空白を埋めたのは「われわれが排除した日本よりもさらに好みに合わない権力形態となった」と総括している。

この総括は過去形ではなく、今も尾を引いている。アメリカの中国専門家で歴代政権の対中政策に関わってきたマイケル・ピルズベリーは、アメリカ中央情報局（CIA）での経験に基づいて二〇一六年に刊行した『中国の一〇〇年マラソン』の序文でこう書いている。「いかなる犠牲を払っても中国を助けたいという願望、中国人の善意と被害者意識への確信に満ちた盲信が、アメリカ歴代政権の対中国政策を方向づけて来た」。ピルズベリーは、アメリカがこの四〇年、中国に騙され続けてきたと主張しているが、中国に対する基本的理解が間違っていたということだろう。ピルズベリーは、彼が知る限り、アメリカの中国研究者で中国語文献を読める者はほとんどいなかったという衝撃的な話も明らかにしている。「共産主義を輸出しない共産主義国」は扱いやすいと判断してきた歴代政権のツケが、今に回っているのだ。中国に対する感情的な思い入れと共産主義に対する理解不足という、ローズヴェルトが陥った罠に、アメリカはなぜか捕われてしまうようだ。

「無条件降伏？　何と愚かなんだ」

第三一代大統領ハーバート・フーバーはローズヴェルトを「狂気の男」と評した。なぜ、フーバーは「狂気」と形容したのだろうか。

一九四二年は大統領の任期の折り返し点、二年目に集中的に行われる上院、下院、州知事などの選挙、いわゆる中間選挙の年だった。中間選挙は大統領が職務についた最初の二年間について国民が評価を下す選挙であり、政権党が大敗することが多い。戦争継続期の特例的措置として民主党の大統領候補となり、史上初の四選を果たしたローズヴェルトは、四選目の選挙は薄氷を踏むような勝利でしかなく、議会対策を有利にするために先手を打つ必要があった。

一一月八日、ローズヴェルトは日曜日にもかかわらず午前七時に記者たちをホワイトハウスに集めた。重大な戦況発表だった。当時まだ無名だった将軍ドゥワイト・D・アイゼンハワーが率いるアメリカ軍部隊が、地中海の南部海岸に展開する枢軸国（ドイツ・イタリア）部隊を駆逐するため、北アフリカに上陸した「トーチ（松明）」作戦についてだった。「我々は無慈悲な侵略者に肘鉄をくらわすためにやって来たのです」――ローズヴェルトのメッセージが放送され、北アフリカにはリーフレットが空中散布された。

だが、細心の注意を払ったはずの作戦は悲惨な結末を迎えた。アメリカ軍が最初に攻撃した相手は、こともあろうにドイツに敗れたフランスに誕生した傀儡政権、ヴィシー政府部隊の戦車や兵士だった。アメリカのマスコミは騒然となった。批判の嵐は止まず、アメリカが参戦した意図さえ国民に疑われかねない事態を招いた。中間選挙で民主党は下院の議席を五〇も失い、ローズヴェルトは起死回生策を用意しなくてはならなくなった。

一九四三年一月一四日から二四日まで、ローズヴェルトとイギリスのチャーチルはモロッコの保養地カサブランカで会談した。大戦の戦略をすり合わせるためだった。会談にはソ連からスターリンも招待されたが、ドイツ軍とのスターリングラードの攻防戦のさなかだったため参加できなかった。会談最終日の二四日、ローズヴェルトは記者会見を開き、こう語った。

「イギリスの皆さんはあまりご存じないかもしれないが、アメリカにはグラントという将軍がいた。本名はユリシーズ・シンプソン・グラントだが、私やチャーチル首相が子供のころは〝アンコンデイショナル・サレンダー・グラント（無条件降伏グラント）〟と呼ばれていた。ドイツ、イタリア、日本、イタリアの軍事力を取り除くには、彼らの無条件降伏しかない。これは将来の世界平和のための合理的な保証である。ドイツ、イタリア、日本の国家を破壊しつくすのではなく、他国を武力で蹂躙《じゅうりん》する彼らの哲学を破壊するのだ。今回の会談は無条件降伏会談と呼ばれるだろう」

実はこの時、チャーチルには何も知らされていなかった。もちろん、誰も事前に相談されておらず、ローズヴェルト自身、「記者会見の時にひょっこりアイデアが浮かんだんだ」と語っている通り、ローズヴェルトの独り芝居だった。

グラントは南北戦争で北軍を勝利に導いた英雄であり、後に第一八代大統領となる。一八六二年二月、グラントはテネシー州ドネルソン要塞を包囲、戦争前は友人だった南軍の准将サイモン・B・バックナーが降伏の意思を伝えて条件を尋ねたが、「無条件だ。しかも即刻降伏せよ」と言い放った。このエピソードはたちまち広まり、鉄の意志の軍人グラントの名を上げた。

一八六三年五月中旬のミシシッピ州の南軍の要塞都市ヴィクスバーグ包囲戦では、グラントは要塞の周囲に溝を掘って火薬を敷き詰めたトンネルで囲んだ。食糧が尽きた住民が犬、猫、ネズミまで口にする飢餓状態に追い詰め、二週間後に降伏させた。ヴィクスバーグの戦法は「包囲戦はかくあるべし」という陸軍の教科書となった。

南北戦争で北軍を率いた後、第18代大統領となったユリシーズ・シンプソン・グラント

大統領アブラハム・リンカーンの抜擢でついに北軍の総司令官となったグラントは一八六四年五月、ヴァージニア州のオーヴァーランド作戦で、約四〇日間にわたって南軍の総司令官ロバート・E・リーを攻撃して勝利。南軍の犠牲者の八・五倍の一万二七〇〇人を失ったが、戦略的転機を得て追撃に入った。これ以後九ヵ月にわたる追撃戦を展開、一八六五年四月に降伏させた。追撃の戦闘は一〇二回、主要な七つの戦闘の戦死者は両軍で約三万九九〇〇人に上る。戦いに勝利するというより、軍そのものを破壊する戦いを展開した。鉄の意志の軍人ではあるが、何とも血なまぐさい。それでもローズヴェ

ルトは自分には鉄の意志の最高司令官のイメージがふさわしいと考えたのだろう。ローズヴェルトには「第一次世界大戦終結後のドイツの終戦処理が徹底を欠いたことがナチスの台頭を許した、その二の舞は避けたい」との確信があったという。

だが、チャーチルは困惑した。会談では何一つ決定していなかったはずだった。チャーチルが長年にわたり信頼を寄せていた側近でアドバイザーのモーリス・ハンキーも当惑した一人だった。帰国するやいなや彼は「無条件降伏」の事例を求めて戦史を調べ上げた。そしてたどり着いたのが、古代ローマとカルタゴが百年にわたり戦ったポエニ戦争の最後の戦いだった。紀元前一四六年、カルタゴを二年間にわたって包囲し続けた古代ローマ軍は攻撃に転じ、都市を破壊しつくし、捕えた住民五万人は奴隷として売られた。都市国家カルタゴは廃墟と化し、滅亡した。ハンキーが唯一「無条件降伏」に近いと思えた例だった。「無条件降伏」は、当時の人口のほぼ二%にあたる約六〇万人超の死者を出したアメリカの南北戦争で生まれた、戦争終結のやり方だったのだ。

カサブランカ宣言は、軍人たちをも不安に陥れた。アイゼンハワーは、敵に無条件降伏を迫れば英米軍の犠牲者を増やすだけだと考え、ローズヴェルトとチャーチルが宣言を撤回することを希望した。イギリスに駐屯していたアメリカ第八航空隊司令官アイラ・C・イーカーはすこぶる直截に「何と愚かなんだ。ドイツ軍は最後の一人になるまで戦うぞ。子供でも分かることだ」と怒りをぶちまけたという。

鈴木終戦内閣の発足

宣言に喜んだのはナチス・ドイツの宣伝相ゲッペルスだ。国民を戦争遂行に駆り立て続けられるからだ。スターリンにとっても、ドイツと日本が無条件降伏すれば、ドイツと満州を容易に手中にできるから好都合だった。このことは後に現実となる。

カサブランカ宣言は、日本をも苦しめることになった。無条件降伏すれば「国体護持」、つまり天皇制の存続が危機に陥るのは自明のことだったからだ。だからこそ、だれも「戦争を止める」とは言えなくなってしまったのだ。

一九四五年六月二二日、昭和天皇は最高戦争指導会議の構成員を皇居に集めた。首相・鈴木貫太郎、外相・東郷茂徳《しげのり》、陸相・阿南惟幾《あなみこれちか》、海相・米内光政《よないみつまさ》、陸軍参謀総長・梅津美治郎《うめづよしじろう》、海軍軍令部総長・豊田副武《とよだそえむ》の六人だ。戦争の行く末について下問した後、最後に天皇は「これは命令ではなく、あくまで懇談であるが…」との前提でこう語った。

「去る六月八日の会議で、戦争指導の大綱はきまった。本土決戦について、万全の準備をととのえなくてはならないのは、もちろんであるが、他面、戦争の終結について、このさい、従来の観念にとらわれることなく、すみやかに具体的な研究をとげ、これの実現に努力するよう希望する」

六人はこの言葉に異存がない旨をそれぞれ表明した。退出した鈴木は内閣書記官長の迫水久常《さこみずひさつね》を呼び、こう語りかけた。

「きょうは、陛下から、われわれが内心考えていても口に出すことをはばからなければならないようなことを直接おききすることができた。まことにありがたいことである。陛下が、命令でなく懇談であるとおおせられたのは、憲法上の責任内閣の立場をお考えになってのことと察せられ、恐懼《きょうく》にたえない」

首相の鈴木は一九三六年の二・二六事件で若手将校の銃弾を受け生死の間をさまよった侍従長（海軍大将）である。天皇の信頼厚く、小磯国昭内閣が四月五日に総辞職すると、天皇は学問所に鈴木を呼び「卿に組閣を命じる」と述べた。鈴木はこの時、枢密院議長となっていた。鈴木が固辞すると、三〇歳以上年下の天皇はこう述べた。「鈴木の心境はよくわかる。しかし、この国家危急の重大な時期にさいして、もうほかに人はいない。たのむから、どうか、気持ちをまげて承知してもらいたい」

終戦時の首相を務めた鈴木貫太郎

鈴木終戦内閣はこうして発足し、六月の最高戦争指導会議の天皇の言葉を受けて、強硬な徹底抗戦派の軍に気を配りながら、ひそかに終戦への道を模索し始めた。第八七回臨時帝国議会開会日の一九四五年六月九日、鈴木は苦心して練り上げた施政方針演説を行う。軍の勇気と戦果を讃えながら事態の窮迫に言及するという形を何度も繰り返しながら、本音をすべり込ませていた。「今次大戦の様相を見まするに、交戦諸国はそれぞれその戦争理由をたくみに強調しておりますけれども、畢竟《ひっきょう》するに、人間の弱点としてまことに劣等な感情である嫉妬と憎悪とに出ずるものにほかならないと思うものであります」と前置きして、二七年前に、練習艦隊司令官として訪れたサンフランシスコで行った演説を引用し「太平洋は名のごとく平和の海にして、日米交易のために天の与えたる恩恵なり」、「今日われに対し、無条件降伏を揚言しているやにきいておりますが、かくのごときは、まさにわが国体を破壊し、わが民族を滅亡に導かんとするものであります」と述べている。無条件降伏について再度言及し「わが国体を離れてわが国民はありませぬ。敵の揚言する無条件降伏なるものは、畢竟するにわが一億国民の死ということであります」と、無条件降伏の非道を強調している。これは米英に向けた密かなメッセージでもあった。

知日派グルーらの終戦工作

終戦工作内閣の首相・鈴木貫太郎は、一九三二年六月から一九四二年七月までの一〇年間にわたり駐日大使を務め、日本の戦後処理政策を立案するアメリカ国務省次官となったジョセフ・C・グルーと親交があった。グルーは、駐日大使の立場から「日本をあまり追いつめると絶望的な戦争に踏み切りかねない」と国務省に直訴した人物だった。帰国後、国務次官となった彼は、ローズヴェルトや国務長官コーデル・ハル、さらには副大統領だったトルーマンに「無条件降伏」を求め続ければ日本人は最後の一人まで戦いかねないと説明し、天皇制存続の必要性を訴えたが、なかなか受け入れられなかった。

実は、大統領職を継いだトルーマンも、ローズヴェルトが残した「無条件降伏」という〝呪縛〟に苦吟はしていた。しかし、アメリカ国民や連邦議会は、この言葉の勇ましい響きに酔っていた。太平洋の島々では、最前線の兵たちは勝負がついているのに無謀な突撃を繰り返して屍の山を築く日本軍の玉砕戦法に、言い知れない恐怖を感じていた。優勢に戦いを進めてきたアメリカも、一九四五年二月下旬からおよそ一ヵ月に及ぶ激戦となった硫黄島の戦いで、日米の死傷者比率がおおよそ一対一になったことにショックを受けた。アメリカ軍が南太平洋の島に初めて上陸した一九四二年八月のガダルカナル島戦では、日米の死傷者数比率は二三対一で、圧倒的にアメリカ軍が優位だった。だが、硫黄島ではアメリカ兵約六八〇〇人が死亡した。

アメリカは当初、沖縄を占領すると一九四五年一一月一日に九州上陸作戦開始、翌年三月に関東平野に上陸というシナリオを描いていた。戦争省の参謀本部は上陸後最初の一ヵ月の米兵の死者数を三万一千人と見積もっていたが、沖縄戦の死傷者は投入兵力の三五％で推移していた。軍トップは六月から七月初めにかけて、日本上陸作戦の詰めに入ったが、当初、日本本土の陸軍兵の数を三五万人と見ていたものを、情報機関が修正を重ね三〇〇万人、さらには五〇〇万人という数字に変更した。こうなると、日本陸軍の兵員数に見合う大軍を、日本本土に上陸させなくてはならなくなる。会議の度に米兵の死傷者数予測は跳ね上がり、最初は自信をみなぎらせていたマッカーサーも、死者数を五万八〇〇〇人に修正してからは会議では口をつぐんだ。陸軍長官マーシャルは、数字をいじっても仕方ないとしながらも、最終死者数を五〇万人から一〇〇万人のラインに落ち着かせた。まだこの時点で原子爆弾は完成していなかった。トルーマンは軍の最高司令官として、どれだけアメリカの若者の命を差し出せば戦争を終えることができるのかと苦悩を深めるばかりだった。

グルーにとって幸いだったのは、一二年近くも国務長官を務めたコーデル・ハルが健康上の理由から一九四四年一一月に辞任し、後任のエドワード・ステティニアスが国際連合の設立準備に専念できるようするため、グルーが一九四五年一月に国務長官代理に就任し権限が強まったことである。彼の主な手駒は三人、駐在武官として駐日大使館勤務を経験し天皇の弟・高松宮はじめ日本人と幅広い交友関係がある海軍情報局（ＯＮＩ）所属の大佐、エリス・Ｍ・ザカリアス、駐日大使時代のグルーの下で参事官を務めたユージーン・Ｈ・ドーマン、そしてローズヴェルトが一九四二年六月に創設した戦略情報機関（ＯＳＳ）のスイス・ベルン支局長アレン・ウェルシュ・ダレスだ。

激戦となった硫黄島の戦い

一人目のザカリアスは「日本は無条件降伏が何を意味するのか、敗戦を受け入れたら国がどうなるのか知りたがっているはずだ」と確信していた。そこで海軍長官フォレスタルに日本向けラジオ放送を提案、同意を得ると三月から短波放送番組一八本をサンフランシスコから日本に向けて発信した。ザカリアスは流暢《りゅうちょう》な日本語で「自分はアメリカ政府の公式スポークスマンである」と名乗り「無条件降伏とは軍事用語であり、軍が武器を置いて抵抗をやめ軍が解体されることであり、国家の解体ではない」、「（一九四一年八月にローズヴェルトとチャーチルが合意し連合国の戦後処理構想を定めた）大西洋憲章のとおり、戦後、すべての人々が政府の形態を選ぶ権利が保障される（つまり日本がこだわる国体護持が保障される）」など極めて重要なメッセージを発信、外相・東郷茂徳や高松宮などに重要情報として確実に受け止められた。ザカリアスはグルーの意を受けて『ワシントンポスト』紙に同様の趣旨の記事も書いた。

また、国務省初の日本専門家としてキャリアを重ねたドーマンは、開戦後に東京から帰国し、グルーの特別補佐官やポツダム会談の極東問題アドバイザー、OSSワシントン本部の極東問題アドバイザーとしてグルーを支えた。

さらにアレン・ダレスは日本に和平を呼びかける終戦工作にとりわけ大きな役割を果たした。国務省でグルーの部下だった彼がなぜOSSに所属したのか。彼の表向きの肩書は米大統領金融問題特別顧問だった。スイスのバーゼルには各国の中央銀行で構成し日本も創設に参加しているBIS（国際決済銀行）が本部を置き、日本からは理事席に日本銀行ロンドン代理店監督役と横浜正金銀行代表が就いていた。BISはヨーロッパ各国の金融取引・決済の情報が集中する機関で、各国の代表は連合国、枢軸国を問わず大戦中も業務を継続しており、国際的な連絡拠点となっていた。国際間の日々の通貨の動きは、戦争に関わる飛び切りの情報の宝庫なのだ。

ダレスは一日も早く日本に戦争を終わらせ、戦後のアメリカ経済に日本を組み込むとともに、ソ連の極東への影響力を削ぐべきだという点で、グルーと認識を共有していた。しかも当代きっての経済学者、BISの金融経済局長兼経済顧問（チーフ・エコノミスト）のペール・E・ヤコブソン（戦後、IMF専務理事に就任）はナチスに批判的な論陣を張っており、中立国スウェーデン人だったためベルリンにもワシントンにも出入りできた。

政界の元勲スティムソンの進言

こうしてダレス、ヤコブソン、スイスの日本公使館、日本陸海軍の諜報員が終戦工作を繰り広げた。日本側が終始求めた情報は「国体護持」と「天皇制の存続」が保障されるかどうかだった。無条件降伏を突きつけられたドイツがソ連占領地域と英米占領地域に分割され、事実上国家解体の憂《う》き目にあっている以上、日本側がこだわるのも当然だったが、アメリカには国体護持、つまり天皇制存続を明快には打ち出せない政治状況があった。

グルーの回想録『動乱の時代（Turblent Era）』や戦争省（旧陸軍省）長官ヘンリー・L・スティムソンの回想録『平和と戦争を率いて（On Active Services in Peace and War）』によると、二人は五月二九日に、大統領に提出する戦争終結に向けた国務省案を話し合った。この案は、五月二四日から二六日にかけての東京への大規模空襲を受け、二八日にグルーが大統領と会談し、「無条件降伏が天皇制を排除するものではない」との声明を早急に出すよう求めたものだった。スティムソンはグルーを全面的に支持した。「日本が将来の太平洋地域で、平和的で地域に貢献する成員になればアメリカの国益にかなう」、「ポツダム宣言の準備草案では、天皇制を維持した立憲君主制を排除すべきではない」というのがスティムソンの持論だったからだ。

スティムソンはフーバー政権で国務長官としてロンドン軍縮会議に参加し日本の政治家たちに深い感銘を受けていた。幣原喜重《きじゅうろう》郎、若槻礼次郎、浜口雄幸《おさち》は大正デモクラシーを象徴する政治家たちである。スティムソンはローズヴェルトから戦争省長官に起用された重鎮中の重鎮である。そのスティムソンには日本の民主主義再生の可能性に賭けようとする気持ちがあったのだ。スティムソンだけでなく戦争省参謀総長ウィリアム・リーイ、戦争省次官ジョン・マックロイ、海軍長官ジェームズ・フォレスタルも同様に「無条件降伏」の枠組み緩和をトルーマンに働きかけたし、軍の参謀たちも同調していた。つまり天皇制継続の容認が日本の降伏を早め、アメリカ軍の犠牲者を増やさなくて済むという考え方だ。同時にそれは、ソ連の中国に対する影響力を削ぐことができるという思惑もあった。

とはいえ、スティムソンには軍のトップとしての譲れない一線もあった。三月末から始まった沖縄戦は決着がついておらず、無条件降伏の枠組み緩和の声明は、「アメリカが弱腰になっている」と日本に誤解される恐れがあった。また、トップ・シークレットの原爆開発は完成に向け大詰めに差し掛かっていたため、結局スティムソンは「時期が悪い」との結論を出し、国務省案は日の目を見なかった。

盟友チャーチルは早くからトルーマンに「無条件降伏」路線の緩和を勧めていた。トルーマンは、一一月から二段階で進めるべく準備した日本上陸作戦を見送る方向に急速に傾いた。マックロイは会議の場でさらに一段踏み込んでトルーマンに対し「無条件降伏」の撤廃を進言、「(開発中の原子)爆弾が政治的解決をもたらす。ただし、われわれが爆弾を持っていることと、降伏しないなら爆弾を投下すると事前に警告しなければならない」との自説を主張した。スティムソンも同意していた。グルーは説き続けた。

「アメリカは無条件降伏の意味を明らかにしなければならない」、「日本は戦後の政治構造を自分たちで決めることができること、国民が望むなら思想・言論の自由、人権を尊重する限りにおいて、天皇制の存続も容認されることを日本に伝えるべきだ」

スティムソンはスタッフの討議結果をメモとして七月二日付で大統領に提出した。結論はアメリカ、イギリス、中華民国の代表の名で日本に降伏を呼びかけ、平和な未来を築くため徹底して軍国主義を排除する間の占領を受け入れるよう呼びかける必要性を説いたものだ。ポツダム宣言の骨格はこうして固まっていった。

さらにスティムソンは自分の意見をメモに付け加え、「日本は知的で有能な人材を擁する国であり、世界の責任ある成員となるべく国の再建を任せられるリベラルな指導者が十分にいる、この点はドイツより優れている」と主張している。スティムソンは原爆の使用について討議する諮問委員会のトップでもあったが、速やかに使用すべしとの結論を出しつつ、攻撃目標の筆頭だった京都をリストから外させた。

ところが、新しい事態が同じ七月二日に起きた。トルーマンが空席の国務長官ポストにジェームズ・F・バーンズを据え、国務長官代理を務めていたグルーが国務次官に戻ったのだ。ローズヴェルトの急死を受けて大統領に就任したトルーマンが真っ先に教えを請うた人物であり、ワシントンで「事実上の大統領」、「トルーマンのビッグ・ブラザー」とささやかれていた対日強硬派の政治家である。

グルーを始めとする無条件降伏緩和派は、トルーマンから遠ざけられ始めた。目前に控えたポツダム会談は、降伏したドイツの戦後処理と対日降伏勧告を話し合う会議で、国務省が主管する。かつて国務長官を務め、閣僚のトップに座るスティムソンではあったが、彼には招待状が来ていなかった。ここに於いて高齢のスティムソンはトルーマンと直談判し、ポツダムに乗りこむことの同意を取り付けた。

だが案の定と言うべきか、グルーが粘りに粘ってポツダム宣言案に盛り込んだ「現在の天皇家による立憲君主制」の存続を約束する文言は、トルーマンとバーンズにより、スティムソンに一言の断りもなく土壇場で外された。スティムソンは国務長官ではない以上、会談には同席できない。グルーの作戦は完全についえたかに見えたが、ここでダレスがポツダムに飛び、スティムソンとぎりぎりの局面打開を図る。

スティムソンはトルーマンと直談判を行い「日本人がこの一点（天皇制存置）にこだわって降伏をしぶるようであれば、外交チャンネルを通じて天皇制を保障するようにお願いする」と食い下がった。トルーマンは同意した。さらにスティムソンは原爆の投下目標の第一候補だった京都について「日本人がアジアでアメリカ人と和解することを不可能にする」と述べ、京都を目標から外すことでトルーマンの同意を得た。アメリカ政界の元老ともいうべきスティムソンが最後に果たした大仕事だった。

〝国体護持〟をめぐる攻防

七月二六日付のポツダム宣言はアメリカ、イギリスと中華民国の三国首脳名で日本に向けて発表した降伏勧告文書だ。蔣介石は出席していないし、チャーチルも最終案は見ていない。電話で修正ポイントを伝えただけで、実質的にはアメリカが練り上げた文書だった。

その第一項は「日本にはこの戦争を終わらせる機会が与えられなくてはならない」とし、第四項で「思いのままに国を操る軍国主義的助言者に従い続けるのか、あるいは理性にしたがった国家運営の道に進むのか、日本が決定する時が来た」と日本の意思決定を促している。さらに最も重要な第一〇項には「われわれは日本民族を奴隷化するつもりはないし、国家を滅亡させる意図もないが、われわれの捕虜を虐待したものを含む全ての戦争犯罪者に対しては厳しい正義が適用されなくてはならない。日本政府は日本国民が民主主義の潮流を復活・強化することを妨げる全ての障害を取り除かなくてはならない。言論・信教・信条の自由と基本的人権の尊重が確立されなくてはならない」と明白なメッセージを盛り込んでいる。そして最終の第一三項に至って「われわれは日本政府がすべての日本軍の無条件降伏を宣言し、この措置が誠意に基づくものであることの、適正かつ十分な保障を提供するよう求める」と、ようやく「無条件降伏」の文言が現れる（条文は筆者訳）。

原爆投下とソ連の参戦を受けた東京の大本営は、緊迫の極みというべき空気に包まれた。首相・鈴木貫太郎は八月九日朝、天皇にソ連の参戦を伝えたうえで「ポツダム宣言受諾という形式による終戦」を決意。手順を踏んで最高戦争指導会議を開いた。会議の結論は出ない。

午後二時から閣議を始めると長崎に原爆投下の知らせが入ったが、午後一〇時を回っても結論に至らない。鈴木は参内《さんだい》して御前会議開催の許しを奏上、日付が変わる少し前、皇居の地下防空壕の一室で御前会議が始まった。午前二時を過ぎても、意見は真っ二つに分かれたままだった。鈴木はすっくと立ちあがると、「まことに恐れ多いことではありますが、天皇陛下のおぼしめしをおうかがいして、それによってわたしどもの意思を決定したいと思っております」と発言した。

天皇は「(天皇陛下の地位、すなわち国体に変化がないことを前提としてポツダム宣言を無条件に受け入れるのがよいとした)外務大臣の意見に同意である」と意思を表明し、しばらく間をおいて「念のために言っておく」と前置きしたうえで、「大東亜戦争がはじまってから、陸海軍のしてきたことをみると、どうも予定と結果とがたいへん違う場合が多い」と指摘、「このまま戦争を続けることは世界人類にとっても不幸なことである」、「わたしのことはどうなってもかまわない。たえがたいこと、しのびがたいことではあるが、この戦争をやめる決心をした」と述べた。天皇の聖断で終戦が決まったのだ。一〇日午前二時二〇分だった。

午前三時からの閣議で承認を取り付けると外務省はスイスとスウェーデン駐在公使へ電報を打ち、両国政府に日本の受諾回答を連合国に伝えてもらうように手配した。

ポツダム宣言受諾のキーワードは、末尾の「(共同宣言にあげられた条件のなかには)天皇の国家統治の大権を変更するという要求をふくんでいないことを了解して、帝国政府は、これを受諾する」との文章である。日本としては、回答が受け入れられるかどうか確たる保証がないままに、「条件付き受諾」という、アメリカが予想もしなかった変化球を投げ返したのである。

日本の同盟通信は、ポツダム宣言受諾のニュースが速やかに連合国側に伝わるよう、軍の検閲に引っかからないよう工夫して短波放送で発信した。これを傍受したアメリカの放送局は、直ちにホワイトハウスに届けた。日本政府の公式声明ではないが、トルーマンは直ちに国務長官バーンズ、戦争省長官スティムソン、海軍長官フォレスタル、最高司令官（大統領）付参謀総長リーヒらを呼び、午前九時から協議を始めた。戦争省で回答を読んで、休暇を返上して駆けつけたスティムソンは、最も恐れていたことが現実になったと直感した。ポツダム会談の最終局面で、大統領と国務長官に「日本人がこの一点（天皇制存置）にこだわって降伏をしぶるようであれば、外交チャンネルを通じて天皇制を保障するようにお願いする」と直談判し、同意を取り付けた場面が蘇ったのだ。

バーンズは意見を決めかねていたが、トルーマンは日本の回答受諾に傾いていた。原爆を二発も落とし、ソ連軍が侵攻を始めても降伏しないなら、いっそのこと日本の主張を丸のみして戦争を一刻でも早く終結させようと考え始めていたのだ。スティムソンはトルーマンに「たとえ日本から疑問を投げかけられなくても、降伏を通じてわれわれの兵を救うには天皇を利用するしかない。天皇だけが日本国家の権威の源なのだから」と日本の回答受け入れを勧めた。どちらにせよ、天皇については降伏後に協議の課題になるとの立場だった。

流れを引き戻したのは、国務省の知日派グループだった。国務省の特別補佐官で、駐日大使グルーの下で一等書記官を務めたジョセフ・W・バランタインは、一〇日午前七時半に日本からのポツダム宣言の条件付き受諾を伝える短波放送を聞き、天皇に関する表現に一瞬、耳を疑った。「統治者としての天皇陛下の諸特権（プリロゲイティブズ）」という言葉が流れたのだ。日本外務省が用いた用語だった。

バランタインは国務省に駆けつけ、グルーとドーマンに「絶対に容認できない。この表現を認めると、あらゆる権利が今まで同様に天皇に集中してしまう」と強く警告した。知日派の目的は日本を民主的な平和国家として再建することだった。この表現を受け入れると、アメリカは何のために日本と戦ったか分からなくなってしまう。三人はバーンズに会い、懸命に説得を重ねた。事態は振り出しに戻った。

連合国側からの回答がなかなか届かず、日本側は疑心暗鬼を募らせていたが、アメリカは一一日（日本時間一二日）に正式に回答した。回答は、合衆国大統領がバーンズに命じてアメリカ、イギリス、ソ連、中華民国を代表したバーンズの名前で発表された。回答の核心は次の一文だ。「降伏の瞬間から、天皇および日本政府の国家統治の権限は、連合国軍最高司令長官が（ポツダム宣言の）降伏の条文を発効させるのにふさわしいと思う手続き取るのを妨げない」

何とも抽象的で法律的言い回しを最優先させた文章だが、アメリカは連合国軍のリーダーとして各国が受容できるぎりぎりの表現を採用した。日本側はこの回答をめぐり大混乱に陥り、クーデターの動きまで出現した。軍部は「天皇が連合国最高司令官に従属する（サブジェクト・トゥー）」と理解したのだ。

だが、論理を追えばアメリカの意図は浮かび上がる。マッカーサーの任務はポツダム宣言に従って日本から一切の軍国主義的要素を取り除き、日本を健全な民主国家にすることである。天皇および日本政府の国家統治権は否定されてはおらず、民主国家の枠組みの中で容認されることを暗示する回答だった。逆にこの回答を受諾しなければ天皇制の存続は保証されないという、言外の意図が込められているのだ。

新憲法の形成過程と第九条

日本では嵐は続いたが、八月一四日朝の御前会議で天皇による終戦への揺るぎない決意と連合国側の回答受け入れが示され、軍部によるクーデターの動きは一五日昼の天皇の玉音放送で終止符を打った。グルーやスティムソン、ザカリアス、ドーマン、バランタイン、ダレスらの執念が、最終的に結実したのだ。

九月二七日、昭和天皇はマッカーサーを訪問した。この日を境に、マッカーサーは天皇擁護に変わる。それまで、マッカーサーは天皇制について、意思決定を保留していたのだ。

多くの日本人はポツダム宣言を「無条件降伏」だと誤解している。それは第五項を読み落としているからだ。第五項は「以下がわれわれの条件である。われわれはこれらの条件から逸脱しない。これらの条件に替わるものは一切ない。降伏期限（八月二日）の遅延は許容しない」と明確に「条件」を設定しており、ポツダム宣言は、看板は「無条件降伏」だが、内容には「無条件」という言葉とは矛盾する項目が盛り込まれているのだ。

日本の保守勢力には、日本国憲法は占領軍（ＧＨＱ）による押しつけであるという、根強い主張がある。確かに日本国憲法の原案はＧＨＱのチャールズ・Ｌ・ケーディス大佐が率いる二五人のチームが、一九四六年二月四日から一二日までのわずか九日間で完成させた。しかし、彼らが一貫して草案づくりの指針としたのは、日本を民主国家として再建させることを目指した国務長官代理ジョセフ・グルーが率いた「国務・戦争・海軍三省調整委員会（the States-War-Navy Coordinating Committee=SWNCC）」による、一九四五年一一月七日付の「SWNCC―二二八文書（日本の統治体制の改革）」である。この委員長はグルーの駐日大使時代の部下だったドーマン、文書の執筆者は知日派で知られたコロンビア大学助教授のヒュー・ボートンである。文書はGHQのトップではなく「合衆国太平洋軍総司令官」としてのマッカーサー宛に最高機密の「情報」として出された。

もう一つの指針となった文書がいわゆる「マッカーサー・ノート（最高司令官が指示した、憲法改正で譲れない三つの基本点）」である。これには天皇制の維持と戦争放棄、交戦権の否定が盛り込まれていたが、戦争放棄の草案については、部下のケーディスが「あまりに理想的で、現実的ではない」と一部書き換えた。ケーディスは「どんな国でも自分を守る権利はある」とインタビューで語っており、後にマッカーサー自身も、日本の憲法調査会の質問に「戦争放棄の条項は、もっぱら外国への侵略を対象としたものであり、世界に対する精神的リーダーシップを与えようと意図したものである。（略）第九条のいかなる規定も、国の安全を保持するために必要なすべての措置をとることを妨げるものではない」と回答している。第九条の草案は、マッカーサーの理想の反映だったようだ。

二月一三日、GHQ民政局長（准将）コートニー・ホイットニーは外務大臣・吉田茂と国務大臣・松本烝治《じょうじ》に対し、日本側が提出した憲法改正案は「自由と民主主義のための文書として、最高司令官が受け入れることができない」と通告、GHQ草案を二人に渡した。あまりに民主的な内容に驚愕する日本側に対し、ホイットニーは「最高司令官は、天皇を戦犯として取り調べるべきだという、他国からの強まりつつある圧力から、天皇をお護りしようという固い決意を持っている」、「この新しい憲法の条項が受け入れられるならば、事実上、天皇は安泰になると考えている」と決定的な言葉を発した。

こうした経過をたどり二月二二日、内閣総理大臣・幣原喜重郎は皇居に参内、昭和天皇はGHQ案の受け入れを全面的に支持すると発言したという。終戦決定に次ぐ第二の「御聖断」で、日本の新しい憲法の誕生が事実上決まったのである。憲法改正草案要綱は、日本政府が自主的に提案したものとして発表された。

その後の日本政府とGHQとのやりとりの中で、憲法改正特別委員会の芦田均《ひとし》が第九条について、第一項に「日本国民は、正義と秩序を基調とする国際平和を誠実に希求し」との一文、さらに第二項冒頭に「前項の目的を達するため」との文言を加えた。いわゆる芦田修正だ。ホイットニーは芦田に、彼の責任でOKを出した。「個人に人権があるように、国家にも自分を守る権利は本質的にあると思う」と、後に修正の経過についてインタビューで説明している。

日本国憲法

第九条　日本国民は、正義と秩序を基調とする国際平和を誠実に希求し、国権の発動たる戦争と、武力による威嚇又は武力の行使は、国際紛争を解決する手段としては、永久にこれを放棄する。

二　前項の目的を達するため、陸海空軍その他の戦力は、これを保持しない。国の交戦権は、これを認めない。

憲法第九条は何とも明瞭さを欠く条文だが、以上の経過をたどれば、意図するところはおのずと浮かび上がる。しかも、憲法は日本の国会で審議され成立したものだ。マッカーサーの意図がどのようなものであれ、手続きに不備はない。ただ、憲法九条第二項の「交戦権の否定」というくだりは、独立国家たるべき原点を奪う文言である。「押しつけ」かそうでないかの議論は意味がない。議会の審議を経たのにこの条項が修正されなかったのは、日本人が戦争の惨禍に嫌気がさすあまり、国家にとって軍事力がいかなるものかもう考えたくもないという、思考停止状態に陥っていたのかもしれないし、マッカーサーには抗えないという「空気」に流されたのかもしれない。

いずれにせよ憲法九条は、第一項「平和条項」だけで世界に対する十分なメッセージ性を備えている。第二項、とりわけ「交戦権の否定」はいたずらに国民を惑わせるだけである。削除して、国家の原点である自衛権について国民の合意形成を図るときが来ていると思う。

外交を軽視した指導者たち

日本は「国体護持」を条件にポツダム宣言を受諾した。そのことは天皇の詔書の第五段の

「朕《ちん》ハ茲《ここ》ニ国体ヲ護持シ得テ」という文言、第六段の締めくくりの「誓《ちかっ》テ国体ノ精華ヲ発揚シ世界ノ進運ニ後《おく》レサラムコトヲ期スヘシ」という言葉にも表れている。「国体」の文言が入ったのは日本国の存続と天皇制護持であり、無条件降伏ではない証明でもある。鈴木貫太郎が六月の施政方針演説で発したメッセージはグルーやスティムソンに受け止められた。ポツダム宣言に「無条件降伏」の文言が入ったのは、中華民国やソ連、そして米国内の強硬派、特に国務省に表向き配慮したに過ぎない。そして狂信的な軍部が宣言を拒絶することは織り込み済みだった。日本では天皇の権威しか戦争を終わらせることができないことを、グルーは熟知していたのだ。

アメリカは原爆が戦争を終わらせたと思い込みたいようだが、日本が最も心配していたのは国体護持、天皇制の存続であり、次いでソ連の動向だった。開戦前、首相・近衛文麿から日米戦の見通しを尋ねられた海軍軍令部長・永野修身《おさみ》は「米国だけとなら何とか戦う自信はある。しかしソ連が加わり北にも南にも作戦するということになると確信はない」と明言している。ソ連参戦の報に接した鈴木貫太郎は「ついに終戦の瞬間がきたな」との思いを胸中に抱き、傍らの迫水久常に「いよいよくるべきものがきましたね」と語りかけ、天皇に報告したのだった。

一九四五年三月一〇日の首都・東京への大空襲で一〇万人以上が焼殺され、北海道から鹿児島まで全国一一三の都市が空爆で焼かれて約五一万人（太平洋戦全国空爆犠牲者慰霊協会調べ）が焼殺されても、軍部は戦争をやめようとはせず、本土決戦を叫んでいた。だが、強気一辺倒の軍部も、ショックの度合いは原爆よりソ連参戦の方が大きかったのである。

前出の外交官ジョージ・F・ケナンはアメリカが犯した二つの過ちとして「無条件降伏方針の採用」と「一般市民大量殺戮の採用」を挙げている。この過ちのために「戦争の目的は、全く邪悪で非人間的とみなす外部の敵を相手に、相互の利益となる妥協をもたらすのではなく、敵の力と意思を完全に破壊することである」という見解を国民に植え付けてしまったと、その重大さを指摘している。また、この過ちのために、アメリカは深い迷路に入り込んでしまったとも述べている。アメリカ生まれの戦争思想「無条件降伏」を近代戦に組み込んだ大統領、大恐慌に際してニューディール政策を打ち出すなど理想に燃えた野心家、ローズヴェルトが執拗に「日本からの先制攻撃」にこだわったのは、戦争に突き進むための言い訳でしかなかった。

大空襲後の東京。炭化した遺体が山となって横たわっている

かくして太平洋戦争は一九四五年八月一一日、日本のポツダム宣言受諾で終結した。日本側の死者約三一〇万人、アメリカ側は約四一万人が犠牲となった。アメリカによる都市爆撃では市民が業火の中を逃げまどい、東京大空襲では一晩で一〇万人が焼殺された。戦いは狂気の中でしか行えないが、焼け焦げて炭化した数々の遺体の写真は、一般市民の大量殺戮を導入した第二次世界大戦のむごさを現代のわれわれに突きつけている。

日本ではアメリカの物量作戦に負けたとの言説がとかく喧伝され、政治家や軍人の責任があいまいにされがちである。

開戦前、連合艦隊司令長官・山本五十六は、首相・近衛文麿に日米決戦の見込みを問われ「ぜひやれと言われれば初め半年か一年の間は随分暴れて御覧に入れる。しかしながら二年三年となればまったく確信は持てぬ。（ドイツ・イタリアとの）三国条約ができたのはいたし方ないが、かくなりし上は、日米戦争を回避するよう、極力御努力願いたい」と答えている。軍需の米英への依存度の高さを心配していた近衛は、企画院にこの弱点から脱却する可能性を調査させたが、答えは常に「不可能」だった。

外交路線か、あるいは開戦かを決める「帝国国策遂行要綱」は一九四一年九月六日の御前会議で決まったが、前日に要綱について近衛から説明（内奏）を受けた天皇は「これを見ると、一に戦争準備を記し、二に外交交渉を掲げている。何だか戦争が主で外交が従であるかのごとき感じを受ける」と疑問を持ち、直ちに杉山元《はじめ》参謀総長（陸軍）と永野修身軍令部総長（海軍）を参内させた。以下は天皇と杉山のやり取りである。やや長くなるが引用する。

天皇「日米事起こらば陸軍としては幾許《いくばく》の期間に片付ける確信ありや」
杉山「南方方面だけは三ヵ月くらいにて片付けるつもりであります」
天皇「汝は支那事変当時の陸相なり。その時陸相として『事変は一ヵ月くらいにて片付く』と申せしことを記憶す。しかるに四ヵ年の長きにわたり、いまだ片付かんではないか」

杉山は恐懼《きょうく》して支那は奥地が開けており、予定通り作戦できない状況をくどくど弁明した。

天皇　「支那の奥地が広いと言うなら太平洋はなお広いではないか。如何なる確信あって三ヵ月と申すか」

（『最後の御前会議　戦後欧米見聞録――近衛文麿手記集成』）

杉山は頭をたれて何も答えることができなかった。ここで永野が助け舟を出し、統帥部としてはあくまで外交交渉の成立を希望するが、不成立の場合は開戦やむなしとの考え方を説明、天皇は「統帥部《とうすい》は今日のところ外交に重点をおく趣旨と解するが、そのとおりか」と念押しし、二人はそのとおりですと答えておさまった。だが、外交交渉はうまくいかず、首相となった東條英機《ひでき》は「経済断交のまま戦争なしで行ったのでは、結局ジリ貧状態に陥るを免れず」と開戦を決定した。東條は「人間、たまには清水の舞台から目をつぶって飛び降りることも必要だ」と近衛に語ったが、指導者として悲劇的なまでに無分別・無責任としか言いようがない。

このように誰もが戦争回避の気持ちをもっていながら、風にそよぐ葦のように抗いもせず、戦争へと流されて行ったのだ。東條の〝一か八か精神〟の決断で、日本人三〇〇万人以上が死ぬことになった。日本の進路を戦争へと舵を切った最大の責任者・近衛文麿も、南部仏印（仏領インドシナ）進駐を容認した自分の決断がどのような悲劇を招くかを想像できなかった。さらに外相・松岡洋右《ようすけ》はアメリカを牽制することができると信じてナチス・ドイツ、イタリアとの三国条約へと突き進んだ。現実を冷静に分析・直視せず、希望的観測を前提に、およそ戦略とはいえないような戦争計画を政治家と軍首脳たちは組み立てたのだ。この意思決定の過程をつぶさに検証することこそが、今日においても平和国家としての日本の進路の道標でなくてはならない。

強硬派のコントロールに失敗した近衛内閣

ロンドン軍縮条約では、日本が主力艦保有を英米の六割に制限されたことをとらえ、天皇の統帥権を侵すものだとして政友会の犬養毅《いぬかいつよし》と鳩山一郎（鳩山由紀夫元首相の祖父）が浜口雄幸内閣を攻撃した。条約は批准されたが、皮肉にもその後、軍部が「統帥権」を盾に政治を蹂躙《じゅうりん》するという知恵を授けてしまった。政党間の勢力争いが、軍部が付け入る事態を招いたのだ。

ナチス・ドイツと手を携えた首相・近衛文麿は一九四一年七月二八日、南部仏印進駐に踏み切った。現地の石油資源確保を狙った作戦だ。

近衛は軍部の強硬派からも良識派からも信頼されてはいたが、いかんせん力の基盤がなかった。そこで強硬派が主張する「南進論」（資源確保のための東南アジアへの武力進出）を受け入れて南部仏印に進駐し、己の威信を高めてから強硬派をコントロールしようという策略に打って出たのだ。あまりに軽率な判断だった。動きを知ったアメリカ政府は直前の二三日に「日米交渉の基礎を消滅させるものだ」と警告。さらに二五日には日本の在米資産を凍結する措置をとったにもかかわらず、近衛は作戦を強行した。アメリカの態度をあまりに軽く見ていたのだ。もはや近衛の力では軍部を抑えることはできず、引くに引けなくなった。アメリカは八月一日、綿と食糧を除く対日輸出全面停止という決定的な措置に踏み切った。
近衛は一九四一年から駐日大使グルーのルートでローズヴェルトとの首脳会談を模索する。外務省はナチスと気脈を通じる松岡が支配しており、情報が漏れるおそれがあったからだ。

米政権の極東政策を握っていたのは国務長官コーデル・ハルの特別補佐官であるスタンリー・K・ホーンベックだった。傲慢で日本人に人種的偏見を抱く親中派で、中国で活動した宣教師団体のロビー活動に接していた。彼はグルーについて「長く日本に居過ぎた。彼は日本人より日本人らしい」と皮肉っていた。また彼は「日本がアメリカ相手に戦争などできるわけがない」とせせら笑うように周囲に語っていたという。

日本の中国からの撤退など交渉の入口さえ封じるような条件を盛り込んだ「ハル・ノート」は、結果的に近衛を辞職に追い込んだ。開戦翌年に帰国したグルーはハルを問いつめ、首脳会談を拒絶したのは、平和をもたらす可能性があったからだとの推測を記している。ハルは国際連合創設への取り組みが評価され、一九四五年のノーベル平和賞を受賞している。

そもそも経済規模の比較でも、開戦の年の一九四一年の日本のGDP（国内総生産）は二〇四五億ドルに過ぎず、アメリカはこの八倍強に当たる一万六四六七億ドルだった。日本の軍事費はGDPの二三・一％にも達し、軍事だけが突出した結果、経済のすそ野は破綻の一歩手前だった。石油の八割をアメリカからの輸入に頼っていた日本がアメリカと戦争するなど、あまりにも論理的思考を欠いている。

エネルギーが絶えれば国家は滅亡するが、武力でエネルギーを奪おうとした近衛のような人

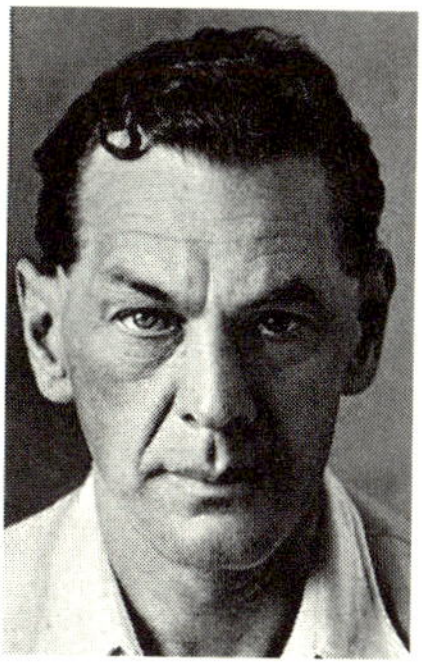

戦時下の日本でスパイ活動を行ったリヒャルト・ゾルゲ

物を、なぜ日本人は首相の座に就けてしまったのか――この点こそ、現在のわれわれが考えなくてはならない重大事である。太平洋戦争の開戦に踏み切ったのは首相・東條英機だが、戦争を回避できないように歯車を回してしまったのは近衛文麿である。現代の日本人はそれほど意識していないが、ローズヴェルトが最大の攻撃目標としていたナチス・ドイツとなぜやすやすと手を結んだのか。しかも近衛の周囲には共産主義シンパの朝日新聞記者・尾崎秀美《ほつみ》とドイツの記者を装ったソ連のスパイ、リヒャルト・ゾルゲがいた。ゾルゲは日本がソ連との戦争に踏み切る意思があるかどうかについての情報を本国から求められていた。ドイツとの戦争を覚悟していたスターリンはドイツと日本と二正面作戦だけは避けなければならなかったのだ。尾崎とゾルゲの二人はともにスパイ罪で処刑された。

暴走する陸軍、戦略を欠く海軍

日本という国家を蹂躙《じゅうりん》し泥沼の戦争に引きずり込んだ陸軍。暴走はロシア革命に介入する一九一八年七月のシベリア出兵から始まった。当初はアメリカとの共同歩調により同数の兵力による介入だったが、参謀本部は独断で増派を続け、アメリカ撤退後も七万を超す大軍を駐留させた。だが、国際関係をまずくするだけで大きな犠牲を出して失敗に終わった。

しかし、陸軍の暴走はとどまることを知らない。一九二八年の張作霖爆殺事件、一九三一年の満州事変と続き、一九三八年七月にソ連、満州、さらに朝鮮国境付近で起きた日ソの軍事衝突・張鼓峰《ちょうこほう》事件（ハサン湖事件）では、停戦のための外交交渉が始まっているのに陸軍参謀本部が独断で出兵して近代装備のソ連軍に敗れた。激怒した天皇は陸相・板垣征四郎を「天皇の許可なく一兵たりとも勝手に動かすことはまかりならん」と叱責したが何ら改まらなかった。

そして翌一九三九年八月、懲《こ》りない陸軍は凄惨な負け戦を起こす。満蒙国境で起きたソ連・モンゴル人民共和国連合軍との国境紛争「ノモンハン事件（ハルハ河戦争）」だ。敵装備の研究と武器開発を怠り火炎瓶で敵戦車に立ち向かうような戦いを強いたのだ。天皇に裁断を仰がず陸軍の独断で始めた戦争で、日本は約一万八千人の死者を出す大敗北を喫した。満州国軍にはモンゴル人で編成した部隊もあり、日本はモンゴル人同士が敵味方に分かれて戦うことを強いて深い恨みを買い、離反を誘ってしまった。しかし、陸軍はだれも処罰されなかった。国民に対しては天皇の「統帥権」を声高に標榜《ひょうぼう》しながら、自分たちは天皇の権威を踏みにじっていたのだ。まさに国家・国民に対する犯罪行為を重ねたのである。

陸軍はなぜこうまで狂ったのだろうか。天皇は侍従武官長・畑俊六《しゅんろく》に、陸軍の体質について「陸軍の教育があまりに主観的にして客観的に物を観んとせず…これドイツ流の教育の結果にして、手段をえらばず独断専行をはき違えたる教育の結果にほかならず…」と厳しく喝破している。日本を悲劇的戦争に引きずり込んだ構造的問題は、大日本帝国憲法で天皇に統帥権を与え、政治が軍を制御できない仕組みを作ったことに尽きる。

ノモンハンの日本軍の戦いぶりについてスターリンから報告を求められた元帥ゲオルギー・

コンスタンチーノヴィチ・ジューコフは「日本軍の下士官は頑強で勇敢であり、青年将校は狂信的な頑強さで戦うが、高級将校は無能である」と答えている。今日の日本社会にも通用する見解だろう。

では、日本はなぜナチスと手を組んだのだろうか。陸軍がナチスに突っ走っただけではない。日本の言論界が反英と親ドイツを国民に煽り立てたからだ。陸軍に次いで責められるべきは言論界だった。軍事・外交に識見を欠く言論機関は国家の存続を危うくする。これは現在の状況にも当てはまる。

真珠湾攻撃に際し、連合艦隊司令長官・山本五十六はハワイ海戦の司令官・南雲忠一に第二波の攻撃を命じた。しかし、南雲は従わなかった。第一波の攻撃で艦船や飛行場は攻撃したものの、オアフ島の軍需工場や四五〇〇万バレルもの石油タンクは無傷だった。およそ戦争遂行の意味が理解できていないとしか言えない行動だ。

南雲は航空機についての知識に乏しく、作戦計画の立案も部下に任せていたとされる。第二波攻撃を命じた山本自身が「南雲は第二波攻撃を行わないだろうな」と語っていたのだから、海軍は驚くべき組織である。

そもそも日本では真珠湾攻撃を高く評価しがちだが、戦術的には成功でも、広い太平洋をハワイまで攻撃に出かけたのは戦略的な誤りだろう。アメリカが恐れていたごとく、日本付近の島伝いに要塞を築き、アメリカ海軍を待ち構えていれば有利な戦いができただろうし、人員の消耗もはるかに少なくて済んだ可能性が高い。日露戦争の日本海海戦では、日本が勝てるわけがないと言われていたバルチック艦隊をじっと待ち構え、勝利を手にしたのだ。陸軍が満州から中国全土へと戦線を拡大しているさなか、海軍は太平洋へと戦線を急拡大した。アメリカ海軍の戦艦を恐れるあまり、山本は待ち構えることができなかったといえる。二年間戦ったらアメリカが停戦に応じるという希望的観測もまた、論理的思考を欠いているとしかいえない。

南雲はミッドウェー海戦で敗れ、マリアナ沖海戦でも敗れた。戦争という非常時にもかかわらず南雲を更迭《こうてつ》できなかった海軍の組織体質は、およそ勝利を至上とする軍隊にはあってはならないはずだ。弱い将の下では、死なずに済む部下をみすみす死なせてしまう。組織の欠陥だ。将だけに限らない。南の島で士官が部下に無謀な突撃命令を再三繰り返して屍の山を築いた軍の体質といい、死を命じる特攻作戦を発案した中将・大西滝次郎に象徴される、人の命を粗末に扱う軍の体質は、今日の日本社会に根を張っている病根と同じものだ。従業員を極限まで追い込んで酷使するブラック企業、無理な目標を掲げて部下を追い込み、データの不正操作を重ねた某自動車メーカーと、例を探せば枚挙に暇《いとま》ない。

＊

太平洋戦争は、航空機の威力を最大限に高め、航空母艦の時代を切り開いた。

アメリカは一九二五年から航空部隊の司令官や空母の艦長はパイロット出身者のみに限定するという革新的な施策を採用して優秀な若手士官のモラール（士気）を高めた結果、パイロットの九割が士官だった。逆に日本海軍は予科練制度で下士官のパイロットを養成し、パイロットのうち九割を下士官が占めた。つまりアメリカはモフェット（第三章参照）の慧眼で、大艦巨砲主義と決別し「空母の海軍」へと組織を適合させたのに対し、日本は人事施策でも大艦巨砲主義を引きずったまま、空母の時代にふさわしい戦略を練る人材を育てることができなかったのだ。

第五章　空の帝国への道程

「力を伴わない平和は空虚な幻想であり、悪人どもが社会の基盤を揺さぶる招待状であるという教訓を、われわれは学んだ。いまや以前にもまして、戦争を憎む人々の手中に戦争を戦う手段をとどめておくことが、われわれの本務たるべきである」（一九四五年九月二日、海軍長官ジェームズ・フォレスタルのラジオ演説）

戦時経済からの脱却

アメリカの大統領制度は、現職大統領が病死、暗殺、辞職などで空席になった場合、副大統領が直ちに大統領の地位に就く。一八四一年に第一〇代大統領となったジョン・タイラーに始まり、近くはウォーターゲート事件で辞職したリチャード・ニクソンの後を受けた第三八代ジェラルド・フォードまで、合計九人が副大統領から大統領に昇格した。副大統領ポストには、大統領より輝いて名声を脅かすような人物は選ばれず、選挙に貢献した〝凡庸〟と見られている人物が選ばれることが多い。特に現職大統領の死による昇格は、心の準備もできていないだけに、大いに苦労するのが常だ。

　歴代大統領のうちただ一人四選を果たした第三二代フランクリン・D・ローズヴェルトの急死を受け、副大統領就任からわずか八二日で第三三代大統領となったハリー・S・トルーマンほど、この過酷な職務に立ち向かった人物はいないだろう。

　ローズヴェルトが脳溢血《いっけつ》で突然死したのは一九四五年四月一二日の昼前。第二次世界大戦の終結は視野に入ってきていたとはいえ、四月二五日からサンフランシスコで始まる国際連合創設のための会議、勢力圏膨張のあからさまな野望をむき出しにするソ連のヨセフ・スターリンとの確執、戦争で荒廃したヨーロッパの復興と世界秩序構築者としての役割、中東の混乱とイスラエルの建国、さらに冷戦から朝鮮戦争に至る東西対立、といった問題が一挙にトルーマンの双肩にかかって来たのだ。この当時、ホワイトハウスは大統領の激務から「ホワイトジェイル（白い監獄）」と呼ばれたほどだった。

F・ローズヴェルトから大統領職を継いだハリー・S・トルーマン

　しかも個人外交を好み、時に国務長官コーデル・ハルさえ外交の場から外したローズヴェルトは、スターリンとの「対日参戦密約」のことも伝えなければ、戦争指導に関してもトルーマンを蚊帳《かや》の外に置いていた。第一次大戦ではフランスで野砲隊を指揮し、上院軍事委員会委員だったトルーマンには、戦争がどう進んでいるか、知らされていなかったのだ。トルーマンは回想録でこう述べている。「大統領職とは虎の背に乗っているようなものだ。しっかりしがみついていないと飲み込まれてしまう…私は就任五日目で人生を五度体験したように感じた」と。

トルーマンが最初に着手したのは、軍事費が急膨張した戦時経済から平時の経済への転換と、軍組織の大改革だった。一九三〇年代の国防支出はGDP（国内総生産）の二〜三％に過ぎなかったが、第二次世界大戦では四一％（一九四五年）にまで膨らんだ。朝鮮戦争の期間でさえ一五％程度に過ぎなかったことと比べると、いかにすさまじい数字か想像できよう。また、政府支出に占める割合でみると、一九四五年は軍事費が頂点に達し、実に八八％に上っている。まさに戦争経済である。

第二次大戦は米国に空前の好景気をもたらし、経済規模は一九四一年の約一兆三七〇〇億ドルから一九四五年の約二兆一六〇〇億ドルへとほぼ倍増、国民所得も五〇〇〇億ドルから一二〇〇〇億ドルと膨らんだ。しかし、平和が訪れた時、人々の頭をかすめたのは、まだ生々しい記憶である第一次大戦後の不況から世界恐慌とその後の暗く重苦しい日々へと至る悪夢だった。一九三〇年から三三年までGDPは四年連続マイナス成長でしぼみ続け、工場労働者の賃金は四〇％にまで落ち、一九三二年の失業率は二三・六％、全産業労働者の五分の一が職を失い路頭にさまよったのだ。

前任大統領のローズヴェルトは就任早々、失業者救済と景気回復のため、新規まき直しを意味する「ニューディール」政策を推進した。日本の教科書ではなぜか高く評価されているが、この政策は決して成功したとは言い難い。一九三二年以降、失業率は二桁の高さが続き、太平洋戦争が始まった一九四一年に九・九％とようやく一〇％を切り、戦争が本格化する一九四二年に四・七％と一桁まで下がった。戦争まっただなかの一九四四年には一・二％と歴代最低を記録した。戦争が失業率を下げたのは明白だ。

戦争が終われば、真っ先にしぼむのは軍需産業であり、経営者は素早い経営判断で手を打たなくてはならない。すでにして終戦の一年前、トルーマンの地元セントルイスでは戦争の先行きを見越した軍需工場の閉鎖が相次いでいた。戦後は全米で軍需工場が空前の規模で閉鎖されるのは目に見えていた。カリフォルニア州に本拠を置くマクダネル・ダグラス社は、戦時中七分間に一機の割合で軍用機を製造していたが、日本の降伏から一週間もたたないうちに労働者九万人を解雇した。

議会を二分した軍改革――陸海空の統合幕僚会議を設置

トルーマンの政策は経済の戦時統制、特に価格統制法の廃止が招くインフレを抑制するために、最低限の統制を継続しつつ、その間に新産業を育成して完全雇用を目指すことだった。雇用の受け皿を急ぎ整備しないと、軍需産業から放り出された労働者はもとより、徴用解除の軍人が国中に溢れ、戦地からも続々と軍人が引き揚げてくる。

トルーマンは就任早々から一九四五年末までに、完全雇用法など主要なものだけでも二一本の経済関連法案を連邦議会に提案、その上で国防予算削減に大ナタを振るった。終戦翌年の軍事予算は実に八六・五％減、九〇〇億ドルも削減し一四〇億ドルとなった。軍の指導者にとってはまさに激震だ。GDP比でみると一九四八年の国防費はGDPの七・二％に激減した。終戦時約一二〇〇万人だった総兵力も、四七年七月には約一六〇万人へと絞り込まれた。

一方で、アメリカはもはや名誉ある孤立政策には回帰できなかった。イギリスもフランスも力を失い、世界の警察官となったアメリカは、軍事費を抑制しながら、統合運用で力を発揮する効率的な軍事組織へ改革しなくてはならない。最も厄介な仕事だった。何より陸軍と海軍の長年の対立は深刻だった。陸軍傘下の航空部隊は、日本への都市爆撃と原爆投下で、陸軍が日本本土への上陸作戦で決着をつける作戦を回避できるようにして犠牲を抑え、日の出の勢いだった。陸軍航空部隊の司令官カール・スパッツに至っては「なぜこの期《ご》に及んで海軍が必要だというのか。次の戦いが洋上で行われるというのはばかげた妄想だ。航空戦力による空の戦いになるのだ」とまで語る始末だった。

確かに、空軍の独立は時代の要請だった。しかし海軍には空母に搭載された海軍航空部隊があり、これが空軍に吸収されると、海軍はその存在意義を失ってしまう。さらに海軍には艦船の警察隊から前線突破を受け持つ勇猛果敢な陸戦隊へと進化した「海兵隊」があり、硫黄島の擂鉢《すりばち》山頂に海兵隊によって掲げられた星条旗のイメージは強烈で、手をつけるのはタブーに等しかった。問題をややこしくしたのは、海軍が、海軍長官出身の前任者ローズヴェルトに長年庇護されてきたのに対し、トルーマンは根っからの陸軍派で、しかも海兵隊嫌いだったことだ。

トルーマンの意を受けた陸軍主導の新組織への三軍統合か、要員数で陸軍よりはるかに少ない海軍の独立性を保持できる緩やかな統合かを巡る陸軍と海軍の争いは、連邦議会での支持獲得争いに発展し、混迷は深まるばかりだった。陸軍を核とする統合にこだわるトルーマンに対し、下院の重鎮議員で軍事委員会委員長カール・ヴィンソンは大統領に強硬に反対を表明した。海軍長官ジェームズ・フォレスタルは文民統制の機関としての国家安全会議の創設、海軍航空隊と海兵隊の保持を譲らなかった。

紆余曲折の末、一九四七年七月、国家安全法（National Security Act of 1947）が成立した。軍の文民トップとしての国防長官、国家安全保障会議、独立した陸軍、空軍、海軍（海兵隊含む）、三軍トップで構成する統合幕僚会議、海外を担務とする情報機関ＣＩＡという、今日に至る組織構成が決まった。初代国防長官には大統領令によりフォレスタルが任命された。統合に最も抵抗した男に、敢えて軍統合の実を上げさせようとしたのだ。

ウォール街の投資銀行で実力を発揮し一躍社交界の寵児《ちょうじ》となったフォレスタルは、ローズヴェルトに抜擢されて大統領特別補佐官、海軍次官となった。心臓病に倒れた海軍長官ウィリアム・フランクリン・ノックスの後を受けて海軍長官に就任、さらにアメリカの初代国防長官、全軍のトップに立った。だが、彼に与えられたのは三人の特別補佐官と四五人のスタッフだけ。国防総省が巨大な官僚機構となるのはフォレスタルが事実上更迭された後のことである。

アメリカ初代国防長官を務めたジェームズ・フォレスタル

空軍の増長

アメリカ経済、いやアメリカという国家は、第二次世界大戦で劇的に変容した。今ではほとんど忘れられているが、この国は戦争直前まで大恐慌の影を引きずり、国民の約三分の一は貧困にあえいでいたのである。戦争が始まると統制経済体制を敷き、軍需関連の生産に全精力を集中した。アメリカ経済はその結果、急成長したのだ。ノーベル経済学賞を受賞したポール・クルーグマンが言うところの「第二次世界大戦という、とてつもない公共事業」の威力だった。何より、米本土は戦場とならず、ヨーロッパのように復興に苦しむことはなかった。

もっとも劇的な変容は、豊かな懐具合《ふところ》で消費に飢えた中産階級が出現したことだ。一九四五年から一九四七年まで経済はマイナス成長だったものの、失業率は一九四五年が一・九%、四六年から四九年までは三%台で推移した。マイナス成長といっても、経済の質が変わったのであり、軍艦や戦車の生産を止めて冷蔵庫や洗濯機、掃除機などの大量生産に切り替わったのだ。

一九四六年から六四年までに五千万人超が誕生するというベビーブームを背景に、住宅ローン制度の創設、戦争帰還兵への優遇措置などが奏功した。自動車の生産は一九四六年から五五年まで毎年四倍のペースで膨らみ続け、住宅ブームが起きて中産階級は都市から郊外の新興住宅団地に移り住むようになる。大戦時には全米でわずか八ヵ所だったショッピングセンターは一九六〇年には三八四〇ヵ所へと増大した。一九四六年には一万七千台弱だったテレビは、三年後には毎月二五万台が売れ、やがて全米の四分の三の家庭がテレビを持つに至った。都市のオフィスで働き、自家用車で郊外のマイホームに帰り、週末はショッピングセンターで買い物、夜はテレビでホームドラマを楽しむ——アメリカ人は建国以来もっとも豊かな生活を楽しめるようになったのだ。成長の中心は東部からカリフォルニア、テキサス、アリゾナなど西部や南西部の州へと移った。また白人が郊外へと移った都市には、南部から貧しい黒人が流入した。

　こうしてアメリカは黄金時代を迎えたが、トルーマンが剛腕でねじ伏せた軍改革には火種が残った。それは世界でただアメリカだけが保有する原子爆弾についての、空軍と海軍の戦略の相違に起因する。

　空軍は、大戦中に開発を始め一九四六年八月に初飛行に成功した超大型戦略爆撃機B－36ピースメーカーを新戦略の柱に位置付けた。平和の建設者《ピースメーカー》という命名とは裏腹に、原子爆弾を搭載して高高度で長距離を飛行しソ連を核攻撃することに特化した爆撃機だった。B－36は機体の長さ五〇m、翼長七〇・三mで合計三万九千kgの爆弾を搭載でき航続距離は約一万六千km。ワシントン―モスクワ間の距離が約七八〇〇kmだから、ゆうに大陸をまたぐことができる驚異的な航続距離といえる。空軍は当初、三六機のB－36発注を求めた。

　一方、海軍はフォレスタルの思想による海軍戦略、すなわち航空母艦で攻撃目標に可能な限り近づき、艦載機による原子爆弾の投下を目指す戦略を目指した。そのためには超大型航空母艦建造が必要とされた。

　一九四八年三月、フォレスタルは統合参謀本部に超大型航空母艦の建造について大統領と国防長官が承認したと伝えた。新航空母艦ユナイテッド・ステイツは船体の長さ三三二m、排水量六万五千トンと画期的な巨艦で、一九四九年四月一八日にニューポートの造船場で建造が始まった。

ところが、独立軍として意気が上がる空軍は、やがて暴走し始める。トルーマンの方針を凌駕する航空部隊増設構想を発表し、連邦議会や世論へキャンペーンを始めた。バランスのとれた軍再編を掲げたフォレスタルの方針は空軍に無視され、統制が利かなくなった。

提督たちの反乱

一九四九年三月二八日、フォレスタルの辞任に伴い国防長官に就任したルイス・A・ジョンソンは実業界出身で、再選を目指したトルーマンの選挙資金集めに民主党全国委員会財政委員長として貢献した人物。トルーマン同様、戦略爆撃の威力を信奉し、しかもトルーマンに全身全霊で忠誠を尽くす男だった。就任から一ヵ月も経たない四月二三日、彼は航空母艦建造を突然キャンセルした。陸軍幹部と空軍幹部が航空母艦建造に反対していたという事情はあったが、着工からわずか五日、トルーマンの同意を得ていたとはいえ、出張中の海軍長官にも知らせない強権発動だった。空母の建造取りやめで浮いた予算をB－36爆撃機発注に回そうという思惑もあった。ところが建造中止で浮いた予算はわずか二億ドルに過ぎなかった。一九四九・一九五〇会計年度の国防予算は一五〇億ドルもあったのにである。海軍いじめと指摘されても仕方なかろう。

海軍長官サリバンは即刻抗議の辞任、海軍内には不穏な空気が漂い始める。やがてB－36の性能に疑問があること、国防長官は就任前まで同機を製造するコンソリデイティッド・ヴルティー・エアクラフト社の幹部だったこと、空軍長官も同社と関係が深いこと、さらに同社の経営者はトルーマン再選に六〇〇万ドルの選挙資金を提供したことなどを書き連ねた怪文書が出回り、連邦議会は調査委員会を立ち上げるに至った。

怪文書は海軍の小物がうわさも取り混ぜて作成した内部メモが、議会に流出したものと判明した。一件落着かと思われたが、国防長官は海軍と海兵隊を狙い撃ちする次年度予算削減案を提示、国防予算の合計削減額九億二九〇〇万ドルの内訳は、空軍は一億九六〇〇万ドル、陸軍三億五七〇〇万ドル、海軍三億七六〇〇万ドルと、削減額は海軍が最大だった。海軍の首脳たちは「このままでは海軍が沈められてしまう」と遂に立ち上がる。「提督たちの反乱」と呼ばれる事件の幕開けだった。

一九五〇年九月一〇日、統合参謀本部に所属する海軍大佐アーレイ・B・バークが、議会での証言に持ち込む作戦のシナリオを書いて、提督たちに立ち上がるよう呼びかけた。さらにバークは記者会見を招集し「海軍は国防長官と統合参謀本部により組織的、意図的に破壊されている」との声明を発表した。海軍のOBたちが続々と大佐の許に結集した。太平洋艦隊司令官のアーサー・W・ラドフォード提督も〝反乱〟に合流するためワシントンに戻った。カール・ヴィンソンが招集した下院軍事委員会の公聴会にはハルゼー提督、ニミッツ提督、キング提督などの第二次大戦のヒーローたちが結集、議会証言の作戦を立てたバークも証言し「空軍は核爆弾による猛襲理論で国を売った」、「B−36は効果が不十分な武器で金食い虫だ」と批判、国防長官や統合参謀本部のやり方では軍の統合どころか逆の方向に進んでいると続けた。

空軍はもちろんのこと、陸軍も真っ向から反論した。公聴会の二ヵ月後に委員会が出した結論は「提督たちの完敗」だった。国防長官の航空母艦建造中止命令のやり方は批判されたが、建造中止そのものは支持された。国防長官とコンソリデイティッド・ヴルティー・エアクラフト社との濃密な関係も不問に付された。連邦議会やメディアも、さらにはアメリカ国民も、「戦略爆撃」という空軍が放つ威勢のいい言葉の響きに酔っていた。海軍首脳への報復人事が始まったが、問題に火をつけたバークはトルーマンの政治的決断で地位が守られ、今日の米海軍アーレイ・バーク級ミサイル駆逐艦（イージス艦）に名前を残している。また、日本の海上自衛隊の発展に多大の貢献をした人物としても知られる。

やがてアメリカは、この騒動のために、朝鮮戦争で手痛い代償を支払うことになる。

イギリス軍縮の代償

空軍力の過信という病には前例がある。世界に先駆けて空軍を独立組織にした航空先進国、イギリスだ。

第一次世界大戦が終結する七ヵ月前の一九一八年四月一日、陸軍の航空部門であるロイヤル・フライング・コールと、海軍仕様の航空機を運用していたロイヤル・ネイビー・エアー・サービスは統合されロイヤル・エアー・フォース（空軍）となった。独立した空軍の誕生だ。所有する航空機は二万機だった。

だが、戦争で英国経済は疲弊し切っていた。戦争が終わると政治家たちは戦時経済からの脱却と国力の回復を優先する。一九一九年、デイヴィッド・ロイド・ジョージ政権は向こう一〇年は大きな戦争は起きないという見通しの下、一〇年間防衛予算を最小限にとどめる「一〇年ルール」を導入した。建造中の艦船はキャンセルされ、海軍からは熟達した技術者六万人が去った。空軍の戦略は戦略空爆を採用、海軍航空の地位は低下し、飛行機乗りを目指す若者は空軍に流れた。その空軍でさえ、技術開発部門（RAE）の職員は二年後の一九二〇年には三割にまで激減、予算も大戦中の三％台で推移するというありさまだった。保守陣営の大御所アンドリュー・ボナー・ローが、動乱が続くトルコ情勢に関するイギリスの政策について新聞に寄稿した次の主張が時代の空気を象徴している。

「政府が採るべき進路は明快だ。イギリスは単独で世界の警察官として行動できない。財政的にも社会的状況からも不可能だ」（一九二二年一〇月六日付・英『タイムズ』紙）

さらにロンドン条約に象徴される国際的な軍縮機運が防衛予算を絞り、大蔵大臣ウィンストン・チャーチルは一九二八年、「一〇年ルール」の無期限延長の決定を下した。海軍力と空軍力を誇ったはずのイギリスは、下り坂を転げ落ちるように軍事力を失っていった。海軍が事態の深刻さに気付いたのは、シンガポール沖で日本軍によって旗艦プリンス・オブ・ウェールズが沈められた時で、今さら追いつくことはできなかった。

製造業の衰退と航空技術の開発予算削減で、イギリスは一九三九年から航空機の供給をアメリカに依存するようになり、パイロットもアメリカで養成訓練を受けた。第二次世界大戦では、イギリスのパイロットがアメリカ製戦闘機に搭乗し、アメリカの航空母艦から出撃したこともあった。イギリスの威信は低下したように見えたが、こうした両海軍の協力と信頼関係の積み重ねは、戦後の技術開発で大きな成果を生むことになる。推進者は提督チェスター・W・ニミッツだ。航空機が重量、機体の大きさ、速度、機能などで目覚ましく発展し続ける潮流から「航空母艦も航空機の進化に合わせて成長しなければ最強の装備の地位から脱落する」と技術革新を督励したのだ。最初のハードルは、原子爆弾を搭載する、機体重量が重い航空機を航空母艦で離発着させる技術だった。

米空母、イギリス式スチーム・カタパルトを採用

世界で初めて航空機の発進にカタパルトの技術を採用したのがライト兄弟であることは第一章に記した。

航空機製造技術の発展で、エンジンパワーと機体強度は増し続け、重量もそれに伴って増えた。第二次大戦前から油圧式カタパルト、圧縮空気、火薬で飛行機を載せた台車を動かすカタパルトなどが工夫されてきたが、どれも満足のいくレベルには届かなかった。艦載機を次から次に出撃させるスピードとパワーが求められたからだ。長い飛行甲板がある大型航空母艦なら、船が全速力で進めば発進はできた。問題は通常の航空母艦の半分の大きさで速度も遅い護衛空母や、他の用途の艦船を改造して空母に仕立てた軽空母だ。

アメリカ軍においては、主に輸送船団の護衛に当たる護衛空母は、数の上では航空母艦の主力であり、第二次世界大戦中にアメリカが建造した航空母艦一五五隻中八割弱を占める一二二隻が護衛空母だった。この対策としてアメリカは、イギリスが世界で初めて開発した油圧式カ

タパルトの技術供与を受け航空母艦に装備した。それまでアメリカは火薬式カタパルトを戦艦や巡洋艦で用いていたが、主流とはならなかった。

　戦後、油圧ポンプとロープと滑車によるカタパルト技術の革新を迫ったものが二つある。原子爆弾と、革新的な新エンジン――吸入した空気を圧縮して燃焼室に送るエンジンを搭載した航空機、ジェット機の登場だ。

　海軍は原子爆弾を搭載したジェット機を空母から飛び立たせる戦略を基本に据えた。広島や長崎に投下された初期の原子爆弾の重量は約一万ポンド、四・五トン程度だった。一九四七年一一月、艦隊提督で海軍作戦部長のチェスター・W・ニミッツは、新しい航空母艦のデザイン仕様を「機体重量五万ポンド（約二二トン）の戦闘機と、機体重量一〇万ポンド（約四五トン）の爆撃機を運用できること」とする案を了承、新技術の開発を指示した。

　新型カタパルトの開発に当たったのは海軍航空装備センターが管轄する航空工学局（BuAer）だ。同局は長年、火薬式カタパルトの開発に研究の主力を注いできたが、装置が大掛かりになる上、部品の損耗率が高いという宿命から逃れられなかった。しかも爆発のパワーを適度に制御することができなかった。

　研究開発を続けるうちに、カタパルト能力への期待値は高まり続け、要求レベルは「三六トンの機体を時速二三〇㎞で射出する」ラインにまでに達した。しかも、その機体射出までの待ち時間は三〇秒を超えないこと、さらに可能な限り短い距離で達成するという大前提があったため、とうとう、当初設定された完成日限一九五一年一月一五日には到底間に合わないところまで追い込まれた。試行錯誤の末、同局はニミッツの指示から二年後の一九五一年五月、蒸気を使うカタパルト研究に方向転換したのである。動力源の蒸気は航空母艦のボイラーから分岐させるが、多量の蒸気を使えば船の出力を低下させてしまう。スチーム・カタパルトは火薬式に比べはるかに安上がりなのが魅力だったが、パワーと蒸気使用量の整合性が難題だった。

一方、イギリスでは一九五一年八月、コリン・キャンベル・ミッチェルが発明した、コロンブスの卵のような画期的なスチーム・カタパルト「BXS－1スチーム・カタパルト」を空母パーシアスに搭載していた。艦船のボイラーから引いた高圧の水蒸気を圧力タンクに貯めておき、バルブを開けば飛行甲板のすぐ下に敷設した直径一二インチ（約三〇cm）の筒の中へ高圧水蒸気が一気に流入し、内部に収められたピストンを高速で前方へ動かす。このピストンは飛行甲板に飛び出したシャトルと一体になっており、シャトルに飛行機の前輪を引っ掛け高速で機体を射出する仕組みだ。蒸気式の大型吹き矢のようなものだ。

現代の仏原子力空母シャルル・ドゴールのカタパルト。パイプ内に蒸気を送り込む

イギリスの申し出で、パーシアスは翌一九五二年一月中旬に米・フィラデルフィアでデモンストレーションを実施。一機発進させると次の機を発進させるまでの蒸気充填時間が二〇分間かかったが、パワーは十分だった。つまり百点ではなかったが、既に技術として完成しており、

なにより低コストなのが魅力だった。

アメリカ海軍は一九五二年八月、イギリスのスチーム・カタパルトを空母に採用すると発表、いったん退役していた空母ハンコックに搭載し、同艦は一九五四年二月、アメリカ初のスチーム・カタパルト搭載空母としてジェット機の運用を開始した。この日から現代に到るまで、スチーム・カタパルトは改良を重ねて使用されている。

草創期のジェット機開発競争

ジェットエンジンは第二次世界大戦中にイギリスとドイツでそれぞれ誕生した。

イギリスでは一九二〇年代に若き空軍士官フランク・ウイットルが、空気が薄い高高度をより早く飛び、航続距離も長い航空機エンジンとしてガス・ターボジェットエンジン開発を提唱した。幹部に却下されると、このアイデアで特許権を取得、その後一九三六年七月、ようやく空軍の同意を得てパワー・ジェット株式会社を設立して空軍とともにエンジン開発を始め、一九四一年五月にはグロスター・ウィットルE28／39機が最初の飛行実験を行うところまでこぎつけた。ところが同年一〇月までにアメリカはエンジンと詳細な技術情報の提供を要請、ゼネラル・エレクトリック社に開発を委託し、同社は翌一九四二年一〇月にベルXP－59Aエアロコメット機を完成させた。イギリス初のジェット機グロスター・ミィティアール（流れ星）が完成したのは一九四四年のことである。

ドイツではエルンスト・ハインケル社の若き物理学者ハンス・オハインがイギリスより一足

早く世界で最初のジェット機ハインケルHe178機を完成させ、一九三九年八月二七日に初飛行した。ハンス・オハインは「ガス・タービン・エンジンの父」と呼ばれている。さらにエンジン設計者であるユンカース社のアンセルム・フランツはジェット戦闘機用のエンジンを開発、メッサーシュミット社のMe262戦闘機へと結実し、第二次世界大戦中唯一のジェット戦闘機として実戦に投入されたが、燃料補給に時間がかかりすぎるという弱点があり活躍はしなかった。また、ユンカース社のハーバート・ワーグナーは世界初の「軸流ガス・タービン・エンジン」を設計し、同僚のアンセルム・フランツとともに「ジュモ・軸流ガス・タービン・エンジン」を完成させた。現代の大型エンジンはすべてこの方式のエンジンであり、戦闘機がガス噴射口に直接燃料を投入して爆発的パワーで急加速や急激な方向転換を図る「アフターバーナー」がこの方式で可能となった。ワーグナーもまた「ガス・タービン・エンジンの父」と呼ばれている。

イギリスのロールス・ロイス社は一九四四年にウイットルの新しいデザインによるジェットエンジンを独自に開発し「ニーン・エンジン」と命名した。ところが英政権の意向を受けて、同社は一九四四年にこのエンジン二五基を軍事目的に供用しないとの条件でソ連に売却、ソ連はこれを基にMiG－15ジェット戦闘機を製作し朝鮮戦争に投入した。同社と英政権の認識の甘さが、ソ連の航空機産業を育てる種をまいてしまったといえる。

一方、アメリカのエンジン・メーカーのプラット・アンド・ホイットニー社は、二つのジェットエンジンを一体化する設計で、燃料消費を減らしながら出力を高めることに成功、このJ－57エンジンはボーイング707機やダグラスDC－8機に用いられ、民間航空会社で活躍することになった。

ナチス・ドイツはアメリカ、ソ連にとって「人材の宝庫」だった。アメリカは本来なら戦犯だった技術者と技術情報を確保するため、ＣＩＡの前身であるアメリカ戦略情報部（ＯＳＳ、スイスに拠点）による極秘任務「ペーパークリップ（紙ばさみ）作戦」を遂行した。ＯＳＳはナチス・ドイツの諜報員約六〇〇人を組織し（後に西独の諜報組織に発展する「ゲーレン機関」）、科学者や技術者とその家族約一万人をニューメキシコ州やテキサス州の基地に移した。もちろんこの作戦は違法行為であり、上述のアンセルム・フランツ、ロンドン市民を恐怖に陥れたＶ２ロケットを開発したウェルナー・フォン・ブラウン、猛毒物質サリンの研究者などが含まれている。ペーパークリップ作戦はクリントン大統領の「ナチス戦争犯罪公開法」によって機密指定が解除された。一方、ソ連も極秘作戦「オゾビアックヒム（ソ連パラシュート部隊の略称）」を実行、一九四六年一〇月、ベルリンから九二本の列車で一万五千〜二万人のドイツ人科学者を連行しモスクワ近郊に配置した。こうした人材の貢献で、ジェット戦闘機でいえばアメリカにＦ－86セイバー（騎兵のサーベルの意）、ソ連にＭｉＧ 15が誕生し、両機は朝鮮戦争で激突することになる。さらにロケットやミサイル、人工衛星の開発に米ソを駆り立てた。

発進・着艦用の甲板を分離

ジェット機の登場は、航空母艦にさらなる技術革新をもたらす。ジェット機開発の構想が持ち上がったころ、イギリス海軍の上層部はジェット機にふさわしい空母の技術革新が必要とな

右）着艦する戦闘機。尾部のフックがアレスティング・ギアのケーブルを捉えた瞬間。左）発進と着艦の滑走路を別々にしたアングルド・デッキ（斜めの滑走路は着艦用）

るとの見解を取りまとめていた。その一つが「スチーム・カタパルト」であり、残る二つが「アングルド・デッキ（離艦用と着艦用の甲板分離）」と「光学式着艦支援システム」だ。

着艦支援システムは、着艦するときの適正な高度や滑走路への水平方向の進入角度がパイロットの操縦席から瞬時にわかるよう赤と緑のランプを十字架状に配置した仕組みだ。ピストン・エンジンの時代は、空母の甲板上にシグナル・オフィサー（信号士官）が立ち、卓球のラケットのような板を両手に持ち、着艦しようとするパイロットに進入高度や角度の適否を両手の動作で知らせていた。しかし、ジェット機では瞬時の判断ができないと命取りになる。この三つの技術革新はセットとしてイギリスで開発された。いずれも着艦のため速度を落としても時速二百数十kmで飛来するジェット機を安全に着艦させる必要性から生まれたものである。

アングルド・デッキは着艦するための長い滑走路甲板と、発進のためのカタパルトを備えた短い甲板の二種類を一隻の航空母艦に併置する仕組みだ。具体的には空母の縦軸から左に八度～九度程度ずらして甲板後部から斜めに着艦用滑走路を別途設定する。着艦に成功すれば、機体後部から下がったフックが甲板上に張られたアレスティング・ギア・ワイヤにかかり、ワイヤが瞬時に巻き取られて機体は停止する。うまく着艦できずやり直す際には長い滑走路から高速で再び飛び立つことができる。カタパルトは空母の前部に、船の縦軸とおおむね平行に複数を配置する。発進を待つ機は、カタパルト後部の駐機場で待機する。着艦する機と発進する機を完全に分離するが、着艦用滑走路部分に、さらにカタパルトを増やすこともある。こうして、イギリスの英知で現代の空母が誕生したわけだ。

世界で初めてジェット機で空母に着艦したのは、イギリスの伝説的なテスト・パイロットであるエリック・ブラウンで、一九四五年一二月三日のことだった。

イギリスは現代空母への技術革新には成功したが、衰退した国力ゆえに空母の時代を築くことはできなかった。戦争の惨禍は国家に計り知れない過酷な運命をもたらす。しかし、フォレスタルの言葉のように、戦争が終わった時こそ、どのような軍事力を備えた国家を再建するのかという大きなビジョンと強靭な意志が求められる。第一次大戦後、ロイド・ジョージ政権下のイギリスは、向こう一〇年は大きな戦争は起きないだろうという希望的観測を前提とした「一〇年ルール」で軍の再建を決定的に遅らせ、さらには首相チェンバレンがナチス・ドイツとの宥和《ゆうわ》政策で逆にヒトラーの暴虐を呼び込んでしまった。イギリスは国策を誤ったのである。

〝ブレトン・ウッズ体制生みの親〟ホワイトとケインズ

第二次世界大戦の終結に伴い、アメリカは一躍、世界を牽引する超大国となった。その布石

IMF（国際通貨基金）の会議で談笑するハリー・デクスター・ホワイト（左）とジョン・メイナード・ケインズ

は一九三四年一月に制定した金準備法と、一九四四年七月にニューハンプシャー州の保養地、ブレトン・ウッズで開いた国際通貨金融会議で打たれていた。

金準備法制定は金一オンス（三一・一〇三五g）＝三五米ドルで、金とドルの交換を保証する仕組み。イギリスが金本位制から離脱したことで、債権国としての経済力を築いた米ドルだけが金と交換を保証する通貨の仕組みをいち早く築いていた。つまり、ドルが基軸通貨として君臨する準備だった。

国際通貨金融会議には四四ヵ国が参加したが、議論をリードしたのはアメリカの財務次官補ハリー・デクスター・ホワイトと、イギリスを代表する経済学者ジョン・メイナード・ケインズだった。会議の結論はホワイトの考え方でまとまり、世界の通貨の番人であるＩＭＦ（国際通貨基金）、戦後復興を支援する国際復興開発銀行（世界銀行）、ＧＡＴＴ（関税および貿易に関する一般協定）を、戦後に創設することが決まった。ブレトン・ウッズ体制と呼ばれる、世界経済の骨組みが戦争終了を見越して準備されたのである。国際経済はアメリカを軸に回ることになったのだ。

明るい戦後社会を迎えるはずだったアメリカには、このとき、既に暗い影が差していた。戦争省（旧陸軍省）の軍事諜報部門の大佐カーター・クラークは一九四二年、ドイツとソ連が秘密裏に平和協定の交渉に入っているとの情報に頭を悩ませていた。彼の脳裏には一九三九年八月の独ソ不可侵条約のことがあった。このままではナチスはアメリカとイギリスとの戦いに勢力を集中してくるとの恐れを抱いたのだ。

何よりもクラークは、ヨセフ・スターリンを信用していなかった。彼は部下の暗号解読のエキスパートでチームを編成し、一九四三年二月、モスクワが在米の外交官と交わす外交暗号電文やソ連の諜報機関員と思われる人物の電文を解読するプロジェクトを立ち上げた。コード名は「ヴェノナ（VENONA）」だった。暗号文はロシア語にロシアの故事や方言などをちりばめた、すこぶる難解なものだったが、一九四四年にはロシアがアメリカの原爆製造プロジェクト「マンハッタン計画」を狙い、ウランの濃縮工程や技術情報、プルトニウムの使用など最高度の機密情報がすべて筒抜けになっていることが分かった。またソ連のスパイはジェットエンジンやジェット戦闘機の情報も手にしていたことが分かった。

ワシントン、アーリントン・ホールでの陸軍暗号電文解読作業（1943年）。1980年までほぼ半世紀にわたり解読が続けられた。

ソ連のスパイだったホワイト

一九四五年一一月、FBI（連邦捜査局）長官のJ・エドガー・フーバーは「政府高官一二人が積極的にソ連に情報を流したりソ連のスパイとして活動している」とのメモをホワイトハウスに送ったが、トルーマンは個人的にフー

戦後国際経済の命運を決する舞台となったアメリカ・ブレトン・ウッズのホテル

バーを嫌悪しており、表沙汰《ざた》にはならなかった。しかし、その後のＦＢＩの捜査活動でソ連のスパイだったアメリカ人二人が証言し、アメリカの通貨政策を担当する財務次官補ハリー・デクスター・ホワイトがソ連のスパイであるとの嫌疑が浮上した。ブレトン・ウッズ体制の生みの親の、あのホワイトである。アメリカ国民は驚愕した。一九四八年八月一三日、ホワイトは連邦議会下院の非米活動委員会に召喚されたが、スパイであることを否定、三日後の一六日、心臓麻痺のため五五歳の若さで急死した。

ホワイトがスパイであると議会で証言したウィタカー・チャンバースは、週刊誌『タイム』の論説委員であり、かつてアメリカ共産党のメンバーだった。自身への訴追を恐れて証言に踏み切ったチャンバースは、スパイである一八人の政府高官の名前を挙げたが、ホワイトを最高のエリートで極めて有用な人物であると証言し、自身はホワイトとアメリカにいるソ連スパイ網の元締とをつなぐ役割を果たしたと説明した。

ホワイトはソ連の第一次五ヵ年計画による驚異的経済発展に感激し、ソ連に憧れていたという。ホワイトの両親はリトアニアから移民したユダヤ人で、彼の上司の財務長官ヘンリー・モーゲンソーもユダヤ人、さらにホワイトはモーゲンソーのごく親しい取り巻きの集まり「九時半グループ」のメンバーだった。その上、モーゲンソーは他の閣僚が嫉妬するほど、ローズヴェルトと個人的に極めて親しい関係にあった。ホワイトが最も深くかかわっている案件の一つが、日本を真珠湾攻撃へと誘い込む米のシナリオ「雪作戦（オペレーション・スノウ）」だ。日本を戦争に引きずり込むことは、対独戦を有利に運びたいスターリンの意向でもあった。ホワイトは一九四一年四月四日付けで、「日本の石油事情に関する海軍のレポート」と題する、通貨政策とは全く関係ない五項目からなるメモをモーゲンソーに提出した。その内容は、

①日本は航空燃料をすべてアメリカからの輸入に頼っており、この物資の自由な取引を認可している国務省に対し、海軍は極めて批判的である

②日本は燃料に加えてエンジンのノッキング（異常燃焼）を防ぐテトラエチル鉛と雷管に用いる強力な補助装薬を十分に備蓄していると海軍は判断している

③日本が石油を手に入れるための南進の意図を海軍は重要視している。日本はアメリカが石油禁輸しないかどうか確信が持てないでいるし、オランダ領東インド（インドネシア）の油井が破壊されるのではないかと恐れているため、石油の備蓄を急いでいる

④海軍は、日本が大きな戦争をするには年四一〇〇万バーレルの石油が必要となると推計している

⑤海軍は一二月三一日現在の日本の石油備蓄量を七五〇〇万バーレルと推計している。この数字は八月段階の推計備蓄量七四〇〇バーレルと同様に誤っている（われわれは、備蓄量は三五〇〇万バーレル前後ではないかと感じている）

というものだった（筆者訳）。ホワイトはなぜ自分の本来の職務とは関係ない、しかも「海軍レ

ポート」などというメモをモーゲンソーに渡したのか。彼は政治家としてはあまり有能ではない上司（モーゲンソー）の行動パターン、有用な情報を得たらすぐにローズヴェルトにご注進しないではいられない性格を熟知していた。このメモは日本の最大の弱点と、どうしたら首根っこをおさえられるかを示唆する文書だった。モーゲンソーは直ちにこのメモをローズヴェルトに渡し、ローズヴェルトは日本への石油禁輸、さらに七月二六日には日本の在米資産凍結に踏み切った。

アメリカが日本に事実上の最後通牒を突きつけた国務長官コーデル・ハルのいわゆる「ハル・ノート」は、激越な調子で日本の中国からの全面撤退を求めている。このハル・ノートの作成過程には諸説あるが、筆者が調べた資料から見る限り、ローズヴェルトがホワイトとハルに素案を作成させ、ホワイト案により近いものを選んだと推測される。温厚で慎み深いハルは、大統領の気持ちを推《お》し測って、大統領が気に入らない言動はとらない人物だった。こうして、日本が受け入れることができない文書を出して、日本を戦争へと追い込んだのだ。一九四一年四月四日付のホワイトのメモはローズヴェルト・ライブラリーに保管されている。

陸軍によるソ連諜報網の通信解読結果をまとめた「ヴェノナ文書」は、戦後五〇年たってCIAが公表した。ヴェノナ文書にはアメリカ市民三四九人の名前が上がり、その中に大統領や、大統領側近に難なく近づける一人の人物が記されている。「ジュリスト（法律家）」、「リチャード」、「リード」という三つのコードネームで登場するこの人物こそ、ハリー・デクスター・ホワイトだった。一九四〇年代、アメリカにはソ連の諜報機関NKGB（国家保安人民委員部、KGBの前身）

の諜報員約三千人が活動、さらにロシア連邦軍の諜報機関ＧＲＵ（参謀本部情報総局）の諜報員も多数活動していたといわれている。ソ連からホワイトへの具体的指令文書はないが（公開されていないだけかもしれない）、ホワイトは、一言でいえばソ連の優位を目指すため政権内での自分の影響力を行使したのだった。

スターリンの深謀

スターリンにとって、当面の最大の敵はナチス・ドイツだった。ドイツを屈服させる前に日本がソ連に攻め込む事態は何としても避けなければならない。そのためには日本をアメリカとの闘いに追い込み、弱ったところで満州に攻め込めばよい。日本で摘発されたコミンテルンのスパイ、リヒャルト・ゾルゲの活動、さらにアメリカでのホワイトの活動は、二正面作戦を回避するための、スターリンの作戦が原点だといえる。

帝政ロシア時代から、ロシアは不凍港である旅順と大連を目指して南下政策をとった。日清・日露の闘いは、ロシアの南下政策への日本の対抗措置が大きな要因だった。スターリンにとって、日米が戦い、日本に東南アジアへの南下作戦をとらせることが戦略上、重要だったのだ。

一九四一年三月、アメリカは「レンド・リース（武器貸与）法」を制定し、一九三九年のソ連のフィンランド侵攻の制裁措置として実施していたソ連の在米銀行資産の凍結を解除、ソ連への軍事支援に道を開いた。これはホワイトの職務だった。ソ連が受けた軍事援助の内容は米ソの資料で数字が微妙に異なるが、航空機約一万五千機、戦車や装甲車両約一万二千両、軍用ジープと軍用トラック約四五万両、鉄道機関車と車両約一万三千両、火薬類約三〇万トン、工作機械約四〇万トン、さらに食糧四〇〇万トンなど、膨大で多岐にわたる。ソ連は供与された米爆撃機B－29をわずか二年でコピーし、爆撃機ツボレフTu－4を製造した。この取引のためアメリカには数千人のソ連軍関係者が訪れ、アメリカ共産党党員の支援を受けながら、ソ連のスパイ網が出来上がった。さらにアメリカがソ連への武器援助に道を開く一九四一年九月の「武器貸与に関する米ソ協定」もホワイトが草案を準備し、モーゲンソーが推進したものだった。

また占領下のドイツで使う紙幣、連合軍軍事マルク（Allied Military Marks）の印刷原版、用紙、インクをソ連に渡すという重大な決定にもホワイトが関わった。東西に分割されたドイツでは、アメリカ側が一九四四年九月から翌年七月までに発行した軍事マルク紙幣が総額一〇五億マルクなのに対し、ソ連は東ドイツで七八〇億マルクを発行、給与の支払いを軍事マルクで受け取ったソ連兵は直ちにドルに交換し大金を手に故郷に帰った。ソ連はこのからくりで東ドイツ統治費用をアメリカからせしめたのだった。アメリカがこうむった被害額は現在のレート換算で四〇〇億～六五億ドルと推計されている。ソ連の無軌道な紙幣発行でインフレーションが起きたため、アメリカは軍事マルクの使用を停止し、これに反発したソ連がベルリンの壁を築くことになった。

中国大陸での戦闘についても、ホワイトは蔣介石が求めた財政支援を故意に遅らせ、共産党政権の樹立を手助けすることになった。財務次官補だったホワイトがここまで影響力を行使できたのは、ローズヴェルトの責任だ。

ヴェノナ文書が戦後五〇年も公開されなかったため、ホワイトのスパイ説は一時、否定されもしたが、ソ連の崩壊で機密文書の一部が明るみに出たことや、KGB幹部だったアレクサンダー・ヴァシリーエフのメモなどから、ホワイトがソ連のスパイだったことは揺るぎようがない事実となった。ホワイトへのソ連からの具体的指令は分からないと書いたが、指令がなくても確信犯的にソ連の利益のために働いたともいえる。ホワイトが高価なトルコ絨毯を受け取っていたことや、娘の学資として現金二千ドルを受け取っていたことは分かっている。

「ナチス憎し」の一点で凝り固まった指導者ローズヴェルトは、世論を対独参戦へと切り替える起爆剤を切望するあまり日本を戦争へと追い込んだ。ローズヴェルトはソ連に軍事援助をして「同盟関係を築いた」と満足していたようだが、スターリンが目指した究極の目標は「国際共産主義運動の勝利」、つまり世界中を共産主義の国に変えることだった。スターリンはさぞや笑いをかみ殺していたことだろう。

アメリカのレンド・リース法はアメリカ国内にソ連のスパイ網の構築を可能にし、ソ連は原爆の機密もジェット戦闘機の機密も手に入れた。アメリカはもはや恐れる敵ではなくなったようにスターリンには思えた。こうした意味で、東西の冷戦は第二次世界大戦終結後に始まったのではなく、皮肉なことにアメリカのレンド・リース法がその序曲となったのだ。

ヨーロッパ復興計画と米ソの暗闘

連邦議会でホワイト追及の急先鋒となったのは共和党の新人議員リチャード・M・ニクソンだった。後の第三七代大統領だ。ニクソンは、新人議員がなぜここまで追及の材料を持っているのかと不思議がられるほど急所を突く質問を繰り広げた。実は彼の背後には弁護士事務所「サリヴァン・アンド・クロムウェル」に所属する兄弟弁護士、ジョン・フォスター・ダレスと弟のアレン・ダレス、さらにFBIがいた。アイゼンハワー政権で兄は国務長官、弟はCIA長官となる。アレン・ダレスが大統領直属の諜報機関・OSSベルン支局長として日本の終戦工作に関わったことは第四章で記した。スイスから西ドイツに移り、占領地高等弁務官となったアレン・ダレスは国際決済銀行に人的ネットワークを築いており、さらにドイツの銀行界と急接近した。兄弟が所属した弁護士事務所はドイツの銀行界と深い関係があった。こうした背景からニクソンにホワイト攻撃をさせたのだ。なぜか。

財務長官のモーゲンソーとホワイトは、ドイツの戦後復興計画を立案した。「モーゲンソー・ホワイト・プラン」と呼ばれるこの計画は、二度も世界大戦を起こしたドイツの工業国家としての復活を未来永劫にわたり阻止することを目的とし、ドイツの非武装化と東西分割、重工業の解体・破壊によって害のない農業国レベルに留めるという強烈な内容で、とても復興計画などと呼べたものではない。第一次大戦後のヴェルサイユ条約がドイツに全責任を負わせ、ドイツ帝国を解体して一三二〇億マルク（純金四万七二五六トン相当）もの苛烈な賠償を命じたことがナチス台頭の背景にあることが忘れられるほど、憎しみが強かったのだろう。

モーゲンソー・ホワイト・プランは、ローズヴェルトとチャーチルの間では合意が成立し、トルーマンも一九四五年五月に了承していた。だが、アメリカの資金を投入して国家再建を図りたいドイツ経済界、弁護士事務所、ダレス兄弟にとって、モーゲンソー・ホワイト・プランは、どんな手立てを尽くしても葬り去らなければならなかった。

アレン・ダレスにはさらに重大な狙いもあった。OSS時代に有用なナチス戦犯をアメリカのために活用する「ペーパークリップ」作戦に従事したアレン・ダレスは、ナチスの諜報機関幹部だったラインハルト・ゲーレンを自陣に引き込んだ。対ソ連情報の膨大なファイルを保管していることを突き止め、秘密裏にアメリカでかくまい、ゲーレン機関と呼ばれた一〇〇人の諜報員を組織ごと味方に引き入れたのだ。ユダヤ人をガス室に追い込んだ張本人としてイスラエルが追い続け、南米で逮捕したアドルフ・アイヒマンもメンバーの一人だった。やがてゲーレン機関はアメリカの支援を得てゲーレンをリーダーに西ドイツで四千人のスタッフを擁するBND（連邦情報局）として再構築され、ソ連・東欧における諜報戦の最前線で活動した。CIAがこうした秘密工作の文書を公開したのは二〇〇五年二月のことだ。

モーゲンソー・ホワイト・プランはローズヴェルトの死とモーゲンソーの辞任で大きく揺らいだとはいえ、財務省を牽引するホワイトを引きずり降ろさなければ方向転換は難しかった。結局、連邦議会への喚問直後のホワイトの死で財務省は力を失い、国務長官ジョージ・C・マーシャルが主導するヨーロッパ復興計画「マーシャル・プラン」が実施に移されることになった。ヨーロッパ復興は東西冷戦という重い衣を纏《まと》っての再出発だった。

ホワイトと並びニクソンが標的にした人物がもう一人いた。国務省の高官アルジャー・ヒスだ。スパイ網について議会で暴露証言をしたウィタカー・チャンバースがその名を明らかにした。

ヒスは当初、国務省の極東問題の政治アドバイザーのスタンリー・ホーンベックの下で働いていた。国務省の親中反日派の中心人物だ。ヒスの妻、プリシラ・ヒスは国務省職員で文書のタイプライターであり、秘密文書は妻が自宅に持ち帰り、ヒスは連絡役のチャンバースに文書を渡し、チャンバースから米国在住のソ連側の元締めを通じてモスクワへと渡っていた。一九三九年にヒスがソ連側のスパイを働いているらしいと知った国務次官補、アドルフ・A・バールはその旨をローズヴェルトに報告したが、あろうことか大統領はヒスを信頼できる助言者として自ら側近グループの一員に引き上げ、国務省の特定政治案件部門の次席としてヤルタ会談に同道させ、対ソ交渉の助言を求めたのだ。ヤルタ会談の会談記録が国務省に残されていないという、本来ならあってはならない米国外交の大失態は、ヤルタ会談のうさんくささを隠蔽《ぺい》する工作とも考えられる。

連邦議会の証言台に立ったヒスはスパイの嫌疑を否定、出訴期限を過ぎていたため偽証罪にしか問えず、一九五〇年に有罪が確定して四年間服役した。

CIAが戦後五〇年経って公表した「ヴェノナ文書」では、ヒスはGRUのエージェントとして登場、ヤルタ会談の後モスクワ経由でアメリカに帰国したことが記されている。

アメリカ人はなかなか認めたがらないが、戦争に狂奔した大統領ローズヴェルトは、「政府機関に共産主義者が浸透している」という前任者のフーバーの忠告に耳を貸すどころか、自らソ連スパイを側近グループへと引き寄せていたのだ。米ソは同盟関係ではあったが、思い通りに操られたと言っても過言ではない。スターリンの高笑いが聞こえてくるようだ。

第六章　東西冷戦と極東情勢

「（もし台湾が共産勢力の支配下に陥ると）直ちにフィリピンの自由主義体制が脅かされ、日本を失い、われわれの領域はカリフォルニア州、オレゴン州、ワシントン州の海岸線まで後退させられるだろう」（ダグラス・マッカーサー、連邦議会での退任演説）

「鉄のカーテン」演説――チャーチルの警告

イギリスは第二次世界大戦の戦勝国とはなったが、ウィンストン・チャーチルは首相に再選されず無役《むやく》の一政治家となった。一九四六年三月五日、チャーチルは米ミズーリ州フルトンの大学、ウエスト・ミンスター・カレッジの要請にこたえて約四万人の聴衆を前に演説を行った。「連合国の勝利の輝きを暗い影が覆い始めた。ソ連とコミンテルン（モスクワ指導下の世界革命組織）が近く何をしようとたくらんでいるのか、また膨張主義や教義の押しつけに限りがあるのか、誰にも分からない」。しかし「バルト海のシュチェチン（ポーランドの都市）からアドリア海のトリエステ（イタリアの都市）まで、大陸を横切って鉄のカーテンが降りている。この線の後ろ、中央ヨーロッパや東ヨーロッパには古代からの首都がある。ワルシャワ、ベルリン、プラハ、ウィーン、ブダペスト、ベオグラード、ブカレスト、ソフィア…これらの有名な都市とその周りに暮らす人々は、私が分かちがたく〝ソ連の領域〟と呼ぶ地域にあり、そのすべてがソ連の影響下というより、強圧的なさまざまな手段によってモスクワの支配下にあるのだ」と強烈なメッセージで聴衆を驚かせた。誰もが、連合国のリーダーによる、これほど直接的な警告を耳にしたことはなかった。

チャーチルは続けて「ソ連が戦争を望んでいるとは思わない。彼らの望みは戦争の果実を手に入れることと、彼らの力と戦略を際限なく膨張させ続けることだ」とソ連の野望を批判。米英の進むべき進路について「今日、皆さんに考えていただきたいのは、戦争の再発を阻止し、できる限り早く自由と民主主義をすべての国にいきわたらせる条件を整えることだ」と西側の団結を訴えて、チャーチル自身が「平和の源泉」と命名した演説を終えた。

チャーチルの演説は、「東西冷戦」の幕開けを告げるファンファーレと一般的には理解されている。しかし、東西冷戦の種は、実は一九一七年のロシア革命でまかれていた。ボリシェヴィキによる革命（一〇月革命）で政権を掌中に収めたウラジミール・レーニンは、世界の資本主義国を打ち倒し共産主義化するという大方針を掲げ、一九一九年三月にコミンテルン（共産主義インターナショナル、通称第三インター）を創設、実質的に各国共産党の上位に立ち、指導・援助を始めた。

ボリシェヴィキ革命に影響を受けたアメリカの共産主義者や急進主義者は一九一九年、共産党設立のためシカゴに集まった。しかし、ロシアや東ヨーロッパからの移民グループのマルクス主義者と、アメリカ生まれの急進派の溝が埋まらず別々の共産党を結成した。その後、コミンテルンは両グループの合流を〝強制〟し、一九二一年、アメリカ共産党が誕生、本部をニューヨークへと移した。党員は約一万二千人。世界恐慌を背景に労働組合やハリウッドなどで党勢を拡大し、一九三八年には約七万五千人まで増えた。しかし、ナチス・ドイツとソ連が一九三九年八月に独ソ不可侵条約を締結し、手を結んだことに幻滅した党員が党を去り、勢力は減少に転じた。とはいえ、アメリカ共産党はコミンテルンの指揮下、モスクワが送り込んできたスパイを受け入れて活動を支援したり、反乱に近い流血のデモを組織したりする勢力となり、やがてアメリカ社会を大きく揺るがすことになる。

ローズヴェルトの前任者、ハーバート・フーバーの膨大なメモを分析し、まとめて出版した歴史学者、ジョージ・H・ナッシュの近著『フリーダム・ビトゥレイド（裏切られた自由）』によれば、大統領職を引き継ぐ時、フーバーはローズヴェルトに「モスクワは何百万ドルもの偽ドル紙幣を印刷し一九二八年から一九三二年にかけてヨーロッパ、中国大陸、中東地域でばらまいている。このことは米連邦準備制度理事会（中央銀行に相当）も警告している」と、ソ連を警戒するよう忠告した。

ソ連は当時農業国であり、傘下の海外共産党を支援するに足る外貨準備など持ち合わせていなかった。共産主義の盟主になるには偽ドルに頼るしかなかったのだ。

皮肉なことに、ソ連にとってフーバーは大恩人だった。一九二一年七月にロシア文学を代表する作家マキシム・ゴーリキーが未曾有《みぞう》の大飢饉への援助を求める文章を新聞へ投稿、これを読んだフーバーは素早く行動を起こす。

この飢饉は悪天候と農業政策の失敗がもたらしたもので、毎週一〇万人が餓死、ソ連の主張では五〇〇万人、他の機関は一千万人が飢《う》えて亡くなったと推計している。商務長官だったフーバーは、第一次世界大戦後のヨーロッパへの食糧援助機関、アメリカ救援局（ＡＲＡ）の長官を兼ねていた。早速二千万ドル相当のトウモロコシ、オオムギ、コンデンスミルク、砂糖など六万トンを買い付け、同機構のスタッフ三〇〇人をソ連に送り込み、ソ連市民一二万人を雇って食糧を隅々に配送した。届けた食糧は一日当たり一一〇〇万人分とされる。助けられた人々は、援助物資のことを「アメリカ」と呼んでいたという。

この政策は、農産物価格の低迷に苦しむ米国農家を救うことにもなり、フーバーへの評価を一気に高めた。ゴーリキーは一九二二年七月、フーバーへ感謝の手紙を送った。しかしこの出来事は執政者であるロシア共産党にとってははなはだ不名誉な出来事であり、当然というべきか、レーニンはＡＲＡをスパイ組織と疑っていたし、スターリンはアメリカのたくらみを強調するよう歴史を改ざん、食糧配達スタッフはスパイとされた。

ローズヴェルトは、こうしたいきさつは十分承知していたはずだが、就任わずか八ヵ月後の一九三三年一〇月、ソ連に国交関係樹立のための使節団派遣を要請する書簡を送り、翌月、使節団が到着すると共和党の反対を押し切ってソ連を承認した。付き合うべき国家としての要件を備えていると世界に先駆けてお墨付きを与え、国際社会に示したのである。この際、ソ連への巨額の信用供与を一方的に持ちかけ、ソ連側を面喰わせてもいる。

ローズヴェルトは共産主義の本質や国際共産主義運動に対する洞察力と基本的な理解を欠いていた。何より政権には共産主義者が巣くっていた。側近のハリー・ホプキンスはソ連の秘密作戦をニューヨークで指揮していたイスカーク・アヒメーロフと連絡を取り合っていた、スターリンのスパイだった。また、ホワイトハウスの経済アドバイザーのローシュリン・B・カリーも、共産党の諜報員の素顔を隠していた。

ヤルタ会談が遺した禍根

第二次世界大戦の端緒は一九三九年九月一日のナチス・ドイツによるポーランド侵攻とされている。ところが、実はソ連も九月一七日、不可侵条約を結んでいたはずのポーランドに侵攻したのだが、このことはなぜか、日本の歴史教育ではほとんど教えられておらず、不誠実きわまりない。歴史教育の欠陥だ。実はヒトラーとスターリンは前月（八月）の独ソ不可侵条約で手を握り、ポーランド分割の秘密協定を結んでいたのだ。まさに〝悪魔と悪魔の握手〟（フーヴァー）だった。

ソ連のポーランド侵攻は、日本とソ連のノモンハン停戦協定成立の二日後のことだった。ソ連はそのままポーランドに居座り、後にトルーマン政権を悩ますことになる。ナチス・ドイツとソ連に武装解除されたポーランドでは、ナチス・ドイツがホロコーストでユダヤ人六〇〇万人を虐殺、ソ連は「カチンの森事件」でポーランド軍将校などを虐殺した（被害者は二万二千人

ヤルタ会談に臨む（前列左から）チャーチル、ローズヴェルト、スターリン

とされるも実数は不明）。

カチンの森事件は、遺体を最初に発見したナチス・ドイツが宣伝に用い、連合国側が知る所となったが、アメリカは当初ナチス・ドイツの仕業と主張、ソ連への援助を続けた。フーバーは「（ヒトラーとスターリンとの）独裁者同士の喧嘩なのだから、共倒れさせればよかったのだ」と、これまたローズヴェルトを批判している。

さらに日本の真珠湾攻撃の前日、共産党員の行動を調べる議会下院非米活動特別委員長のマーティン・ディーズ・ジュニアがホワイトハウスに呼ばれた際、ローズヴェルトの支持者でもあったディーズは「連邦政府には二千人の共産党員が潜り込んでおり、あらゆるものを盗んでいる」とローズヴェルトに進言した。ローズヴェルトの返事は「共産党の活動調査にエネルギーを注ぐなど重大な過ちだ。ナチズムに専念しろ」というものだった。

ローズヴェルトが急死した日、一九四五年四月一二日の夜にホワイトハウスで慌ただしく第三三代大統領に就任したハリー・S・トルーマンが最初にした仕事は、チャーチル、スターリン、ローズヴェルトが二ヵ月前の二月四日から一一日まで行ったヤルタ会談の内容を調べることだった。

四月一三日午後、トルーマンはローズヴェルトの補佐官だったジェームズ・F・バーンズを呼び寄せた。バーンズはローズヴェルトが連邦最高裁判事に指名した人物で、請われて判事の職を辞し大統領補佐官に就任した、大統領の信頼が最も厚い男だった。しかも彼は、ヤルタでの秘密会談に同席していた。

バーンズは手書きのメモをとっていたことが分かり、大統領は急ぎタイプ文書化するよう命じたが、会談のやりとりの公式記録はなぜかなかった。フーバーによると、記録は国務省幹部が秘密裏に処分してしまったのだという。にわかには信じがたい話だが、ヤルタ会談はソ連に対日参戦させるため、病を押して出かけたローズヴェルトがソ連に懇願して積み上げた報奨リスト作成のための会議であり、詳しいやり取りが明るみに出るとまずいと判断したのかもしれない。

そのリストは、

①外モンゴルの地位は現状維持とする

②一九〇四年の（日露）戦争で侵害された旧ロシアの権利は回復されること。具体的には南サハリン並びに付随する島々の返還、商業港・大連の国際港化と、港についてのソ連の揺るぎない権益保障、ソ連の軍事基地として旅順港の使用権を回復すること、東清鉄道と大連港に接続する南満州鉄道はソ連と中国の合弁会社で運営すること、満州の主権は中国が保持すること

③クリル諸島（北方四島）はソ連に引き渡されること

というものだ。これでは外交交渉というより、ローズヴェルトがスターリンに跪《ひざまず》いただけと言

われても仕方あるまい。しかも、蔣介石の同意を得ずに約束したため、スターリンの助言を得ながらローズヴェルトが同意取り付けの手段を講じる、とまで約束しているのだ。また、日本の北方領土をソ連に渡すとローズヴェルトが約束したことは、日本とロシアとの間の重大な懸案事項として今日に至っている。ローズヴェルトは病気が進行し「外交交渉などできる状態ではなかった」との側近の証言もある。

ところで、大統領就任直後のトルーマンがなぜ焦ったかというと、盟友のはずであるソ連への限りない疑念からである。第二次世界大戦の発火点であるポーランドへは、ナチス・ドイツとソ連が共に侵攻した。ナチスが駆逐されたら、自由で公正な選挙によって新しい政権を樹立する約束だった。ロンドンにはポーランドの亡命政権があり、これが新政権樹立に参加すると誰もが信じていた。しかし、ソ連軍はそのままポーランドに居座り、ソ連の意のままに操ることができる傀儡政権を樹立した。就任早々のトルーマンは、国際連合樹立のためのサンフランシスコ会議のために訪米したソ連外相ヴァチエスラフ・M・モロトフと会談し、スターリンへも文書を送った。しかし、スターリンはアメリカが希望するポーランドへの調査団派遣も許可せず、のらりくらりとした態度を続け、結局、選挙は必要ないとアメリカの求めを拒否した。トルーマンは国務省に抗議させたが、事態は改善しなかった。結果的に、ローズヴェルトは意気揚々と援助したはずのスターリンにしてやられたのだ。

ソ連参戦への焦りと原爆投下

ヤルタ会談でソ連はドイツ降伏から二〜三ヵ月で対日参戦すると約束した。だが、一九四五年五月七日、ドイツは降伏したにもかかわらずソ連は動かない。「我々が（日本降伏という）汚れ仕事をすべて片付けるまで、参戦を遅らせるつもりなのか」（トルーマン）――焦りの日々は続く。彼が期待を掛けたのは、大統領就任の夜、戦争省（旧陸軍省）長官ヘンリー・L・スティムソンが告げた一言だった。「信じられないほどの破壊力を持つ爆弾を製造する巨大プロジェクトが進行中で、あと四ヵ月以内で完成する見込みです」。トルーマンが初めて原爆について知った瞬間だった。

ドイツ降伏から約一ヵ月後の六月一八日、あと一歩のところまで来ている対日戦の状況をトルーマンに説明するための会議が、ホワイトハウスで開かれた。出席したのは海軍長官フォレスタル、戦争省（旧陸軍）長官スティムソンに陸海軍の制服組トップたちだ。

この時検討された日本本土上陸作戦は「ダウンフォール（崩壊）作戦」と名付けられ、二つの作戦から構成されていた。そのうち、一九四五年一一月一日に九州に三方向から同時に上陸する「オリンピック作戦」では、鹿児島市に上陸して宮崎県都農《つの》町と鹿児島県川内《せんだい》市（現在の薩摩川内市）とを結ぶラインの南側の占領を目指した。航空基地建設の候補は鹿児島市から串木野町（現在のいちき串木野市）にかけての地区、志布志《しぶし》町（現在志布志市）から都城市にかけての地区、鹿屋《かのや》市、宮崎市の四ヵ所で、中でも宮崎市が最有力候補だった。さらに航空基地を設営するとB－29爆撃機による日本全土への空爆を実施する計画だった。

四ヵ月後の一九四六年三月一日に開始する「コロネット作戦」では、相模湾と九十九里浜の二ヵ所から上陸して東京、横浜を占領し、同年秋までには日本を降伏させるというものだった。『史上最大の戦い』との題名で映画化された連合軍のフランス・ノルマンディーへの上陸作戦を上回る兵力を投入する予定だった。

しかし、日本列島に近づくにつれ日米の犠牲者の比率が小さくなってきていることに軍首脳は危機感を強めていた。レイテ島ではアメリカ側死傷者一万七千人に対し日本側七万八千人で比率は一対四・六、ルソン島ではアメリカ側三万一千人に対し日本側一五万六千人で比率は一対五だったのが、硫黄島ではアメリカ側二万人に対し日本側二万五千人で一対一・二五とほぼ同率の戦いとなった。四月一日に始めた沖縄戦は、当初一ヵ月で片付くと踏んでいたが予想外に長引いた。この会議の時点では終わっていなかったが、アメリカは四万一七〇〇〇人の犠牲を出し日本は八万一千人と、比率は一対二になっていた。激戦に次ぐ激戦、まさに血どろみの凄惨な戦いが続いた。アメリカは、日本が本土や中国大陸に陸軍正規部隊五〇〇〇万人を温存していると推定していた。九州上陸ではルソン島の死傷者三万一千人を超えてはならないという、一応の合意に達していた。

硫黄島で亡くなった海兵隊兵士のための仮の墓地

ソ連参戦前に何としても日本を降伏に追い込まなくてはならない。原爆はトルーマンには最後の頼みの綱だった。ほどなくドイツのポツダムに到着したばかりの大統領にスティムソンから「七月一六日午前に最初の原爆実験に成功した」との一報が届いた。「戦争を革命的に変えるだけでなく、歴史や文明の転換点となる兵器を我々は所有することになったのだ」――トルーマンは高揚していた。

ポツダムでは七月一七日から八月二日までの日程でチャーチル、トルーマン、スターリンによる降伏後のドイツの扱いについて協議するポツダム会談が始まった。トルーマンは七月二四日、最初の原爆の完成をスターリンに告げた。スターリンに対する交渉力を高めるためだった。意外にもスターリンは驚きもせず「いい知らせだ。日本に対し効果的に使うことを望む」と素っ気なく語っただけだった。実はスターリンはスパイからの情報で原爆実験成功の報告を受けていたのである。トルーマンが原子爆弾について口にする以上、ソ連の対日参戦の潮時が来たと確信したことだろう。

トルーマンは原爆の投下について、スティムソンをトップとする委員会を組織したが、この委員会の結論は「できるだけ早く敵軍に使用すべし」だった。トルーマンはチャーチルにも相談したが、彼はためらうことなくこう意見を述べた。「戦争を終わらせるのに役立つなら、使用に賛成だ」。日本を降伏させるにはソ連の参戦が必要だったが、降伏後のドイツのようにソ連と米英とで日本を分割占領することは阻止しなければならなかった。だから原爆投下を急いだのだ。

トルーマンは「軍事施設」への投下を目的に都市選定を命じ広島、小倉、新潟、長崎の順番が決まった。七月二五日付で戦略空軍の指揮官カール・スパッツに原爆投下命令が下り、投下日は、ポツダム宣言が発した「無条件降伏」の期限の翌日である八月三日以降とされた。かくして八月六日、世界で初めての原子爆弾が投下され、約一四万人の命を奪った（死者数は同年一二月末までの人数＝広島市統計）。

トルーマンは広島への原爆投下の知らせを、ポツダム会談の帰路、重巡洋艦オーガスタ船上で受け取った。そして周りの水兵たちにこう語ったという。

「これは歴史上最も偉大な快挙だ。我々は家に帰れるぞ」

何よりも、アメリカ国民は、夏には息子たちが故郷に帰ってくることを強く願っていた。

さらにトルーマンは八月九日、ホワイトハウスから国民向けにラジオ演説を行った。

「（世界で）初の原子爆弾がヒロシマ、すなわち軍事基地に落とされた。（軍事基地を選んだのは）我々がこの第一撃で一般市民の殺戮をできる限り回避するためだったのだ」（傍点は筆者）

ソ連が不可侵条約を結んでいた日本と戦端を開いたのは八月八日。たった四日間戦っただけで、ソ連は満州を手に入れたのである。

中国共産党への〝幻想〟

日本との終戦工作が大詰めを迎えた中の八月一二日、日曜日ではあったが、トルーマンはホワイトハウスの執務室に居た。連合軍の最高司令官にダグラス・マッカーサーを充てることで各国の同意を取り付けて一段落したのもつかの間、トルーマンの手元に続々と電報が入り始めた。

モスクワに大使級で派遣していたエドウィン・W・ポーリーからは「ロシアは持ち前の強欲

さをむき出しにし始めた。アメリカはできるだけ早く朝鮮半島の工業地帯と満州を占領すべきだ。半島の南端から上陸して北へ進めばリスクはない」と切迫した調子だった。ヤルタ会談、ポツダム会談に同席した駐ソ大使ウィリアム・A・ハリマンからは「ポツダムで私（ハリマン）はマーシャル長官と海軍のキング提督から、日本がソ連に引き渡す前に、朝鮮半島と大連に上陸すべきだと提案された」とソ連への警戒を進言。さらに中国大使のパトリック・J・ハーリーからは「中国共産党はチャンス到来とばかり、将軍・朱徳《しゅとく》の指令で日本軍に武装解除を迫って武器を奪い、都市に攻め入って次々に支配地域を拡大している。米国と国連がこれを見過ごせば中国大陸で大規模な内戦が起きる」と迅速な対応を求めた（トルーマン『Memoirs』）。トルーマンの言葉を借りれば「独裁者が隠していた牙をむき出しにし始めた」のだ。日本の降伏は中国共産党に武器を渡すことではないと憤慨したが、トルーマンに打つ手はなかった。

話は遡るが、一九四三年一〇月、連合軍はインド、スリランカ、ビルマ、マラヤ（英領マレー）、インドシナ（仏領インドシナ）を戦域とする組織を編成した。司令官はイギリスのルウィス・マウントバッテンが就任し、米国中国方面軍司令官が副官を務め、副官は同時に蔣介石の率いる国民政府軍の総参謀長を兼任した。中国方面軍の主要任務はビルマから日本軍を追い出し、雲南省経由で蔣介石へ物資補給を行うことだった。ビルマ戦線には国民政府軍も参加していた。米国中国方面軍は一九四四年一一月末時点で総数約二万七七〇〇人、四川省重慶に司令部を置き、雲南省昆明に補給のための飛行基地、中国共産党が国民政府軍に追われて逃げ込んだ陝西《せんせい》省延安にはアメリカ監視団を置いた。

もともとローズヴェルトは蔣介石を支援しながら共産党と手を組ませて日本と戦わせる戦略を立て、最初、このポストに将軍ジョセフ・スティルウェルを据えた。検事出身の彼は「ヴィネガー（香りがきつい食用酢）・ジョー」というニックネーム通り言動が辛辣で、ローズヴェルトの方針通り共産党との提携を再三進めさせようとしたため、蔣介石の怒りを買って更迭され、米国中国方面軍司令官の中将アルバート・C・ウェデマイヤーが後任ポストに就いた。ウェデマイヤーはドイツ陸軍大学留学という異色の経歴を持ち、ノルマンディー上陸作戦を立案したことで知られる。米陸軍参謀総長ジョージ・C・マーシャルが最も頼りとした軍人で、後に「アメリカが生んだ最高の知性であり、先見的な軍事戦略思考ができる男」と激賞された人物である。

反共主義を奉じるチャーチルは、ローズヴェルトの中国大陸戦略について「幻想に過ぎない」と冷めた目を向けていた。ウェデマイヤーも、ドイツ留学中に共産主義運動を冷静に分析し、中国共産党が党勢拡大を第一義として日中戦争の主要会戦のいずれにも参加しなかったことを知っていた。

一九三六年四月、蔣介石の国民政府はナチス・ドイツと中独条約（ハプロ条約）を調印し、ドイツから武器・弾薬を中心とする大量の工業製品を輸入した。ドイツは中国から兵器生産の必需品だったタングステン、アンチモンなどの天然資源の安定確保が可能となった。条約締結以前から蔣介石と手を組んでいたドイツの軍事顧問団は、国民政府軍の近代化に着手し、黄埔軍官学校で士官を養成、一九三七年までにドイツ製、チェコスロバキア製の装備を持つ八万人の最精鋭部隊が誕生していた。軍事顧問団を率いた歴代軍事指導者、ハンス・フォン・ゼークトやアレクサンダー・フォン・ファルケンハウゼンは「日本一国を敵として日本を長期消耗戦に引きずり込む」ことや「揚子江流域に利権を持つ列強を味方に引き入れるために、戦域を揚子江流域に設定し奥地へと転戦し続ける作戦」を提案していた。

日本軍と国民政府軍との本格的な激突は一九三七年八月の第二次上海事変に始まる。戦争不拡大方針を掲げ「速戦即決」、「三ヵ月で片付く」と高《たか》をくっていた日本軍に対し、蔣介石は最精鋭軍を投入、上海の街のいたるところに防御線やトーチカを築いて待ち構えていた。

日本軍は総兵力二〇万人を投入し、からくも三ヵ月がかりで上海を占領したものの、蔣介石が狙ったとおり泥沼の戦いが始まった。一九三八年三月に山東省最南部で始まった台児荘《たいじそう》戦（徐州会戦の緒戦）では包囲された日本軍が敗北、同年の武漢三鎮《さんちん》防衛戦、長沙戦と戦いは連綿と続く。国民政府軍は曲がりなりにも近代戦を戦っており、国共合作を掲げてもゲリラ戦しか展開できない共産党軍は参戦しようがなかったし、後のサルウィーン戦、ビルマ戦線にも加わらなかった。つまり、近代装備の国民政府軍には太刀打ちできないため日本との戦いで消耗させ、国民政府軍が十分に弱ってから楽に勝利しようという、棚ぼたの勝機を待つ戦略だった。

ウェデマイヤーの中国共産党観

毛沢東は超リアリストで「戦争犯罪」という言葉を使わなかったたし、「南京大虐殺」についても一言も語らなかった。筑波大学名誉教授の遠藤誉《ほまれ》によると、一九六一年一月二四日、日本社会党の国会議員・黒田寿男《ひさお》と対談した際、毛沢東はこう語っている。

南郷《なんごう》三郎氏と会ったとき、会うがいきなり「日本は中国を侵略しました。お詫びのしようもない」と言いました。私は「あなたたちは、そういう見方をすべきではない。日本の軍閥が中国のほとんどを占領したからこそ中国人民を教育したのです。さもなかったら中国人民は覚悟を抱き団結することができなかった。そうなれば私は今もまだ山の上（遠藤注・延安の洞窟）にいて、北京で京劇を観ることなどできなかったでしょう。もし、〝感謝〟という言葉を使うなら、私はむしろ日本の軍閥にこそ〝感謝〟したいのです。（遠藤誉『毛沢東　日本軍と共謀した男』）

二〇一五年九月に中国共産党総書記・習近平が華々しく対日戦勝記念日を祝った際、台湾に暮らす元国民政府軍兵士たちから「日本軍と戦ったのは自分たちだ」との声が沸き起こったのは当然だった。中国寄りの台湾総統・馬英九《ばえいきゅう》でさえ不快感を表明したのである。

ウェデマイヤーは政治には関わらず、蔣介石率いる国民政府軍を鍛えることに力を尽くし、アメリカ軍の軍事顧問団を、国民政府軍の各師団と規模が小さい軍団に配置した。もともと国民政府軍は一九二四年六月に孫文がコミンテルンの工作員ミハイル・M・ボロディンの進言により、国民党の軍指導者を育てるため広州市に開設された軍幹部養成機関、黄埔軍官学校を源流とする。運営はソ連主導で蔣介石が校長だったが、教授部副主任には葉剣英、政治部副主任には周恩来《しゅうおんらい》など共産党のメンバーが名を連ねていた。一九二七年四月の上海クーデターで共産党を排除した蔣介石が軍隊として育成したが、近代的軍隊にはほど遠い状態で、ドイツの軍事顧問団の指導で一時的に精鋭軍をもったものの消耗が激しく、ナチス・ドイツが日本と手を結ぶと軍事顧問団は引き揚げた。太平洋戦争が始まってからは装備や弾薬はアメリカに頼るしかなかった。数少ない精鋭部隊もいたが、戦力としてあてにできない部隊の方が多かった。

ウェデマイヤーを悩ませたのは、アメリカ政府が執拗に国共合作で日本と戦わせるよう求め続けたことである。一九四四年秋の着任早々、重慶で共産党最高指導者である毛沢東、周恩来と(二人の意図を探るため)会談した。ウェデマイヤーの回顧録によると、席上、毛沢東は「中国革命は帝国主義、封建主義および資本主義に対する世界革命の一環である」と意気揚々と語った。ウェデマイヤーが、英語で話しかけてくる周恩来に対し「虚言、脅迫、殺人および奴隷化といった共産主義者が政権を奪取するために使用する手段は、いつの場合も例外なく、共産主義者が、政権を取得し維持するための常套的方法である」と手厳しい彼の共産主義者観を披瀝すると、周恩来は明らかに興奮し、突然中国語でまくしたてた、とウェデマイヤーは記録している。

彼が中国の大地で得た中国共産党に対する見方を示す言葉をもう一つ紹介しよう。

「中国共産党は、西側の言葉が意味するような政党ではなく、私的な軍隊を持ち、クレムリンの後援のもとで中国全域を完全に支配する目的で行動している陰謀家たちであった」

ウェデマイヤーの業績で日本人が忘れてならないのは、太平洋戦争の終結後、中国大陸にいた日本人の送還義務を果たしたことである。大陸には日本人市民二五〇万人を含む三九〇万人がいた。彼は中国方面軍司令部のローランド・W・マクナミー大佐に送還計画を立案させ、輸送船を手配し、蔣介石の国民政府軍とともに日本人の送還に尽力したのである。

反共とマーシャル・プラン

東西冷戦を庶民レベルで最もわかりやすいものにしたのはスパイの活動だろう。

スターリンは一九四三年、コミンテルンを廃止。新たにKGB（国家保安委員会）と陸軍の情報機関GRU（参謀本部情報総局）を創設した。手間がかかる世界共産主義運動に決別し、自国の国益を最大限に追求する仕組みを整えたのだ。その上で、アメリカの科学者を標的にするスパイを送り込んだ。原子爆弾、ジェット機、レーダー、ロケットの技術が狙いだった。このうち原子爆弾技術はスパイの成功例で、ジュリウス・ローゼンバーグ、エーシェル・ローゼンバーグの夫婦を抱きこむことに成功、原爆製造技術を入手した。

アメリカも同じ年、陸軍に通信諜報部（SIS）を創設、ソ連の外交官の暗号通信を解読する秘密作戦を開始した。作戦のコードネームは「ヴェノナ（VENONA）」。本部の所在地からSISは「アーリントン・ホール」の名で呼ばれた。第五章で述べたように、活動内容は「ヴェノナ文書」として一部が解禁されている。

ソ連スパイの活動は連邦政府中枢に及んだ。FBIは一九四五年六月、国務省の職員二人を逮捕、翌年二月にはトルーマンが国際通貨基金（IMF）への転出を指名した財務次官ハリー・デクスター・ホワイトがスパイであると断定するFBIの報告書がトルーマンに届いた。同じ月、カナダ政府も原爆製造のマンハッタン・プロジェクトの情報を盗んだとしてKGBに連なるスパイ二二人を起訴した。世間の目が諜報活動に向かうまさにこの時、駐モスクワ大使のジョージ・F・ケナンから「封じ込め政策」の必要性を示唆する長文の電報が届いた。さしものトルーマンも決断を迫られることになった。トルーマンは共産主義に無知だったローズヴェルトのソ連、中国大陸外交路線を清算しなければならなかったし、蔣介石を嫌悪し中国共産党に肩入れする国務省の掃除をしなければならなくなったのだ。

外交面では一九四七年三月一二日、「全体主義国家づくりを狙う、共産主義者に支援されたテロリストたちに国家を脅かされているギリシャとトルコを支援する」という「トルーマン・ドクトリン」を連邦議会上下合同会議で発表、向こう一〇年間にトルコとギリシャに計四億ドルの経済・財政支援を実施する計画を明らかにした。その上で「この費用は、アメリカが第二次世界大戦に投じた戦費三四一〇億ドルに比べても一％の一〇分の一を若干上回るに過ぎない」と説明した。

内政面では三月二一日、連邦政府職員に対する国家への忠誠心を調べる大統領令九八三五号を発令、行政機関の隅々まで職員の忠誠心チェックのための組織ができ、連邦捜査局（FBI）と連携して活動した。既に連邦議会はハリウッドへの共産党の浸透を調査する活動を始めていたし、いくつかの州では共産党員が教職に就くことを禁じていた。さらに七月には、国家安全保障法（the National Security Act of 1947）が成立、海外を担務する情報機関・中央情報局（CIA）が誕生した。

終戦後、軍務を退いたジョージ・C・マーシャルは大使級の身分で駐中国特別代表となり、一九四七年一月から国務長官に就任した。マーシャルは六月五日、ハーバード大学での講演で、ヨーロッパの戦後復興と共産主義の膨張の脅威阻止を目指す「マーシャル・プラン」を発表、法案は翌年三月に議会を通過し、一二〇億ドルの拠出が実行に移された。

アメリカの一連の動きに対し、ソ連は一九四七年九月に「共産主義者情報局（コミンフォルム）」を結成。ロシア、ブルガリア、ハンガリー、ポーランド、イタリア、フランス、チェコスロバキア、ルーマニア、ユーゴスラビアの共産党が加盟した。国際共産主義組織「第三インター」は一九四三年にスターリンが解散したが、再びソ連共産党が世界共産主義運動の盟主の座についた。いよいよ冷戦が本格化することになったのである。

マーシャルは、陸軍好きのトルーマンが最も尊敬する、彼にとって偉大な軍人だった。ヨーロッパの戦後復興を支援する総額一七〇億ドルの「マーシャル・プラン」でノーベル平和賞を受賞したが、政治家としての彼はローズヴェルト同様に共産主義への理解を欠き、その上駐中国特別代表を二年間も務めていながら、アジアの現実への冷静な観察眼を持たなかった。

駐中国特別代表として中国に着任した一九四五年一二月、マーシャルは上海でウェデマイヤーに、トルーマンの訓令として「中国国民党と共産主義者による連立政権樹立」を要求したが、ウェデマイヤーは即座に「不可能」と答えた。

その後国務長官に就任したマーシャルは、中国や朝鮮半島に対する政策の基礎調査のため、ウェデマイヤーに政府調査団長として赴き調査に当たるよう求めている。共和党が多数を占める連邦議会が、政権の消極的な中国政策を批判しているという事情が背景にあった。

一九四七年七月に南京に到着した調査団は、精力的に中国各地と朝鮮半島を調査した。ウェデマイヤーの勧告は「中国が困難な状況に立ち至った責任の大部分をアメリカが負わなければならないと認識する必要がある」と厳しいトーンを貫き、「国民政府は戦後の復興と経済回復を促進するため、物質的援助と精神的支援をアメリカに要請したが、アメリカはこの要請を正式に国連に通告するよう国民政府に提案すべきである」と結論づけた。だが、この政府調査団による勧告は国務省幹部とマーシャルによって握りつぶされた（後に議会で問題化する）。マーシャルは一九四六年に国民政府軍への武器と弾薬の供給を停止した責任者であり、アメリカ政府が蔣介石へ一億二八〇〇万ドル相当の武器援助を行うと定めた一九四八年四月の「中国援助法」の実施さえ怠った。マーシャルが最も信頼を寄せたはずのウェデマイヤーの勧告を握りつぶし「中国援助法」の実施を怠った理由は、今もってわからない。

一九四九年一〇月、中国共産党は国共内戦に勝利し中華人民共和国の樹立を宣言、ソ連はこの年、原子爆弾の製造に成功した。こうして、アメリカは中国を失ったのだ。

スターリンを煽り続けた駐平壌大使

朝鮮半島もまた、日本の敗戦で新たな火薬庫となった。一九四五年八月九日、突如日本に宣戦布告したソ連は同日、満州と北朝鮮に侵入した。朝鮮半島全域をソ連に占領されかねない事態の出現にもかかわらず、アメリカ軍はまだ沖縄にいた。緊急指令を受けた米戦争省参謀次長の陸軍大佐デビッド・ディーン・ラスク（後の国務長官）と同僚の大佐チャールズ・H・ボーンスティールの二人は八月一五日、朝鮮半島の地図を詳細に検討した。二人とも朝鮮半島の地理については、全くの素人だった。

首都ソウルをアメリカ軍の管轄下に置くことに象徴的な意味があると考えた二人は、地図を見つめているうちに境界線を引くのに適当な地形を見つけた。それが三八度線だ。

二人の判断を受けアメリカ政府はソ連に対し、三八度線以北についてはソ連が日本軍の降伏を受諾する手続きに責任を持ち、三八度線より南ではアメリカ軍が降伏受諾を行うよう提案し合意に至った。二人が引いた三八度線は、軍事的には何の意味もなかった。アメリカ軍が朝鮮半島南部に上陸したのは、ソ連の朝鮮半島入りから一ヵ月後の九月八日で、双方が北緯三八度線をはさんで進軍を停止した。

ヤルタ会談では朝鮮半島は一個の独立国家にするという合意があり、アメリカは一九四八年に朝鮮半島全土で民主的な選挙を行うよう提案したが、ソ連はこれを拒否。アメリカは南部だけで選挙を行い、李承晩がリーダーに選ばれた。ソ連はこれを承認せず、朝鮮労働党主席を率いる金日成《キムイルソン》こそが朝鮮半島の真のリーダーであると主張し、北朝鮮政権を誕生させると一九四八年五月に朝鮮半島から引き揚げた。アメリカは翌一九四九年に引き揚げる準備を整えた。

金日成はこの時をじりじりと待ち焦がれていた。もちろん、李承晩《イスンマン》も北への侵攻の意思はあったが、アメリカは軍事的安全を保障しないと李承晩に警告していた。また、マッカーサーは駐留しているアメリカ軍を早く日本に戻したいと考えていた。

ソ連崩壊後に明るみに出た外交文書で朝鮮戦争を研究した歴史家ジェイムズ・I・マトレー

によると、野望に燃える金日成に手を貸し朝鮮戦争へと道筋をつけたのは、軍人上がりの駐平壌《ピョンヤン》ソ連大使テレンティ・F・シュティコフだという。

スターリンは一九四九年一月、友好同盟条約を結ぼうという金日成の提案を「世界から非難を受ける」と拒否し、もし南に侵攻してアメリカ軍が参戦したら金日成への軍事支援も行わないと釘を刺した。シュティコフは韓国側がたびたび軍事的挑発を重ねているという、捏造《ねつ》した電報をスターリンに送り続け、一九四九年三月、スターリンは金日成が輸入物資を購入できるよう四千万～五千万ドルの信用供与と技術支援を約束した。ただし、「三八度線は平和を保つこと」と金日成に警告し、金日成を煽り続けるシュティコフを厳重に注意した。それでもシュティコフは韓国側が侵攻の準備を続けているとさらに誇張し続け、金日成は毛沢東に接近して朝鮮半島統一計画を説明して、スターリンの気を引く作戦をとった。ソ連と中国を手玉にとり始めたのだ。

アメリカ軍部隊が引き揚げる直前の一九四九年六月、モスクワは平譲と軍事技術援助の議定書に調印、ソ連は金日成に軍用機、戦車、大砲、上陸用艦、機関銃など膨大な装備を渡すことを約束した。毎年二万五千トンのスズをモスクワに送ることが条件であった。それでもモスクワは「南の攻撃が始まってからでないと武力の使用は認めない」と通告していた。

三八度線の攻防と中国の参戦

中国共産党の内戦勝利を受け、中ソは翌一九五〇年二月、中ソ友好同盟相互援助条約を締結。

ソ連は原爆も手にしていたが、スターリンはアメリカとの対決を恐れた。金日成の手元にソ連が約束した装備が届いたのは五月末、スターリンは毛沢東に「北朝鮮が行動に移るだろう。金日成には毛沢東と協議して結論を出せと指示した」と説明し、金日成は事実上、スターリンの黙認を取り付けた。『米陸軍史』を書いたリチャード・A・モブリーによると、北朝鮮は六月二四日までに、極秘裏に約八万の兵を三八度線沿いに集結させていたという。

六月二五日、北朝鮮軍が突然三八度線を越えて侵攻した。アメリカ軍は前年の六月、韓国から撤退していた。戦争の飛び火を危惧したトルーマンは中台の争いへの不介入路線を捨てて台湾海峡の中立化令を発し、六月二七日、太平洋とインド洋を管轄する第七艦隊を台湾海峡に派遣した。しかし、この措置は中国共産党の怒りを買い、中国が朝鮮戦争に参戦する伏線となった。

仁川に上陸する国連軍

アメリカは素早く国連安全保障理事会に対し、北朝鮮を非難し、南から撤退するよう求める決議案を提出、ソ連が欠席したため決議案は七月七日採択された。さらにアメリカを核とする国連軍を派遣することが決まった。米韓に加わったのは一五ヵ国、オーストラリア、ベルギー、カナダ、コロンビア、エチオピア、フランス、ギリシャ、ルクセンブルク、オランダ、ニュージーランド、フィリピン、南アフリカ、タイ、トルコ、イギリスである。これで朝鮮戦争は「侵略者・北朝鮮対国連」の構図となった。

一九五〇年七月二二日、中国は厦門《アモイ》の沖にある蔣介石治下の金門島《きんもん》への攻撃を開始した。台湾攻略作戦の第一弾だった。八月一七日、トルーマンは国連で「共産主義を排除した朝鮮半島統一がゴールだ」と言明した。

極東の国連軍司令官となったマッカーサーは九月一五日、朝鮮半島中部西海岸の仁川に上陸してソウルを解放、韓国に侵入した北朝鮮軍の補給路を断ち封じ込めた。劇的な勝利だった。傲慢な性格のマッカーサーは中国やソ連の参戦はないと固く信じ込み、国連の承認を得て三八度線を越えて一〇月二〇日に平壌を占領、将兵に「クリスマスまでには家に帰れるぞ」と語るほど自信満々だった。

トルーマンは一〇月二五日、中部太平洋、小笠原諸島の東にあるウエーク島に出向き、マッカーサーを招いて中国を刺激してはならないと釘を刺したが効果なく、中朝国境の鴨緑江《おうりょくこう》付近まで進軍したところで中国の義勇軍が押し寄せ、また三八度を突破されてしまった。トルーマンは一一月末の記者会見で原爆の使用を検討していることを示唆するほど追い込まれ、一二月には国家の非常事態も宣言、翌一九五一年四月一一日にマッカーサーを解任した。マッカーサーの後任に据えたマシュー・B・リッジウェイの指揮で北朝鮮軍と中国義勇軍を三八度線まで押し戻し戦況が落ち着いたところで一九五三年七月二七日、アメリカ、北朝鮮、中国の三者で停戦が成立した。この年の三月にスターリンが死亡したことも停戦の動きを加速した。韓国は停戦に応じず、問題を今日に引きずっている。

極東政策をめぐるアメリカの錯誤

なぜ、マッカーサーは韓国から日本へ軍を引き上げていたのか。ここにこそトルーマン政権の大きな過ちがある。ウェデマイヤーの言を借りれば「アメリカは今度の戦争（太平洋戦争）をフットボールの試合のように戦った。ゲームが終わると勝者は勝利を祝うためにグラウンドを立ち去っていくよう戦った」のだが、本来は半島の安定を待ってから撤退すべきだった。だが、トルーマンは、軍備縮小に大ナタを振るった。膨張した戦時経済からの脱却を最優先したのだ。

第二次大戦後、新たに独立組織にした空軍に予算を配備したため、海軍の戦闘艦船は一九四五年の六七六八隻が一九四六年には一二四八隻、一九五〇年は六三四隻へと減らされ、太平洋戦争の島嶼上陸作戦で勇名を馳せた海兵隊も約一一万七千人から約一万四千人へと減らされた。ダグラス・マッカーサーが率いる連合軍は終戦時には三〇万人を擁したが、朝鮮戦争勃発時には一〇万八千人にまで削減されていた。しかも車両は老朽化し所有する一万八千台のジープのうち一万台が使用不能、一一万三八七〇台の軍用トラックのうち使えるのは四八四一台と、惨憺《さんたん》たる有様《ありさま》だった。海軍から軍事費を奪った形の戦略爆撃機B－36は一九四八年六月から実戦配備され、一九五四年に製造中止となるまでに約三八〇機生産されたが、護衛のため随伴する戦闘機には十分な航続距離がなく、一度も実戦の出番がなかった。事実上、使えない兵器でしかなかったのだ。

トルーマン政権には決定的な戦略の失敗があった。第一はジョージ・C・マーシャルの跡をついで国務長官となったディーン・G・アチソンが、一九四九年八月に出した『中国白書』だ。アメリカが支援してきた国民政府について「リーダー蔣介石は無能で、軍は戦闘意欲を欠き、民心は国民政府から離れている」と決めつけ、「国共の内戦はアメリカ政府が制御できるものではない」と、蔣介石を見限った内容だった。

この白書に沿ってトルーマンは一九五〇年一月五日「中国が台湾に侵攻してもアメリカ政府は関与しない」と表明。翌週の一月一二日に、アチソンはニューヨークのナショナル・プレス・クラブでスピーチを行った。外交政策について語るにははなはだ文学的に過ぎる表現をちりばめたスピーチの中で、アメリカの極東防衛ラインを「アリューシャン列島から日本列島、琉球諸島、さらにフィリピン諸島」とし、韓国は日本に比べてアメリカの責任の度合いは低いとしてこのラインの外側に位置づけた。また、台湾もこのラインから外した。

アチソンはこのスピーチで、台湾に逃れた蔣介石について「軍は崩壊し、国民の支持も消え去り、外国の支援もなくなり、今や中国の海岸の小島に、残りかすの軍と過ごす難民にすぎない」とまで酷評している。マーシャルからアチソンに至る時期の国務省は、ソ連の共産主義を攻撃する程には中国共産党を批判しないばかりか肩入れし、蔣介石には過度に厳しい態度をとった。

朝鮮戦争の勃発後、米連邦議会の共和党は、アチソンの演説は金日成に「(朝鮮戦争開始の)青信号を出したものだ」と猛然と批判を始めた。スターリンはこの演説に注目しなかったようだが、金日成や毛沢東には、米軍の縮小とあわせ誘い水になった可能性が高い。

トルーマン民主党政権に反発を強めた共和党は、議会にマッカーサーを証人として喚問した。

解任されたとはいえ、マッカーサーが仁川上陸で見せた軍略はアメリカにとってヒーローの業だった。

一九五一年五月三日から始まった上院軍事外交委員会では、マッカーサーは意気軒昂に朝鮮半島での断固たる行動の必要性を強調し、中国の海上封鎖と中国本土への空と海からの攻撃、蔣介石の国民政府軍の朝鮮半島への投入などプランを並べた。だが、マッカーサーは致命的なミスをした。「もし全面戦争になったらどのようにしてアメリカを守るのか」と尋ねた民主党上院議員ブライアン・マクマホンに対し「それは私の責任の範囲ではない。私の責任範囲は太平洋である。グローバルな問題には詳しくない」と答弁してしまったのだ。マクマホンは「大統領、つまり最高指揮官はこのような状況をグローバルな視点で捉え、グローバルに防衛を考えなければならないのだ。あなたはグローバルな視点を欠いた戦略を提唱してわれわれを追い込み、地球規模の紛争にこの国を巻き込もうとする、一戦域の司令官でしかない」と続けた。マッカーサーが大統領候補としての道を閉ざされた瞬間だった。共和党はマッカーサーの部下だったドゥワイト・D・アイゼンハワーを候補者に選んだ（後に第三四代大統領となる）。

世界初のジェット機対決

朝鮮戦争ではアメリカが主力艦として排水量二万七一〇〇トン、搭載機九〇～一〇〇機のエセックス級空母六隻を派遣、イギリスは排水量一万三四〇〇トン、搭載機四八機の軽空母二隻を投入した。

北朝鮮が三八度線を越えた八日後の七月三日、空母ヴァリー・フォージが攻撃を開始、これに空母ボクサー、空母フィリピン・シーが続き、日本海側と黄海側とに布陣して朝鮮半島を挟む形で作戦を展開した。艦載機はジェット戦闘機Ｆ９Ｆパンサー（ヒョウの意）を主力に、ピストンエンジンのＦ４Ｕコルセア（海賊の意）も加わった。

一方、創設後わずか三年の米空軍は、開戦翌日の六月二六日、ピストンエンジンの長距離戦闘機Ｆ82Ｇムスタング（アメリカの野生馬の意）が板付《いたづけ》基地（現在の福岡空港）から出撃し、朝鮮半島を攻撃した。

福岡・板付基地から朝鮮半島へ出撃するパイロットを見送る家族

北朝鮮軍は航空機がごくわずかで、しかもソ連製の旧式機、Ｙａｋ－９だったため、当初は一方的な戦いとなり、アメリカ軍は平壌の航空基地や鉄道の破壊、北朝鮮の小規模船の破壊と釜山への上陸阻止などを行った。また、一九五一年五月一日には雷撃機Ｆ４Ｕコルセアの魚雷で水力発電用ダムを破壊するという、海戦用の兵器・魚雷の使用法としては耳を疑うような戦闘もあった。

ソ連はアメリカとの対決を恐れて表向き不介入のふりをし、当初は北朝鮮国境近くの満州の基地・安東からＭｉＧ－15ジェット戦闘機を飛来させたが、これを全面的に中国に貸与し、直接対決を回避した。

ソ連が最新鋭ジェット戦闘機Ｍｉｇ－15を投入したことで、局面はアメリカが不利となった。海軍機のパンサーはＭｉｇ－15に苦戦を強いられるようになったのだ。ここでアメリカは一九四九年に実戦配備を始めたばかりの最新鋭戦闘機Ｆ－86セイバー（騎兵のサーベルの意）を投入する。

実はＦ－86セイバーとＭｉｇ－15は、ナチス・ドイツの技術を生かした兄弟機のようなものだった。両機に共通する特徴は翼にある。機体の主軸に直角ではなく、斜め後方に伸ばした後退翼（スウェプト・ウィング）を付けたのだ。後退翼は飛行速度を飛躍的に向上させ、飛行の安定度も増す。今日のジェット機は民生用、軍用を問わずすべてこのデザインを用いている。

J・W・ダンが発明した後退翼の飛行機

アメリカは、Ｆ－86セイバーが完成に近づいたころ、第五章で述べたペーパークリップ作戦でドイツの研究所にあった翼の設計図面を偶然手に入れ、急きょ後退翼に切り替え完成させた。もしアメリカが翼の設計図を入手できていなかったら、戦争の帰趨《きすう》は違った形になっていただろう。

後退翼はナチスの発明ではなく、イギリス陸軍のエンジニア、Ｊ・Ｗ・ダンが一九〇七年に発明し、複葉機に取り入れて飛行を成功させたものだった。ナチスはこの翼をメッサーシュミットと思われる高速機に導入しようとしていたのだ。

Ｆ－86セイバーとＭｉｇ－15の対決は、撃墜率がおおよそ二対一でセイバーが優位だったという。セイバーが二機撃墜し、Ｍｉｇが

朝鮮戦争の流れを変えたF–86セイバー

セイバー一機を撃墜するという割合だ。パイロットや技術者たちの証言によると、Ｍｉｇは軽量であり上昇速度で圧倒的に優位だった。これに対しＦ－86セイバーは旋回能力に優れていたため、旋回して敵機の後ろについて攻撃する作戦をとったという。

世界初のジェット戦闘機同士の対決の日付には諸説あるが、一九五〇年一一月上旬とする記録が多い。当時は、戦果については本人の報告か同僚の証言によるため、確実性が今一つだったようだ。大事なのは日付ではなく、ライト兄弟が発明したピストンエンジンの航空機の時代が、ほぼ半世紀で幕を閉じたということだろう。

朝鮮戦争は、戦略爆撃機がありさえすればいいという米空軍の主張を打ち砕き、海軍と陸軍の統合戦略の重要性を改めて浮かび上がらせた。その意味で第五章で述べた「提督たちの反乱」は正しかったのだ。また、制空権を制すれば、陸上の攻撃目標は何なく破壊できることを実証し、作戦戦域にできる限り接近し、攻撃機を次から次に繰り出す航空母艦の有効性を世界に知らしめた。

経済合理性を追求し軍事力整備を怠ったトルーマン政権は、ようやく事の重大性に気付き、予算比で三倍増という軍備拡張に乗り出す。

一九五二年、戦後初の航空母艦フォレスタルと初の原子力潜水艦ノーチラスの建造が始まった。初代国防長官の名を冠したフォレスタルは長さ三二四m、船幅七六・三m、四機のエンジンを備え排水量七万八二〇〇トンというスーパー航空母艦。空軍の反対によって頓挫した航空母艦ユナイテッド・ステイツ号の夢の再現であり、海軍強国アメリカの象徴となった。さらに航空母艦に搭載する核攻撃可能な戦闘機としてAJサヴェージ（「獰猛《どうもう》」の意）、A3Dスカイワリアー（空の戦士の意）、A3Jヴィジランティ（自警団の意）も配備されることになった。原潜ノーチラスには核ミサイルであるポラリス（北極星の意）、ポセイドン（ギリシャ神話の海神の意）を装備、核攻撃の選択肢は海軍にももたらされた。

緊縮財政一点張りで、核による戦略爆撃ですべては可能と過信したトルーマンと国防長官ジョンソンの路線は破綻した。空軍は日本の都市爆撃の成果に奢《おご》った。アメリカの空爆は「紙と木でできた」日本の都市だからこそ、とてつもない破壊力を発揮できたのだ。こうしてノーチラス号の建造で、原子力潜水艦という「最強の武器」の時代が幕を開けることになる。

第七章　二つの中国のはざまで

「もし中共当局が民主政治と自由経済を進めることができ、台湾海峡での武力の使用を放棄するなら、われわれは『一つの中国』という前提のもとに関係を深めて行くことを阻まない。即ち対等の地位で交渉する仕組みができることを願い、学術、文化、経済、貿易と科学技術の交流を全面的に開放する」（中華民国初の民選総統・李登輝）

金門島の戦い――元中将・根本博の活躍

中国大陸で中国共産党との内戦に敗れた中国国民党の蔣介石が、戒厳令を布《し》いていた台湾に逃れて以来、台湾海峡は二つの独裁体制が対峙する「フラシュポイント（発火点）」の時代に入った。これまで三度の台湾海峡危機が起きたが、いずれも中国が仕掛けたものである。中国共産党が台湾の武力奪還を選択肢から排除していない以上、今後も起きる可能性は十分にある。多くの日本人にとって台湾は魅力的な観光地に過ぎないが、台湾は地政学的に日本の存亡にかかわるシーレーン（海上交通路）のポイントに位置している。マラッカ・シンガポール海峡から

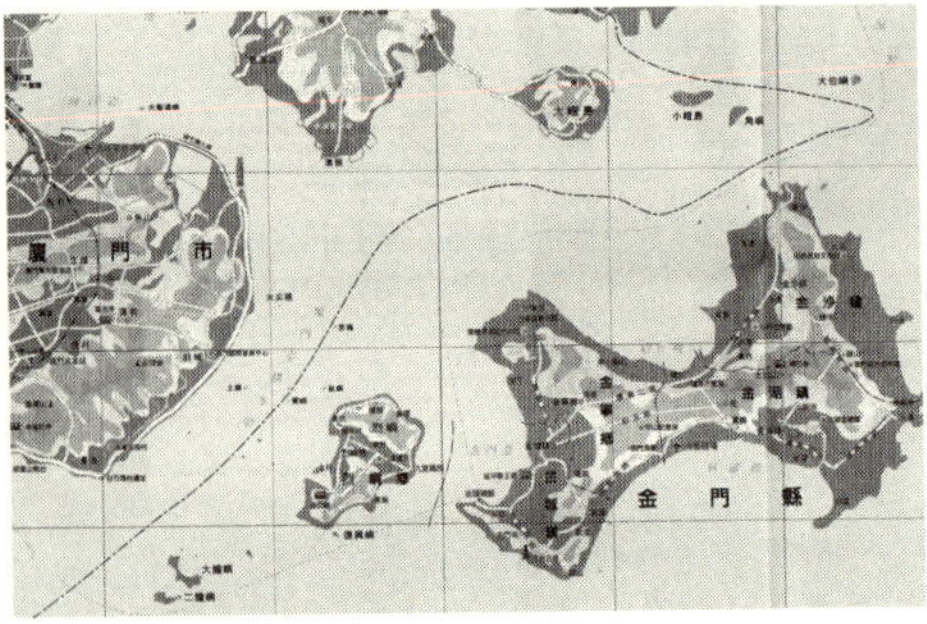

右下が金門島、左隣が通称「小金門島」

バシー海峡を経て太平洋へと抜ける航路は、輸送の大動脈であり、このシーレーン防衛の失敗が太平洋戦争の敗因の一つとなった。今日、シーレーンの重要性は飛躍的に増しており、安全保障の観点からすると、日本と台湾は「運命共同体」の関係にあるのだ。

一九四九年一〇月一日、毛沢東は北京・天安門楼門（天安門の上）で中華人民共和国の建国を宣言したが、まだ国共の内戦は続いていた。共産党軍（中国は「人民解放軍」と名付けている）は直ちに蒋介石が逃れた台湾を目指す作戦に着手する。場所は台湾と向き合う福建省だ。

毛沢東の建国宣言から二週間後の一〇月一五日、現在は陸続きだが、当時は海岸から一kmほど離れた島だった厦門《アモイ》に上陸し攻撃を始めた。だが、蒋介石は厦門の東海上約一〇kmの金門島こそが台湾を守る戦略上の最重要拠点になると見抜き、厦門の守備はわざと手薄にして、戦闘が始まったらすぐ金門島へと撤収するよう指令していた。厦門の戦闘は二日間で終わった。

共産党軍は蒋介石の作戦を見抜けなかった。この時点で国民政府軍の海軍は四万人を超える兵員を擁していた。蒋介石は金門島に部隊を集中させ、大陸から逃れてくる部隊も金門島に集結させた。アメリカ軍から供与されていたM5A1ステュアート戦車を配備し、上陸地点となり得る海岸には障害物を沈め海中に船を引っかけるワイヤーを張り巡らせた。干潮時に動けなくするためだった。

一〇月二五日夜、共産党軍は当初二万人を差し向ける作戦だったが、決定的な戦略上の過ちがあった。海軍と航空兵力を欠いた軍が島嶼上陸作戦を敢行したのだ。漁民から船三〇〇隻を無理やり徴発して分乗したため約九千人の兵力しか送れず、対戦車砲も三つに分解して積み込まなくてはならなかったため、上陸しても組み立てられず使えなかった。空軍力では、共産党軍には蔣介石軍から奪ったアメリカの戦闘機P―51ムスタングの部隊があったが、北京の建国行事に参加していた。これに対し国民政府軍はB―25軽爆撃機二五機、FB－26戦闘爆撃機約五〇機を準備していた。準備万端整えて待ち構えている金門島に、共産党軍は〝奇襲攻撃〟をかけたのだ。戦闘は三日間で終わり、共産党軍は約五千人が戦死、残る全員が捕虜となった。台湾側の戦史館では上陸した共産軍は約二万人、死者一万四千人、捕虜六千人としている。台湾が「古寧頭《こねいとう》戦役」と呼ぶこの戦いは共産党軍の完敗だった。

この戦闘では国民政府軍に馳せ参じた日本の元陸軍中将が影の参謀として戦闘計画を練り、作戦を指示した。元北支那方面軍司令官・陸軍中将の根本博《ひろし》だ。根本は満州問題解決のため陸軍の中堅将校グループが一九二九年五月に結成した「一夕会《いっせきかい》」に参加し、南京駐在武官、参謀本部支那課支那班長を務めた陸軍エリートで、いわゆる「支那通」の人物だ。終戦の日に出された武装解除命令を拒否してソ連軍と戦闘を続け、三五万人の将兵と在留邦人四万人を北京に向かわせ、無事帰国させることに尽力した人物でもある。

蔣介石（右）と根本博（左）

一九四五年一二月一七日、蔣介石は北京で旧知の根本をねぎらい「今後は私たちと日本は対等に手を組めるだろう。あなたは至急、帰国して、日本再建のために努力をして欲しい」と語ったという。根本は「東亜の平和のため、そして閣下のためにわたしでお役に立つことがあれば、いつでも馳せ参じます」と誓っていた。そして蔣介石の許《もと》に駆けつけるべく、一九四九年六月二六日、宮崎県延岡《のべおか》から漁船で台湾に密航した。一旦は投獄されたが、元北支那方面軍司令官の根本だと分かり、八月中旬に蔣介石と会談した。蔣介石から福建省主席兼綏靖《すいせい》主任を命じられた湯恩伯《とうおんはく》が「根本中将を同伴して作戦の相談相手としたい」と蔣介石に願い出ており、根本が応諾すればとの条件で許された。根本は国民政府軍が続々と集結している福建省の情勢を視察し、それから金門島の戦いに赴いた。

蔣介石は一九四五年八月一五日に重慶の中央放送局から全世界に向けて発した「抗戦勝利にあたり、全国軍民および世界の人々に告げる演説」で、日本への報復を禁止し「不念旧悪、与人為善（旧悪への思いを断ち、人と善をなす）」と述べた。この有名な「怨みに報ゆるに徳を以てせよ」との政策布告により、根本は自らが率いた居留民・将兵の無事な帰還ができたことに恩義を感じていたのだった。そして上陸予想地点の見極め、共産軍が上陸用に使用することになる漁船の破壊、住民を犠牲にせず共産軍の退路を断つ作戦など、根本の知略と作戦が、国民政府軍始まって以来の大勝利を導いたのだった。

毛沢東は主力の第三野戦軍に対し、より大掛かりな台湾侵攻作戦を指示。将軍・粟裕《ぞくゆう》は一一月二〇日に作戦計画を立案した。作戦は立てたものの、粟裕は金門戦役の経験から台湾侵攻は難しいと毛沢東に再三進言したが、毛沢東は聞き入れなかった。しかし、モスクワで毛沢東がスターリンから「アジアで革命を起こすよう」指示されたことから、一二月一七日、台湾侵攻は公式に延期された。「革命」が朝鮮戦争への参戦を指しているとすれば、時期的に符合する。金門戦役の直後、台北駐在のアメリカ公使が蔣介石に接触し、改革と民主化の取り組みを支援すると公式に伝えたという説もあるが、出典が明らかでない。

台湾の戦略的価値

朝鮮戦争は、アメリカ外交の転換点となった。北朝鮮が三八度線を越えて南へ侵攻した二日後の一九五〇年六月二六日、トルーマンは台湾海峡の中立化を宣言し、ハワイを母港とする第七艦隊を台湾海峡に派遣した。

航空母艦の台湾海峡への派遣は、中国の侵攻から台湾を守るためと同時に、蔣介石が大陸に進撃しないようにするための取りあえずの措置だった。

一九五〇年八月初めには、四隻の駆逐艦で編成する「台湾パトロール部隊」が発足、基隆《きりゅう》あるいは高雄《たかお》港を拠点に中国・福建省の沖合や台湾海峡のパトロール作戦を開始した。もし紛争が起きたら、米空母が直ちに駆けつけるようになっていた。この作戦はニクソンが歴史的訪中を果たす一九七九年まで実に二九年間も続き、米海軍の最も長期の作戦となった。

トルーマンは八月三一日に声明を発表し、①朝鮮戦争が終われば第七艦隊（の主力）は台湾海峡から撤収する、②台湾問題は日本との平和条約を待ってから解決する、③中共が朝鮮戦争に参加しないことを希望する、の三項目を掲げた。アメリカはまだ中国・台湾政策が固まっていなかったが、イギリスは計算高くもいち早く共産党政権を承認し、サンフランシスコで開かれた連合国の対日講和会議への中華民国の参加を拒んでいた。

トルーマンは国民政府（中華民国）の腐敗体質に嫌気がさし、蔣の意を受けて訪米し執拗に援助を求め続ける蔣の妻・宋美齢にもうんざりしていたため、台湾を援助し続ける気は失《う》せていた。しかし、朝鮮戦争が契機となり台湾を選択せざるを得なくなったのだ。

伏線はあった。マーシャルの跡を継いだ国務長官アチソンから台湾の戦略上の優先度評価を求められた統合参謀本部（ＪＣＳ）は、朝鮮戦争開始の四ヵ月前の二月一〇日、「台湾が共産主義者の手に落ちると、アメリカの安全保障に深刻な脅威となる。中国大陸を失うと台湾の戦略的価値は高まる」と書き、「外交的・経済的ステップを重ねることによってではあるが、台湾が共産主義者の手に落ちることを阻止しなくてはならない」と結論づけていた。統合参謀本部が敢えて外していた安全保障上の選択肢は、朝鮮戦争によってアメリカの台湾戦略に結び付いたのである。

実は、このアメリカの新しい台湾戦略は、元米第七艦隊司令官チャールズ・M・クックの知略なしには実現しなかった。クックは退役後、トルーマン、アチソンから見捨てられ、クーデターのうわさまで流れて風前の灯《ともしび》火状態に陥っていた蔣介石政権に手を差し伸べ、アメリカと台湾の橋渡しをして軍事的布石につなげたのだ。

クックは第二次大戦中の首脳会談、カサブランカ会談からヤルタ会談、ポツダム会談まですべてに軍幹部として同席し、海軍作戦部長アーネスト・J・キングの下では作戦計画立案に取り組んだ。海軍ではその智謀ゆえに「サビー（知恵者）・クック」の愛称で呼ばれた。並みの軍人ではないのだ。

民間人として一九五〇年二月に台湾に赴き、表向き化学肥料貿易に従事しながらクックは蔣介石と接触。アメリカ不信、さらには配下であるはずの国民政府軍幕僚への不信で固まっていた蔣介石の信頼を勝ち得た。まず、人脈を駆使して退役した米将校を組織して軍事顧問団を編成し、国民政府軍の幹部に近代戦の訓練を重ねた。さらにニューヨークに設立した台湾系企業を通じて弾薬や装備の買い付けに尽力、共産党軍が迫る浙江省舟山《しゅうざん》諸島や海南島からの国民政府軍撤収作戦を授け、無事成功させた。

決定的な功績はマッカーサーと蔣介石を引き合わせたことだ。蔣介石の代理として三度にわたり東京のGHQを訪れたクックは、台湾の軍事的状況、政治的環境をつぶさに、しかも的確に説明した。これを受けてマッカーサーは一九五〇年七月末、初めて台湾を訪問し蔣介石と会談した。蔣介石は国民政府軍の三万三千の将兵を朝鮮半島に派遣する用意があると持ち掛けたが、戦線を拡大させる恐れがあるとの懸念から、マッカーサーはこれをやんわり断った。

八月一日付でマッカーサーが発表した声明は「共産党支配に立ち向かう彼（蔣介石）の不屈の決意は、私に心からの尊敬の念を湧かせた。彼の決意は、太平洋地域のすべての人々は奴隷ではなく自由でなければならないというアメリカの共通の利益、目的と、軌を一にするものである」と象徴的な文言で締めくくっている。アメリカと台湾は「反共」という枠組みで手を結ぶことになったのだ。だが、トルーマンは、この声明は軍の最高指揮官としての大統領の権限を侵すものだと反発、後のマッカーサー解任への序奏となった。

台湾では旧日本軍の将校たちによる「白団《ぱいだん》」や、西ドイツの諜報組織であるゲーレン機関に連なる旧ドイツ軍人が国民政府軍の軍事訓練を行ったことが知られているが、クックは太平洋を跨《また》ぐ国家戦略を導いたのだった。

第一次台湾海峡危機

アメリカは一九五一年一月までに二九〇〇万ドル相当の軍事物資を台湾・国民政府に贈っていたが、台湾に派遣された米軍の調査団は同月、さらに七一二〇万ドルを配分するようトルーマン大統領に要請、さらに同月に国務省は台北に大使館を開設した。この急展開の中で（一九五一年）アメリカと台湾は米華相互防衛援助協定に合意し、三月には国務省と国防総省が軍事支援顧問団を台湾に送り込んだ。

サンフランシスコ講和条約で国際社会への復帰を目指す日本に対し、米政府特使として訪日したジョン・フォスター・ダレス（CIA長官アレン・ウェルシュ・ダレスの兄）は反共の立場から国民政府との平和条約締結を促した。圧力に押された首相・吉田茂は一九五一年一二月、ダレス宛書簡を発出し、中華民国との条約締結方針を表明した。こうして日華平和条約は一九五二年八月五日に発効、日本はアメリカの反共政策の下で、国連安保理の常任理事国たる中華民国と歩む道を選択したのだ。

トルーマンの後継大統領となったアイゼンハワーは就任直後の一九五三年二月二日、連邦議会への初の年頭教書で「中国共産党は一貫して朝鮮戦争の停戦呼びかけを拒絶し続けており、もはや共産中国を（台湾の攻撃から）守るため第七艦隊を用いない」と述べ、第七艦隊を台湾海峡から引き揚げるとともに、トルーマンの及び腰の台湾海峡中立化政策を撤回した。第七艦隊は蒋介石の暴発を抑える目的もあっただけに、撤収は蒋にとって朗報だった。中国大陸では一九五〇年末までに国民政府軍人約一五〇万人が留まって反共ゲリラ戦を続けていたが、朝鮮戦争が始まるとＣＩＡ（米中央情報局）は国民政府軍にゲリラ戦の訓練を実施し、福建省の海岸部やビルマ北部から中国に兵を送り込んだ。攻撃しては素早く身を隠す国民政府軍のゲリラ戦で、共産軍は約四万二千人の死傷者を出したという。

ハリー・S・トルーマンの後継大統領となったドゥワイト・D・アイゼンハワー

こうした流れを受け、「大陸反攻」を掲げる蒋介石は一九五四年八月に将兵五万八千人を金門島へ、一万五千人を馬祖《ばそ》島に配置し、大陸反攻作戦の布石を打った。これに対し中国首相・周恩来は八月一一日「台湾は解放されなくてはならない」と宣言し、アメリカ政府の警告を無視して九月三日、金門島への砲撃を開始、一一月に入ると浙江省海門《かいもん》の東海上にある大陳《だいちん》群島を空爆した。第一次台湾海峡危機の始まりだ。

統合参謀本部は中国に対する核攻撃を提案したが、アイゼンハワーは朝鮮戦争で米軍パイロットなどが中国の捕虜になったままであることも考慮し、これを拒否。一二月二日にアメリカと台湾は相互防衛条約を締結、翌一九五五年二月九日に議会で批准された。さらに連邦議会は「台湾決議」を採択し、大統領に台湾を守るため軍事力の行使を認め、事態はきな臭さを増す。

アイゼンハワーの指名で国務長官となったジョン・フォスター・ダレスは二月一五日、国家安全保障会議で「アメリカ国民は中国への核攻撃に備えなければならない」と発言、穏健派だったアイゼンハワーもダレス発言の五日後「銃を使うように原子爆弾を使用し得る」と牽制のトーンを高めた。

中国は四月二三日、インドネシアのバンドンで開かれた第一回アジア・アフリカ会議で「台湾問題で交渉の用意がある」と表明。五月一日に戦火は止み、第一次台湾海峡危機は終焉、朝鮮戦争で捕虜となっていたアメリカ空軍のパイロットなど一一人が釈放された。広島・長崎への原子爆弾投下から一〇年、リーダーたちは「核攻撃」という言葉をためらいもなく使った。核の力にねじ伏せられた中国は核を渇望した。

台湾へのミサイル配備と中国の核武装

アイゼンハワーにとって、台湾が軍隊を配置した金門島と馬祖島はあまりにも中国大陸に近く、いつまた中共軍の攻撃を受けるかわからない戦略的な脆弱性が不安の種だった。

一九五五年一月一九日、アイゼンハワーは全米初のテレビ放映による記者会見で、米政府が国民党支配下の台湾と、共産党支配下の中国大陸を独立した二つの国家としてそれぞれ承認する「二つの中国方式」を検討し続けていることを明らかにした。この方式はイギリスが支持しており、アメリカの同盟国の支持も得られると踏んだのだが、中国、台湾双方が断固として拒否した。

そこで一九五五年春、アイゼンハワーは台湾に使節団を送り両島からの撤収を促したが、蔣介石は台湾統治の正当性が揺らぐことや軍の士気低下を懸念し、これを拒否。大陳群島については防御が難しいことを理由に撤兵し放棄した。この撤収作戦では米海軍の六隻の空母を含む七〇隻が護衛に当たった。ここにおいてアメリカ政府は台湾への軍事支援を強化する。中共軍のＭｉｇ戦闘機が台湾に侵攻した場合にこれを撃墜する空対空ミサイルを台湾に供与し、両島には核砲弾も発射できる八インチ榴弾砲を配備した。

アイゼンハワーは一九五七年一月、第三国から武力攻撃を受けた国の求めに対し経済的・軍事的援助を与えるという「アイゼンハワー・ドクトリン」を発表、三月に議会の承認を得た。このドクトリンは主として中東におけるソ連の脅威を念頭に置いたものだが、台湾に対し同年、当時最新鋭だった地対地巡航ミサイル、マタドールミサイルを配備することで合意した。マタドールミサイルは核弾頭を搭載することも可能で、射程は約一千kmだった。核武装した台湾の出現——中国はこれを威嚇と理解した。

たとえ核攻撃を受けても中国は生き延びることができると自信をみなぎらせた毛沢東は一九五八年、経済と科学技術を急速に発展させる「大躍進」運動を発動、軍隊も路線を合わせるように強硬路線に転じた。そして八月二三日から一〇月にかけて金門島と馬祖島の海上をパトロールし、砲弾の雨を降らせ続けた。また「アメリカ軍の艦船が近づけば攻撃をためらわない」と宣伝を続けた。

この時期スターリンの跡を継いだ平和共存路線の首相で最高指導者のニキータ・フルシチョフが七月末から八月上旬にかけて北京を訪問した。後に軍事行動に踏み切った経緯から、両島への攻撃は毛沢東がソ連の子分ではないとのフルシチョフへの反発を示したかったために発動したのだという説がある。結局フルシチョフは一〇月上旬、「中国への攻撃はソ連への攻撃とみなす」と声明を発表し中国支援を明確にした。

これに対しアイゼンハワーは台湾を防衛すると応酬し、両島に軍を派遣、海軍の艦船で台湾船の補給を支援する措置をとった。さらに国務長官ジョン・フォスター・ダレスは「台湾を守るため時機にかなった効果的行動をとる」と宣言した。この時は空母ヨークタウン（排水量二万七一〇〇トン、艦載機九一機）を派遣、ジェット戦闘機F4D－1スカイレイが大活躍して台湾側の制空権確保に協力、供与された米軍機で戦う台湾軍は中国軍機を次々に撃墜した。さらにアメリカの統合参謀本部は上海、杭州、南京を核攻撃する作戦計画を立案、アイゼンハワーは「武力攻撃実施に向けアメリカは一歩たりとも後退しない」と警告レベルを上げた。

アメリカの予想外の台湾肩入れは中国とソ連を驚かせ、一九五八年九月六日、中国の首相兼外相・周恩来はアメリカに大使級の対話再開を提案した。

一〇月六日、国防部長・彭徳懐《ほうとくかい》が台湾側に平和的解決と一週間の砲撃停止を提案し、危機は沈静化した。またもや中国は断固として台湾を守るためというアメリカの意図を脅しにすぎないと読み違え、核攻撃を辞さないという強硬姿勢の前に手を引いたのである。二度の失敗で、中国は核兵器の入手が最大目標となった。フルシチョフと粘り強く交渉してソ連の技術供与を何とか引き出し、一九六四年一〇月一六日に原子爆弾の実験に成功、一九六七年六月一七日に水素爆弾実験に成功した。中国はソ連の核の傘から独立したのだ。

台湾の民主化と李登輝の知略

新中国の建国初期は、台湾への武力侵攻を試み、台湾も大陸反攻を掲げて角を突き合わせたが、一九六〇年六月にアイゼンハワーが現職大統領として初めて台湾を訪問してからは、台湾はアメリカの核の傘の下で経済建設に邁進する。蒋介石は二度の台湾海峡危機を乗り切って独裁体制を確立し、大陸との緊張関係を維持するためにも戒厳令を布き続けた。

李登輝元総統にインタビューする筆者
(2004年7月、李元総統の自宅で)

台湾が中国国民党の独裁体制から民主化へと劇的に舵を切ったのは、一九九〇年五月に第八代総統に就任した李登輝《りとうき》の知略による。就任演説で李登輝は中国大陸にこう呼びかけた。
「もし中共当局が民主政治と自由経済を進めることができ、台湾海峡での武力の使用を放棄するなら、われわれは『一つの中国』という前提のもとに関係を深めて行くことを阻まない。

即ち対等の地位で交渉する仕組みができることを願い、学術、文化、経済、貿易と科学技術の交流を全面的に開放する」

賢明な李登輝は、中共（中国共産党）がこうしたことを実行できるわけがないことをはなから承知していたと思う。就任演説は、中国大陸に呼びかける形をとりながら、実は米国をはじめとする国際社会に向けて台湾が民主化へ路線を大転換したこと、しかも大陸と対話する用意があることを宣言したことに重大な意味がある。つまり、就任演説は、国連から追放された台湾の国際社会への〝復帰〟宣言だったともいえるのだ。

一方、大陸の総書記・江沢民《こうたくみん》は、前年に首都・北京で起きた学生運動大弾圧事件、天安門事件による混乱収拾のために鄧小平《とうしょうへい》に大抜擢された、ほとんど無名の地方政治家に過ぎず、力量も未知数だった。国際社会の厳しい批判と経済制裁にさらされ続けている中国には、たとえ不本意でも李登輝の対話路線に付き合う外《ほか》、選択肢はなかったといえる。

「汪辜《おうこ》会談」という、中国側の海峡両岸関係協会長・汪道涵《おうどうかん》と台湾側の財団法人・海峡交流基金会理事長・辜振甫《こしんぽ》による民間窓口の形式を装った会談が一九九二年四月にシンガポールで開かれた。台湾側は中国大陸まで含めて中華民国だと主張したが、中国側は台湾は中国の一部と主張、共通項は「一つの中国」という枠組みで、この前提から関係発展を目指そうという、誠に摩訶不思議な論法だが、これ以外に接点はない。海峡をはさんだ対話は世界のメディアの注目の的となったが、年月を重ねるにつれ矛盾が深まり、双方の主張がメディアで大きく紹介されるにつれ、結果的に台湾の民主化路線が国際社会に認知されていく展開となった。その間、李登輝は憲法を改正し、台湾で初めてとなる、すべての有権者が参加する総統の直接選挙の枠組みを整備したのだ。江沢民の我慢は限界点に近づいていた。

一九九五年六月、李登輝は「私人の資格」で米国を訪問し、母校であるコーネル大学で講演を行った。この時、ビザの発給は連邦議会上院で九七対一、下院は三九六対ゼロという圧倒的多数で承認された。ただ、中国政府にとっては、たとえ「私人の資格」であっても、米国が李登輝を受け入れたことは承服できなかった。李登輝訪米に、台湾独立路線のにおいをかぎとったからだ。

七月初め、人民解放軍は台湾近海でミサイル演習を行うと発表し、二一日から二六日まで第一波のミサイル演習を実施した。使用したミサイルは核弾頭が搭載可能なMTCR級で、福建省にはJ－8戦闘機をはじめとするジェット戦闘機を次々に集結させた。台湾の株価も通貨も暴落した。国防部長の遅浩田《ちこうでん》は中国人民解放軍の建軍を祝う席上「統一問題で解放軍は絶対に武力の使用を放棄しない。もし台湾当局が分裂の道を進むなら、絶対に手をこまねいて座視することはできない」と警告した。さらに八月一五日から二五日まで、第二波のミサイル演習を実施し台湾への軍事的威嚇を続けた。

ここに来て李登輝は決定的な矢を放った。金門島を九月初めに視察し「中華民国が台湾、澎湖《ほうこ》島、金門島、馬祖島に存在するという事実を否認することは受け入れられない。（大陸と台湾の）最終的統一は『一国両制』の下ではなく、民主と自由と均富（富の公平な配分）の下に存する」と反撃したのだ。

海峡を挟み米中のメンツを誇示

きな臭さに包まれた台湾海峡を世界は固唾《かたず》をのんで見守った。翌一九九六年三月には初の総統直接選挙が控えている。トップを直接選挙で選ぶなど大陸では到底できないことだ。台湾でそれが実施されれば国際的な信認度があがることは確実だし、台湾がますます大陸から遠くなることにつながる。焦る中国がさらに行動をエスカレートさせ台湾に侵攻するのか――こうした不安は台湾経済をも揺さぶった。国際社会には、米国は何も手を打たないのかとの懐疑的な空気すら漂い始めた。

というのも、米国には、一九七九年一月に米中国交正常化に突き進んだジミー・カーター大統領の親中路線への懸念から、連邦議会が直後に議員立法で成立させた国内法「台湾関係法」があるからだ。この法律は台湾の安全が脅かされる事態には、大統領が適切な措置を講じることを義務付けている。時の大統領、ビル・クリントンの決断が注目された所以《ゆえん》だ。

そのクリントン大統領は一九九五年一二月一九日、台湾海峡に原子力空母ニミッツを派遣、随伴艦四隻を従え海峡をゆっくり通過させた。米艦船がこの海域に入るのは一九年ぶり。ニミッツは一九七五年五月に就役した世界最大級の空母であり全長三三二m、ヘリコプターを含め約五〇～七〇機を搭載、約五千人が乗り組んでおり、アメリカの軍事力のシンボルだ。空母派遣でアメリカの毅然とした意志を示しながら、クリントンは一ヵ月後、佐世保港を母港とするドッグ型揚陸艦フォート・マクヘンリーを上海へ友好訪問させ、協調路線の用意もあるというシグナルを中国当局に送った。

だが江沢民と首相の李鵬《りほう》は強硬路線をさらにエスカレートさせ、一九九六年三月五日には、台湾北部の基隆港沖と南部の高雄港近海で八日から一五日までミサイル発射訓練を実施すると発表、大陸沿海部では海空の実弾合同演習、沿岸部の小さな島への上陸演習を実施するなど台湾を威嚇し続けた。

軍備増強を通じた人脈培養で軍内の支持基盤を拡大させ続けた江沢民は二期目に入っていた。かつて毛沢東が建国直後に中央軍事委員会主席としてチベットに侵攻して政治基盤を盤石なものとし、さらに一九七九年、副総理だった鄧小平がヴェトナム侵攻を指揮して中央軍事委員会主席として軍に揺るぎない地位とカリスマ性を築いたように、江沢民も中央軍事委員会主席として、先頭に立って軍を指揮できる男だと人民解放軍幹部に認知される必要があったという。鄧小平のヴェトナム侵攻はソ連と手を組んだヴェトナムへの「懲罰」と大時代的標語を掲げたものの、実際はほとんど負け戦だったが、軍の近代化の必要性を認めさせる契機ともなり、さっさと撤退して侵攻の真の目的を果たした。

総統選の投票日は二三日に迫っていた。中国当局は台湾を揺さぶれば李登輝離れが起こり、対立候補の彭明敏《ほうめいびん》（民主進歩党）が勝利することに希望をかけたのかもしれない。だが、自由で公正な選挙に対する、これほどまでにあからさまな軍事力による威嚇の拡大を、米国はもはや座視できなかった。クリントンは横須賀港を母港とする原子力空母インディペンデンス（乗員約四千人、艦載機七〇～九〇機）とその随伴艦を台湾東海岸沖に派遣、台湾南部にミサイル巡洋艦バンカーヒルを配し、ミサイル訓練を監視させた。さらにアラビア湾に展開していた空母ニミッツに即座に台湾近海に急行することを命じ、今度は七隻を随伴したニミッツは一週間ほどかけて投票日前に到着、さらに六隻の米艦船もこれに合流した。

中国の首相・李鵬は「台湾海峡で武力を誇示するな」と米国に警告したが、国防長官ウィリアム・ペリーは「中国は強大な軍事力を有してはいるが、西太平洋で頂点に立つ最強の軍事力を持っているのはアメリカだ」と一蹴した。

中国は台湾の沿岸近くにミサイルを発射したが、アメリカと事を構える気はなかった。だが、アメリカの台湾関与の本気度を測る絶好の機会ととらえていたことは確かだろう。これに対し米国は、二隻の空母を派遣することで、これ以上の挑発は許さないという強い意志を示し、さらには武力攻撃も辞さないという姿勢を示した。ケネディー大統領が一九六二年にキューバを封鎖し、ソ連のフルシチョフに断固とした決意を突きつけた事例が思い起こされる。

米中国交正常化で台湾から駐留軍を引き上げたとはいえ、米国にとって台湾は西太平洋の防衛線上にある。また、台湾を守るという約束を果たせない超大国は一気に信頼を失い、超大国の座からも転落することを米国は自覚していた。米国の決意を、世界が注視していたからだ。

中国のもくろみに反してというべきか、中国の強硬姿勢が逆に作用したというべきか、総統選は李登輝が五四・〇%の得票率で、対立候補の彭明敏の得票数の二倍強を獲得して圧勝した。新総統の就任日は五月二〇日。その一ヵ月前の四月二三日、鄧小平が最も信頼を寄せた腹心で、江沢民の後ろ盾に据えた中央軍事委員会副主席の劉華清は「台湾は中国の不可分の一部分である」、「平和的統一と一国二制度は堅持するが、外部の勢力が介入したり台湾が独立しようとするなら武力を行使する」と述べた。だがこの発言は、軍のメンツを守るために敢えて建前をアピールしたに過ぎないだろう。中国当局はこの後、米国との協調を模索し、米国も同様の進路をとった。

ニクソン訪中から市場開放へ

アメリカの大統領はトルーマン、アイゼンハワー、ケネディー、ジョンソン、ニクソンの五人がインドシナ戦争・ヴェトナム戦争に関わったが、一九六九年に就任したニクソンが泥沼のヴェトナム戦争に終止符を打って再選を目指す戦略を描いたことで、アメリカの台湾・中国政策は大きな転換点を迎える。

一九七一年七月と一〇月、大統領の安全保障担当補佐官ヘンリー・キッシンジャーがパキスタン経由で秘密裏に北京を訪れ、周恩来と会談、翌春のニクソン訪中で国交正常化に道筋をつけることで合意した。二人の会談は当初、キッシンジャーが中国に対しヴェトナム政府へ停戦受け入れを働きかけるよう求め続け、周恩来優位で始まった。しかし、中ソ対立でソ連の核攻撃を恐れた中国が北京に核シェルターを建設していた時代であり、周恩来はソ連とアメリカと日本が組んで中国に攻め込むのではないかという不安に取りつかれていることを話した時点で形勢が逆転、後半はキッシンジャーのペースで進んだ（中国は会談記録を公表していない）。

一九七一年一〇月の国連総会で中華民国が追放され、中国が国連加盟を果たして、安保理常任理事国の地位を引き継いだ。台湾は国連の一加盟国として国連に留まる道も残されていたが、蔣介石はこれを蹴った。

ニクソンは一九七二年二月に訪中し「上海コミュニケ」を発表。その後、第三九代大統領に就任したジミー・カーターが一九七九年一月一日付で中国との正式な外交関係を樹立したが、中国との関係を一挙に深化させたのは民主党の第四二代大統領のウィリアム（ビル）・J・クリントンだ。

もともと選挙戦でクリントンは、前任者で再選を目指した共和党のジョージ・H・W・ブッシュ（父親）の対中政策を「独裁者たちを甘やかしている」と厳しく批判し続けて当選を果たした指導者だった。よって、中国との正式な外交関係が樹立されても、両国のパイプは細いままだったし、経済関係も深まらなかった。

一九八六年に米中ビジネス協議会（USCBC）の理事長に就任したロジャー・サリバンは、就任当時の世相を「中国との貿易という表現はジョークだった。中国は貧しく、お金がなく、何も買えなかった」と回想している。中国とのビジネスと言えば、広州で開催されるビジネスフェアに参加することぐらいだったのだ。

流れが変わり始めるのはクリントンが大統領に就任した後の一九九〇年代半ば、ゼネラル・モーターズ（GM）が上海の自動車メーカーと初めての合弁企業を立ち上げてからだ。一九八九年六月の天安門事件で水をさされ、それまで年限を定めて更新の可否をその都度判断していた中国に対する「最恵国待遇（MFN）」の更新問題が大きな政治問題となった時、クリントンは中国を「北京の虐殺者」と呼び「最恵国待遇は中国を甘やかすだけだ」と公言していた。

ところが任期も残り一年足らずになって、クリントンは政治的レガシー（遺産）を追求し始めた。一九九九年一一月に米中二国間交渉が妥結を経て、「中国に市場開放を促し貿易赤字を解消する」政策を打ち上げ、中国のＷＴＯ（世界貿易機関）加入に道を開くため、中国を「恒久公正貿易関係（ＰＮＴＲ）国」と認める「中国貿易法案」を議会に提案したのだ。連邦議会は共和党が多数を占めていたが、クリントンは「世界で最も人口が多い国との貿易関係を正常化する」、「アメリカの企業は初めて、アメリカの労働者が作った製品を中国に売ることができるのだ」、「工場進出や技術移転をしなくても、アメリカの労働者の仕事を減らすことなしに、製品を輸出できるのだ」と熱烈に訴えた。最も強烈なセリフは「われわれは何もしなくていい。中国が市場を開き、関税を一挙に下げるのだ」というバラ色の夢だった。クリントン政権の国家安全保障担当補佐官のサンディ・バーガーは「中国のＷＴＯ加盟で、中国は国際的ルールの仕組みに従って行動することになる」とまで語ったのだった。クリントンは二〇〇〇年三月八日にジョンズ・ホプキンス大学で行った演説で、米中関係の歴史を振り返って「自分の青春時代は、冷戦下、だれが中国を失ったのか（共産主義者に引き渡したのか）という政治的議論が白熱していた」と回想してみせたが、自分こそが今、中国をアメリカに引き戻したのだとの感慨に浸ったのだと思う。

膨らむ対中貿易赤字

アメリカから「恒久公正貿易関係（ＰＮＴＲ）国」のお墨付きをもらったことでＷＴＯ加盟

の関門を突破し、二〇〇一年一二月、中国はＷＴＯの一四三番目の加盟国となった。ロシアの加盟の一一年前だ。既に一九九九年の憲法改正で私営・非公営企業が認められており、「改革開放」路線を進めて海外からの資本誘致を強力に推進した。中国は通貨「元」を対ドルに安く固定し、人件費の低さを武器に猛然と輸出攻勢をかけ、資本を蓄積した。日本の高度成長期の政策のコピーだった。ほどなく中国は「世界の工場」となる。

だが、クリントンの決断は大きな誤算であることが明らかになる。クリントンは自国民にバラ色の夢を振りまくだけに終わり、中国にはバラ色の成果を与えたのだった。中国にはアメリカに売るものがあったが、アメリカには中国に売るものがなかった。「マニュファクチュアリング・アンド・テクノロジー・ニューズ」社の創設者、リチャード・Ａ・マコーマックによると二〇〇〇年のアメリカの対中貿易赤字は八三〇億ドルだったが、二〇〇九年には二二七〇億ドルにまで悪化した。アメリカは製造業で全労働者の三分の一に当たる五六〇万人が職を失い、所得も低下し続けた。今日に至る、白人中産階級の没落を招来したのだ。

レーガン政権でアメリカ通商代表部次席を務めたロバート・ライトハイザーは「アメリカの過ちは中国をもう一つの民主国家のように扱ったことだ」と批判し、ＷＴＯの前身である「関税および貿易に関する一般協定（ＧＡＴＴ）の大原則は民主主義と資本主義なのだ」とした上で、「中国はＷＴＯを、彼らの望むように他国の市場に入らせてくれる便利な乗り物だと信じ続けている」と、クリントンのレガシーの虚構性を暴いている。世界の工場となった中国は急速に経済力をつけ、やがて経済力を背景に軍備拡張路線を突っ走り始めた。

ライトハイザーが指摘した懸念は、二〇一〇年九月に現実のものとなる。尖閣諸島近くで日本の海上保安庁の巡視船に、漁船を装った中国船が執拗に体当たりを繰り返した。中国政府は中国が被害者だと主張して日本に懲罰を与えるかのようにレアアース（希土類《きど》）の禁輸に踏み切った。しかも国家ぐるみで価格操作を行ったのだ。日本政府はＷＴＯに提訴したが、中国はこれを完全に無視した。二〇一四年八月、中国政府の敗訴が確定したが、それでも中国政府は悪びれるどころか開き直りを続けた。この間、世界の企業はレアアースの使用量を極力減らす取り組みを続け、中国のレアアース価格は暴落した。中国の対応スタイルは共産党の一党独裁のせいもあるが、根底には国際ルールを軽視する体質がある。経済的に不利益をこうむらないと、中国はルールを遵守《じゅんしゅ》しようとしないのである。

三度にわたる台湾海峡危機は、中国当局の思考・行動回路を如実に示した事例だ。また、台湾海峡危機は、空母の抑止力の大きさを改めて世界に知らしめ、国際政治に劇的な役割を果たし得ることを実証した事例だった。

第三次台湾海峡危機では米中双方が軍事力を誇示し合ったが、双方に軍事衝突の意図は毛頭なく、慎重に間合いを測りながら相手の出方を探り合った。

李登輝へのビザ発給問題で、江沢民は米連邦議会が持つパワーの大きさと中国に対する厳しい世論に初めて気づき、これ以後、二国間の信頼の枠組み構築を外交の最優先課題に据えた。一九九七年一〇月には国賓として米国を訪問してクリントンと会談、二〇〇二年一〇月の訪米ではブッシュと会談するなど「米中の時代」を切り開いた。一方で、米国の圧倒的軍事力を前に引き下がらざるを得なかった屈辱をバネに、軍事予算を毎年二桁の伸び率で膨張させ続け、米国に対抗すべく軍事力増強を重ねていく。その視線の先には、海軍力の象徴である航空母艦の存在があった。

蔡英文とトランプの登場

二〇一六年五月二〇日、台湾独立を掲げる政党・民進党の蔡英文《さいえいぶん》が第一四代中華民国総統に就任した。立法院（国会）の議席も民進党が過半数を握る盤石の体制だ。中国は「一つの中国」を認めるよう盛んに牽制してきたが、軍の機関紙『解放軍報』によると五月一六日、台湾と向かい合う福建省厦門に駐屯する第三一集団軍は艦船や航空機を動員した大掛かりな上陸演習を行った。ただ、台湾西海岸は遠浅の海で、上陸に適した場所はない。露骨な政治的メッセージである。

世界が注目した蔡英文の就任演説は、揺るぎのない口調で就任の決意を述べたが、「一つの中国」には言及しなかった。蔡が両岸関係の鍵として挙げたのは①一九九二年に台湾と中国が二度にわたり会談したのは歴史的事実であり、異なる点はそのまま残して合意点を探ろうとしたのも歴史的事実である、②中華民国は憲法に基づく政治体制である、③両岸は過去二〇年来協議し交流を重ね成果を上げてきた、④台湾は民主主義に基づき、普遍的民意にしたがう、⑤外交と世界にかかわる議題――以上の五点は新政府が（両岸関係で）承認しなければならない要件であり、新政府は地球市民としての責任遂行に最善を尽くす、という主張を明快な論理で展開している。アメリカ政府は就任式にかつてないほどの規模で参列者を送り込んだ。

就任早々、蔡は前任者・馬英九が中国寄りに改編した学習指導要領を民進党政権時代のものに戻した。経済面でも前任者が進めた中国依存を改め、世界との結びつきを強化する方針だ。台湾海峡は再びフラッシュポイントになり、きな臭くなるだろうが、今のところ台湾の民意はこれを支持している。

もともと台湾は大航海時代にポルトガルが発見し、オランダの植民地となった歴史がある。清王朝に反旗を翻した鄭成功がオランダ勢力を追放して拠点としたが、清王朝に敗れた。中国の王朝として初めて台湾を版図に組み入れたのは、清王朝の第四代皇帝、康熙《こうき》帝の時代、一六八三年のことだ。

清王朝は台湾に役人を置いたが、統治に力を尽くすという発想はなかったようだ。大陸国家の清王朝にしてみれば、辺境の島など取るに足りなかったというのが正直なところだろう。全島を統治しようとはせず、漢人と先住民の居住区を分離し、地図上に「土牛紅線」と名づけた赤い線を引き、漢人にはこの線を越えて内陸部へと入ることを禁じた。

一八九四年の日清戦争に敗北した清王朝は、翌一八九五年（明治二八）四月一七日に調印した下関条約で遼東半島、台湾全島と付属島嶼、アモイの東方の台湾海峡に浮かぶ澎湖島を日本に割譲し、賠償金二億両（当時のレートで約三億五千万円）を支払った。こうして日本が半世紀にわたり台湾を統治したのだ。中国は「一つの中国」、「台湾は中国の一部」と強硬に主張し続けているが、中国共産党は台湾を統治したことがない。これが歴史的事実である。

米中は、国交正常化を進めた一九七二年二月、当時のアメリカ大統領リチャード・ニクソン訪中に関する共同声明を発表した。先述の、いわゆる「上海コミュニケ」だ。この中で宣言したアメリカの立場は「アメリカ合衆国は、台湾海峡をはさむ両側のすべての中国人が、中国はひとつであり台湾はその一部である、と主張していることを認める」というものだ。だが、中国国民党が大幅に勢力を失った今、台湾の民意は「自分たちは台湾人であり、中国人ではない」というのが主流である。蔡の就任で、アメリカは台湾に対する及び腰の態度を改め、軸足を台湾寄りに移し始めるだろう。既にアメリカ連邦議会は、軍事演習への台湾部隊の参加に始まる軍事的結びつき強化を模索し始めている。

世界を驚かせた二〇一六年一一月のアメリカ大統領選でドナルド・トランプが当選したが、トランプは一二月二日、ツイッターで「今日、台湾のプレジデントが電話で祝意を伝えてきた」との爆弾級の〝つぶやき〟を発した。一九七九年の米中国交正常化とそれに伴う米台断交以来、台湾総統と直接接触しないという外交慣例を破ったのだ。しかも「プレジデント」という言葉を用い、同日フィリピン、アフガニスタン、シンガポール三国の大統領・首相とも電話会談したことを明かし、台湾をこの三国と同格に扱ったのだ。

「プレジデント」とは中国が英文表記で国家主席だけに付ける呼称である。アメリカの親中派の大御所ヘンリー・キッシンジャーと習近平とが北京で会談したタイミングをとらえてのつぶやきは、強烈なあてつけである。

さらにトランプは中国の抗議を受けると、一二月四日、またもやツイッターで「中国はわれわれに南シナ海の真ん中に本格的な軍事施設を建設していいかどうか了承を求めたのか。私はそうは思わない」と、中国がもっともいやがるポイントを突く逆襲のパンチを見舞った。さらに中国の為替操作についても「中国は彼らの通貨を切り下げることやアメリカの製品に重い関税をかけることについてわれわれに了承を求めたか。私はそうは思わない」と切り返した。一二月二日のつぶやきについて中国外相の王毅《おうき》は「台湾が小細工している」と矛先を台湾に向けるのが精一杯だったが、四日のつぶやきについては、さすがに反論のしようもなく沈黙している。

トランプは常識や慣例、外交の約束事を度外視した真っ向からの野卑な言動で大統領の座を射止めたが、今回のつぶやきは周到に準備されていると感じる。自由に発言しやすい次期大統領という身分で言葉を発し、しかもタフな交渉相手であることを一方的に見せつけた。短文のつぶやきだから余計に鮮烈な印象を保つことができる。中国人は強気で臨んでくる相手に弱い。

最初のつぶやきと同日の一二月二日、連邦下院は国防総省に台湾との軍高官や政府高官との交流プログラム作成を義務付ける「二〇一七年国防授権法」を可決した。断交以後では初めてのことだ。

トランプは商取引の駆け引きを駆使するタイプだから、台湾を中国との駆け引き材料に使うつもりかもしれないという危惧はある。辟易《へきえき》するほど野卑の極みのような人物だが、「一つの中国」の見直しに言及し、「一つの中国」が虚構であることを率直に世界に示したことは評価できる。「一つの中国」は泥沼に陥ったヴェトナム戦争を終わらせ、大統領リチャード・ニクソンの再選を目指すため、米国が膝を屈して中国にヴェトナムへの影響力行使を仰いだ際、中国に渡した〝証文〟である。ニクソンとキッシンジャーは台湾の蔣介石を切り捨てるに当たって、ややあいまいな文言ではあるが「一つの中国」という虚構にしがみついた。これに対し、米連邦議会は大統領の権限に枠をはめるため「台湾関係法」を成立させた。台湾への関与を国内法で保証したのだ。

トランプは、もう〝証文〟には効力がないと脅しているが、台湾を経済交渉のカードに使うと、中国は台湾と外交関係を結んでいる国々の切り崩しや、国際会議からの締め出しなど、立場が弱い台湾への圧力強化に動く。台湾海峡はまたまた、きな臭さを増すだろう。短文のツイッターだから一定の効果はあったが、度が過ぎると破綻を招きかねない。

日本の進むべき道も明快だ。日米は二〇〇五年二月の日米外相・防衛相会議（2＋2）で、両国の共通戦略として「台湾海峡に関する問題は対話を通じて平和的に解決するよう促す」ことを明記している。日本はこの時、初めて台湾海峡問題に国是として一歩踏み込んだのだ。

蔡英文の就任で中国は焦りの度を強め、国内政治も絡んでより強硬になるだろう。新たな台湾海峡危機がないとは限らない。台湾海峡の幅は約一五〇㎞、中国沿岸の基地を発進した最新鋭戦闘機ならわずか七分で台湾上空に到達する近さだ。中国が強硬になればなるほど、台湾の民心は反中の度を強める。日本は平和解決の重要性を繰り返し主張し、国際社会の合意形成に寄与すべきだ。台湾との経済的な関係強化はもとより、幅広い分野での交流を強化しなければならない。

第八章　原子力空母の時代

「海を支配するのは安全保障の手段であり、海の支配は平和であり、海の支配は勝利を意味する」（アメリカ第35代大統領ジョン・F・ケネディー）

「中国のゴルシコフ」劉華清の海洋戦略

「中国の航空母艦を目にするまでは、私は死んでもまぶたを閉じはしない（不搞航空母艦、我死不瞑目）」――沿岸防御から海洋進出へと大転換する中国の海軍戦略と作戦方針を初めて提議した海軍司令員（長官）劉華清が一九八七年、中国メディアのインタビューに答えた際の言葉だ。時の最高権力者、鄧小平の支持を得ていたとはいえ、劉はその時齢《よわい》七一歳。「中国は何としても航空母艦を建造する」との誓いは、自らを奮い立たせる言葉でもあったろう。

この発言の七年前の一九八〇年五月、訪米した劉は空母キティホーク（排水量六万二二〇〇トン）に乗艦し、その規模の大きさと航空母艦攻撃群の作戦能力の高さを目の当たりにした。中国の軍人が米空母に乗艦したのはもちろん劉が初めてだ。劉は一九六五年に原子力潜水艦の製造に

劉華清

着手する報告書を自ら起草し、七四年八月に原潜・長征一号配備を実現させた輝かしい実績があった。劉にとって、航空母艦は自身の海軍戦略構想の視野に入っていたが、米空母への乗艦体験は強烈な印象を与え、自らの海洋戦略構想に自信を深めたことは間違いなかろう。

劉は共産党中央軍事委員会副秘書長に就任し、八八年には海軍司令員を退任した。このまま行けば、劉の海軍戦略は幻となるはずだった。ところが一九八九年六月、世界を震撼させる大事件が北京で起きた。民主化を求める学生や労働者に軍が発砲して大弾圧した天安門事件だ。事件は、ゴルバチョフ・ソ連共産党書記長の北京訪問を報道するため、世界のメディアが北京に集まった最中に発生、機銃掃射しながら走る戦車と逃げ惑う若者の映像は全世界に流れた。メンツを失った鄧小平の怒りは凄まじかったようだが、中国も国際社会の指弾を浴びることになった。

ここで中国は海軍のカリスマ・劉華清の再登板を求めることになる。

かつて「たとえ天と地がひっくり返っても、胡耀邦《こようほう》と趙紫陽《ちょうしよう》がいるから安心だ」と語っていた鄧小平は、民主化を掲げ保守派の批判を受けた胡耀邦に続き、学生たちに同情を寄せた趙紫陽の二人を立て続けに切り捨てたが、手駒を失った鄧は一日も早く政治的混乱を収拾し権力基盤を固め直す必要があった。そこで目をつけたのが、上海市党委主席ではあったが、ほとんど無名の江沢民だった。一旦は就任を固辞した江沢民を説得して主席に据えると、引退生活を送っていた劉華清を呼び戻して中央軍事委員会副主席に就け、軍にまったく人脈がなかった江沢民の後ろ盾とした。劉はこの後中国共産党の頂点に立つ党中央政治局常務委員に就任、軍の近代化と発展を一貫して推進した。

中国の真のトップの座は国家主席や共産党総書記ではない。共産党が〝指導下〟に置くことになっている党中央軍事委員会主席だ。毛沢東がかつていみじくも語ったように「政権は銃口から生まれる」、つまり軍権こそ権力の源なのだ。新中国でこの座についた者はわずか六人しかいない。三一年間この座を手放さず君臨した毛沢東、文化大革命収拾期の華国鋒《かこくほう》、政権を背後から操った鄧小平、鄧小平から抜擢された江沢民（上海市共産党書記長）、チベットの暴動を戒厳令で鎮圧し鄧小平の支持を得た胡錦濤《こきんとう》、そして二〇一二年一一月に就任した習近平である。

江沢民の力の源泉は軍の支持をいかに盤石にするかにかかっており、劉華清の後見で軍の歓心を買ってその基盤を整備した。それは必然的に毎年二桁増という軍事予算膨張と産軍複合体制、そして軍人の政治進出を招くことになった。今日の中国の覇権国家的振る舞いの源泉は劉華清が源であると言っても過言ではなかろう。

劉華清はソ連に留学し、マハンの熱烈な信奉者だった海軍元帥セルゲイ・ゴルシコフに師事、帰国後海軍司令員となり海軍の近代化に道を開いた。ゴルシコフはその著作『ソ連海軍戦略』で「現代の大国はすべて海洋国家である」、「強力な艦隊を持たぬ故に、ロシアは大国の数の中に入れなかった」、「わが海軍兵力は潜水艦と航空機を第一位に起用し得る客観的能力を持っている」などと記している。若き日の劉華清の脳裏にはこれらゴルシコフの言葉が刻み込まれたであろう。

劉は彼の海軍建設構想において「第一次列島線」「第二次列島線」という軍事戦略ラインの概念を初めて導入した。「第一次列島線」とは九州、沖縄、台湾、フィリピン、ボルネオ島を結ぶライン、「第二次列島線」とは伊豆諸島、小笠原諸島、グアム、サイパン、パプアニューギニアを結ぶラインで、この内側を作戦区域とすることを宣言したわけだ。大胆で露骨な線引きであり、海軍大国アメリカに挑戦状を突き付けたに等しい。

中国初の空母・遼寧号の能力

劉の航空母艦開発発言から二四年後の二〇一二年九月二五日、大連の造船会社から中国海軍に待望の航空母艦・遼寧号が引き渡された。日本はもとより、海外メディアも、中国海軍が本格的に外洋に乗り出すとの論調の記事であふれた。

遼寧号はソ連崩壊で建造が中止され、装備を外してスクラップ状態になっていたクズネツォフ型空母ワリャーク（北欧の海賊、ヴァイキングの意。排水量六万トン）の船体を、中国企業がウクライナ政府から購入したものだ。マカオでカジノ付ホテルにするという名目だったが、購入したのは中国軍系企業であり〝予定通り〟軍需工場で改装された。中国は一九八五年にオーストラリアから退役空母メルボルン（排水量二万トン）を購入し徹底的に解体研究を重ねたといわれる。さらに九〇年代にロシアからキエフ級空母（排水量四万一千トン）のキエフとミンスクを〝スクラップ〟として購入している。

遼寧号は艦の長さ三〇六ｍ（うち飛行甲板二〇七ｍ）、幅七三ｍで排水量六万五千トン。通常型エンジンによる八基のボイラーを搭載している。最大の特徴は艦首部分がスキージャンプ式甲板になっており、角度一二度の勾配が付けてあること。スキージャンプ式甲板はアメリカの空母のカタパルト（射出機）と異なり、飛行機を加速する装置ではない。勾配甲板を滑走することで空中にふわりと舞い上がるだけだ。ワリャークの兄弟艦で一九九〇年に就役したロシア唯一の現役空母アドミラル・クズネツォフはこの甲板の勾配が一四度で、艦載機のSu―33は一〇五ｍの滑走路を時速一八〇km～二〇〇kmで発進するが、空母を離れた瞬間、機体は重量のため一五ｍ落下する。エンジンは加速し続けており、この瞬間から上昇に転じ八秒から一〇秒で通常の飛行モードに移る仕組みだ。クズネツォフの吃水《きっすい》は一〇ｍだから、スキージャンプ式甲板で発進高度を確保できないと海面に落下する。この甲板では重量がある機体は飛び立てない。これが最大の弱点だ。

スキージャンプ式甲板を備えた中国初の航空母艦・遼寧号

　アメリカの空母では、まず敵の電波を撹《かく》乱・攻撃するジャミング機が飛び立って戦闘空域の電子戦環境を整え、次いで作戦司令塔の早期警戒管制機が飛び立ち、戦闘機がこれに続く。スチーム・カタパルトは停止した重量二一・八トンの機体を二秒で時速二六五kmまで加速し艦の前方に発射する能力がある。

一方、中国は現代戦に欠かせない早期警戒管制機やジャミング機を持っていてもスキージャンプ式甲板では機体が重すぎて飛び立てない。遼寧号に搭載している戦闘機J－15は、ソ連のクズネッツォフの艦載機Su－33のコピーだが、エンジン出力が十分ではなく、燃料を満タンにしたり、ミサイルをフル装備すると重量オーバーで飛び立てない、と専門家は分析している。さらに通常エンジンの空母は艦自身の航行のための燃料スペースが大きく、必然的に搭載戦闘機数は二〇機以下にしなければならないという制約もある。

さらに、日本人が問いかけもしない問題がある。それは、クズネッツォフが優れた空母なら、なぜロシアは後継艦を建造しないのか、という疑問だ。ロシアは抑止力として中途半端な空母を持つより、原子力潜水艦建造を選んだのであり、何千人もの軍人を乗務させるものの魚雷一発で沈む空母よりは費用が桁違いに安いのだ。しかも大陸国家ロシアには、アメリカの向こうを張って海を越えて軍を派遣し、世界の警察官の役割を果たす意志がなかった。

米原子力空母の攻撃力

アメリカ海軍の航空母艦と比較してみよう。保有艦数は一九七五年五月に就役したニミッツを一号艦とし、これと同じデザインの後継艦はアイゼンハワー、カール・ヴィンソン、セオドア・ローズヴェルト、アブラハム・リンカーン、ジョージ・ワシントン、ジョン・ステニス、ハリー・トルーマン、ドナルド・レーガン、ジョージ・ブッシュの計一〇隻（二〇一六年現在）。各艦の仕様は微妙に異なるが、概ね艦長三三〇m、幅約七七mで排水量九万七千トン。全艦とも原子力を動力とし、二基の原子炉で四本のスクリューシャフトを回転させ、速度は三〇ノット（時速約五五㎞）以上だ。搭載航空機数は艦により異なるが六〇機以上となっており、乗組員は操船要員、航空機整備要員、パイロットなどで最大五二〇〇人。就役年数五〇年で途中一回だけ核燃料を交換する。艦内にはコーヒーショップもあればスーパーマーケットもあり、さながら一つの町をなしている。朝食のベーコンエッグ用だけでも毎朝一万個以上の卵が必要で、食糧の補給だけでもいかに大がかりになるかご理解いただけるだろう。

米空母カール・ヴィンソンから発進するF/A18ホーネット

航空母艦が作戦海域に出向くには、食糧、燃料、弾薬などの輸送が安全に行われる態勢が整っているのが前提条件になる。潜水艦だと大きくても艦長一〇〇m程度、乗組員は大型艦でも一〇〇人～一三〇人ほどで済む。しかも潜水すればこれを発見するのは容易ではない。

原子力空母の搭載機数が六〇機程度の仕様では少ないと思われるかもしれないが、日本の航空自衛隊の主力戦闘機F―15J／DJの保有機数は二〇一機（二〇一五年三月末現在）。これを全国の基地に分散配備している。空母一隻に六〇機というのは、大変な攻撃力であることが分かる。

水泳を楽しむ米空母アイゼンハワーの乗組員

さらに二〇一七年に就役した最新鋭空母、フォード級空母の第一号艦であるジェラルド・フォードを見てみよう。艦の大きさや原子炉の数、速度、就役年数などの基本仕様は従来の空母と変わらないが、最新鋭の装備を備えている。カタパルトは従来のスチーム・カタパルトからリニアモーターカーと同じ原理の電磁誘導方式（EMALS）を導入、カタパルト装置の収納スペースが格段に小さくなる上、射出パワーを調整できるため飛行機の機体に無理がかからず、無人機も発射できる。六〇メガワットのシステムは発射できるまでの所要時間がわずか三秒、発射力は三〇%向上し、戦闘機でも時速約三三〇㎞まで加速できる。また着艦時に甲板に渡したワイヤーで機体を捕捉するアレスティング・ギア・システムは、衝撃緩衝にタンクにためた水も用いる新方式で、着艦した航空機を二～三秒、制動距離一〇三mで停止させる。艦が備えるレーダーも二つの帯域を使い高高度と海面域の両方を捕捉するデュアル・バンド・レーダーを用いている。技術の高度化で乗組員は七〇〇人減の四五三九人、航空機の搭載機数は七五機以上となった。一番の弱点は建造コストで、一三〇億ドル。二〇一六年五月二五日現在の相場は一ドル＝約一一〇円なので一兆四三〇〇億円に当たり、さらに金食い虫になっている。フォード級の二番艦ジョン・F・ケネディーも二〇一五年八月に建造が始まっている。ジェラルド・フォードの就役年数は五〇年、二〇六六年まで現役として活動する予定だ。

空母上での大惨事——計八千人が犠牲

航空母艦の攻撃力の目安は、搭載機をどれだけの頻度で出撃させることができるかだ。発進して作戦を終え帰還することを「ソーティー」という単位で呼び、一日あたりのソーティー数をソーティー・ゼネレーション・レイト（SGR）と呼んで攻撃能力を比較する。アメリカ海軍では現在平時一二〇ソーティー、戦時一八〇ソーティーと設定しているが、フォード級ではこれが三三％向上する。無人機の使用も可能になることで艦の作戦能力は一段と向上する。

ただ、これだけの能力を発揮するには乗組員の錬度を上げなければならない。戦闘機が発進するには機体整備、燃料注入、ミサイルなどの装填を艦内で済ませてからエレベーターで飛行甲板に上げる。この時、先に発進していた戦闘機が任務を終えて着艦し、エレベーターで艦内に降ろし整備、注油、ミサイル装填を繰り返すため、飛行甲板はさながら戦争状態になる。

一九六七年七月二九日午前一〇時五二分、ヴェトナム戦争に出動し北ヴェトナム沖で同日第二波の作戦行動を展開していた空母フォレスタル甲板上で、F－4ファントム機のロケット弾が誤って発射され、離陸の順番を待っていたA－4スカイホーク戦闘機に命中、同機の燃料が漏れ始めて引火した。さらに同機の四五〇kg爆弾が甲板上に落下。爆弾は落下から一分半後に爆発し、大火災となった。甲板上の爆発は艦内へも伝わり、燃料と爆弾類が爆発を繰り返す大惨事となった上、近くから救援に駆け付けた空母オリスカニーも火災に巻き込まれてしまった。

フォレスタルでは一時間後に甲板上の火災は下火になったが、艦内の火災は一二時間に及び、

空母フォレスタルの火災

乗組員は爆弾やロケット砲弾を安全な場所に移す作業に追われた。フォレスタルはフィリピンで応急処置を施し、母港ヴァージニア州ノーフォークで本格的修理に取りかかったが、復帰するまでに七ヵ月を要した。離艦を待っている時にロケット弾を被弾したA－4スカイホーク戦闘機のパイロットは事故の三ヵ月後、ヴェトナム戦争で捕虜となり、帰国後、政界に進んだ。連邦議会のタカ派上院議員として今も活躍しているアリゾナ州選出のジョン・マケインだ。

この事故では合計一三四人が死亡、六四人が負傷し、米海軍史上最大の事故となった。多くのパイロットが戦闘機に乗って待機していたため、操縦席に閉じ込められたのも被害を大きくした。航空母艦でジェット機が安全に離艦・着艦を繰り返すことができるようになるまでには、不断の錬度向上が要求されるし、甲板上は戦場さながらの危険に満ちている。航空母艦にジェット機が搭載されて七年目の一九五四年だけでも、海軍と海兵隊は航空機七七六機と五三五人の軍人を失っている。たった一年の記録だ。一九四八年から一九八八年までの累計では八五〇〇人の命と航空機一万二千機以上を失っている。空恐ろしい数字だ。航空母艦を維持するにはこうした非情な現実に耐えなくてはならないということなのだ。

二〇一四年九月、中国空母・遼寧号のテスト・パイロット二人が試験中に死亡していたことが分かったとのニュースが伝えられた。中国が空母を本格運用したいと思うなら、かなりの犠牲者を覚悟しなければなるまい。もう一点見落とせないのは死亡したのがテスト・パイロットである点だ。新鋭機の開発では、まずテスト・パイロットが仕様通り飛行機が完成しているか飛行実験を繰り返し、次いでテスト・パイロットが教官となるパイロットを訓練し、この教官が一般パイロットを指導するという流れになる。テスト・パイロットの死亡は、パイロット育成計画にも大きな影響を与えたはずだ。

キューバ危機――核戦争の恐怖

東西冷戦のさなか、一九六二年一〇月の「キューバ危機」は核戦争の恐怖で世界を凍らせた。同月一六日から一三日間にわたってアメリカとソ連が一触即発のにらみ合いを続け、世界中が今にも核戦争が起きるのではないかと固唾をのんで推移を見守った。当時中学生だった筆者は、新聞・テレビの重苦しい報道の日々を鮮明に記憶している。

キューバはアメリカのフロリダ半島から南に一四五㎞の位置にある島だ。一六世紀初頭にスペインの植民地となり、一九世紀末の米西戦争で勝利したアメリカが独立させたが、実質的には保護領として統治活動を行った。しかし、一九五九年にカストロやチェ・ゲバラによるキューバ革命が成功、新政権はアメリカのビジネス権益を一方的に接収した。怒ったアメリカは一九六〇年三月、大統領アイゼンハワーがＣＩＡ（中央情報局）にキューバ侵攻作戦の立案を指示、ＣＩＡはフロリダ半島に多数逃れてきていた亡命キューバ人で「ブリゲイド２５０６」という部隊を編成し、キューバを攻撃する作戦を立てた。四三歳の若さで政権を引き継いだ第三五代大統領ジョン・F・ケネディーはこの侵攻作戦に同意し、一九六一年四月一七日、ピッグス湾に侵攻させたが、カストロ指揮下のキューバ軍にわずか二日間で敗退した。

共産主義の南アメリカへの広がりを懸念したケネディーは、国家安全保障会議（NSC）に命じてカストロ暗殺を含む「マングース作戦」を準備、九月にはキューバがソ連製爆撃機を配備していることもわかり、アメリカは作戦決行を一九六二年一〇月に予定していた。

まさにこの一〇月の一日、フィンランドの北東部に位置するソ連の軍港ムルマンスクから、四隻の潜水艦がキューバの首都ハバナ近郊のマリエル湾に基地建設の密命を受け向け出港していた。潜水艦はNATO（北大西洋条約機構）軍が「フォックストロット」級と呼んでいるディーゼル・エンジン潜水艦B－4、B－36、B－59、B－130の四隻で、それぞれ二一基の通常型魚雷と一基の核弾頭付魚雷を配備していた。一三日にはアメリカの軍事油送船が、ベネズエラの首都カラカス沖でこのうちの一隻が浮上航行しているのを確認、さらに同日、大西洋でソ連潜水艦多数が活発に動き回っていることも分かった。キューバへの基地建設の決定的証拠を探すアメリカは一四日、偵察機U－2がようやく建設中の中距離ミサイルや中距離弾道核ミサイルの基地の写真撮影に成功した。

このミサイル基地建設はソ連の首相フルシチョフとキューバの首相カストロが五月に交わした密約に従い、夏に着工し、アメリカの再度の侵攻に備えるとともに、アメリカを攻撃目標とする核ミサイルをアメリカに突きつけるものだった。

実はアメリカはトルコとイタリアに中距離弾道核ミサイルを配備し、発射から一六分でモスクワを破壊できる態勢を整えていた。逆に、ソ連のフルシチョフは、自国の核ミサイル（ＩＣＢＭ）が米国の都市を確実に攻撃できる性能があるかどうかに不安があったため、前進基地としてのキューバへの核ミサイル基地建設を決断したという背景があった。

ケネディーは、世界初の原子力空母エンタープライズや空母ランドルフなど多数の艦船を急派し、二二日から「海上検疫」を実施するという表現で、事実上、海上封鎖してキューバの港への入港を阻止した。

ソ連の四隻の潜水艦についてアメリカは当初、核弾頭を運ぶ能力がある原子力潜水艦であると誤って判断し、大統領の弟のロバート・ケネディー司法長官は「キューバ封鎖を続けるにはソ連船やソ連潜水艦を沈めることが必要だ」と強気に警告、米海軍はソ連原潜からの突然の攻撃を警戒するよう指令した。大統領はテレビで国民にキューバのミサイル基地について説明するとともに、フルシチョフに撤去を要求した。この後ホワイトハウスとソ連首相（フルシチョフ）の執務室があるクレムリン宮殿間では電報や手紙のやり取りが続き、アメリカがキューバに侵攻しないこととトルコからの核ミサイル撤去を条件に、ソ連がキューバのミサイル基地を撤去することで両指導者は合意した。

一方、海では駆逐艦や対潜哨戒機が執拗にソ連潜水艦への

ニキータ・フルシチョフと会談するジョン・F・ケネディー（1961年6月3日）

警戒を続け、潜水艦に浮上するよう促す作戦に入る。ソ連潜水艦がディーゼル潜水艦であることが判明したことで、アメリカは核を配備していないとまたもや判断を誤り、強気になった。

しかし、不測の事態を懸念した国防長官ロバート・マクナマラは、ソ連潜水艦に浮上を求める手順を作成し、モスクワのアメリカ大使館を通じてソ連政府に伝えた。この手順は四〜五回の無害の爆発音のリズムで「浮上せよ」という国際コードを表現するものだった。潜水艦は次々に浮上、キューバ危機は〝解決〟した。この危機を教訓としてホワイトハウスとクレムリンとの間には「ホット・ライン」が引かれ、核実験禁止条約締結の動きも始まった。

四〇年後に判明した衝撃の事実

しかし、四〇年後の二〇〇二年一〇月、キューバの首都ハバナで開かれたキューバ危機四〇周年の会議で、世界は背筋が凍るような衝撃的事実を知る。

キューバに向かったソ連の潜水艦のうちの一隻、B－59の艦内では、米航空母艦への核魚雷発射の寸前まで行っていた事実が判明したのだ。ディーゼル潜水艦は毎夜浮上し、ディーゼル・エンジンで発電してバッテリーに充電しなければ航行を続けられないため、通常は核魚雷など装備しない。ソ連海軍幹部でさえ、B－59の核装備を知らなかったほどの秘密作戦で、発射装置の鍵を持つ専任士官とKGB（国家保安委員会）要員が乗艦していた。潜水艦隊の目的は、キューバの港を潜水艦によって核武装させることだった。

だが、キューバに近づいたB－59は、アメリカ軍の〝捕捉〟を逃れるために潜航を続けたため、潜望鏡を上げる深度に浮上することができず、モスクワとの交信ができない状態に追い込まれた。また、潜望鏡深度でないと発電もできないため、バッテリーは次々に切れ、照明を切った暗闇の艦内は気温が六〇度を越し、熱中症で倒れる乗組員も出始める状態だった。浮上を促すアメリカ軍の手順情報を得ていない艦内では、浮上を促す米駆逐艦ビールの爆雷を、艦長が「戦争が始まった」と判断し、空母への核魚雷攻撃を強硬に主張していたという。出航前夜、艦長たちに対しソ連海軍第一副長官の提督ヴィタリー・A・フォーキンが「敵が左ほほを打ったら、お前の右ほほは打たせるな」と訓示。北海艦隊の参謀総長は「モスクワから指令があれば核攻撃せよ。交戦に際しては核兵器を最初に使え」と指示していたのだ。危機的状況の中、同艦の副艦長ではあったが、同時に四隻の潜水艦隊の参謀長だったヴァシリー・A・アルヒーポフは発射を拒否、血気にはやる部下の反対を押し切って「発射すべきではない。降伏しよう」と浮上を決断した。浮上の数時間前、キューバ上空で偵察機U－2が撃墜され、ケネディーはキューバ侵攻作戦実施へと傾いているところだった。第三次世界大戦は奇跡的に寸前で回避された。

この事実は、別の意味で核を装備した潜水艦の怖さを象徴している。実は、そもそも各艦長には、アメリカが知らせたはずの浮上を求める手順はなぜか伝えられていなかった。各艦はバッテリー切れに追い込まれて、やむなく浮上したのだった。覚悟を決めて浮上したところ、アメリカ海軍の船の甲板上でバンドがジャズを演奏していたので、戦争ではないと分かったとの証言もある。

キューバ危機の四〇年後の真実は、国家のトップではなく、現場リーダーの誤った判断で核戦争が起こり得ることを世界に知らしめた。また、アメリカはソ連潜水艦の核搭載に関して二度にわたり判断を誤った上、カムチャッカ半島の基地からソ連のズールー級潜水艦がハワイ・真珠湾沖に到り、攻撃命令を待っていたことも知らなかった。ニュースではケネディーとフルシチョフとの緊迫したやり取りばかりが注目されたが、核武装した潜水艦に対する備えの重要性を世界に提起したといえる。

母港に帰還した四人の艦長は厳重な取り調べを受けた。何よりも浮上したことによってキューバへの潜水艦作戦がアメリカに漏れたことがとがめられた。ロシア政府はいまだこの作戦関連文書の機密指定を解除していないという。アルヒーポフは一九九八年に体を放射線に蝕まれて亡くなっているが、妻のオルガは「主人は核攻撃など狂気の沙汰だということを理解していた」と英紙に証言している。

難航する中ロの空母開発

原子力潜水艦による抑止力強化の道を選択したソ連の方針を受け継ぐロシアだが、インド海軍にクズネツォフと同型艦を建造して売却しており、原子力空母の夢をあきらめているわけではなさそうだ。事実、二〇一六年五月中旬、国防副大臣ユーリー・ボリソフは「二〇二五年末までに建造契約が結ばれる」と発言している。とはいえ原子力潜水艦や軍用機の生産技術は優れているものの、ロシアは造船技術が大きく立ち遅れているようだ。ソ連の解体で、軍需工場を抱えた地域が独立国となった要因も大きい。

二〇一〇年末、ロシアはフランスの新鋭多目的攻撃艦（軽空母）を発注した。ミストラル級と呼ばれるこの艦船は艦長一九九m、幅三二m、排水量二万一三〇〇トンの中型艦。「多目的」の名の通り、ヘリコプターを一六機搭載した護衛艦、兵員九〇〇人と戦車四〇台を運ぶ輸送艦、上陸用ボートを積んだ強襲揚陸艦と、幅広い要請に対応でき、災害救援にも威力を発揮する。ロシアはヘリコプター空母として活用する目的で二隻を完成艦として購入し、さらに二隻をロシア国内で建造し、高度な技術を取り入れる狙いがあった。しかし、二〇一四年にロシアがウクライナのクリミア紛争に介入して領土に編入したことで国際社会の経済制裁を受け、契約はフランスによって破棄された。完成していた二隻はエジプトに転売された。

クリミアを領有して意気上がるロシアだが、この軍事行動への報復としてウクライナはロシア艦船へのガスタービン・エンジンの供給を停止した。つまり、現在のロシアは艦船用ガスタービン・エンジンを自前で製作できない。ロシアの軍事技術の弱点だ。中国の空母・遼寧号はウクライナから購入した空母ワリャークの船体が基になっている。旧ソ連の黒海艦隊基地を擁したウクライナは、ソ連解体後に分離独立しても造船技術先進地としての地位を保っているのだ。船舶の航行・コミュニケーション関連装備についてもヨーロッパからの輸入に頼っていたロシアにとって、当面、大型艦の建造は夢でしかなかろう。原子力空母で鍵となる空母用原子炉ユニットとリニアモーターによる電磁誘導カタパルト（EMALS）の完成も課題だ。

従来のスチーム・カタパルトは技術が難しい上に、一回の戦闘機発進に六五〇kgもの蒸気を消費する。アメリカ空母の映像を見ると、戦闘機はほとんど切れ目なく発艦を続けている。戦闘機は二機が一組なって互いにカバーしあいながら行動するため、素早く二機を離陸させるのが基本だ。ロシアあるいは中国の空母では離陸時の機体重量を軽くするため燃料や装備の搭載量に制約があるといわれているが、原子力空母ならボイラーのスチーム供給能力に余裕があるので連続発艦も可能だ。ディーゼル・エンジンの空母でスチーム供給能力を最優先できたのは、ジェット戦闘機の初期段階までである。ロシアではEMALSは完成に近づきつつあるとの情報もあるが、いずれにしても大型艦船が建造できなければ意味をなさないし、国家の経済状況も重くのしかかっている。

二〇一六年一〇月、ロシアは北極海の南西部バレンツ海を臨むムルマンスクを母港とする北方艦隊の旗艦空母クズネツォフを、ドーバー海峡からジブラルタル海峡を経て地中海に向かわせた。目的地はシリア沖だが、軍事的存在感を見せつけるねらいだったようだ。ところがもともとスキージャンプ台方式の甲板では重量を増した戦闘機は燃料や爆弾搭載量が大きく制限され、いわばすでに時代遅れの航空母艦を派遣することに無理があった。

つまづきは燃料補給だ。スペインのクエッタで予定していた給油を断られたのだ。重油を燃料とするクズネッツォフは、艦載機の燃料も積み込まなくてはならず、自分用の燃料積載容量が小さい。給油船も同道していたが、こちらは随伴艦用の燃料が主となる。航空母艦が能力を存分に発揮するには給油網をどう築くかにかかっている。このことは、中国にとっても教訓となるだろう。また、この作戦では着艦の失敗で艦載機を二機失っている。一五機しか搭載していないのに二機を失ったのだ。母港に帰還したクズネツォフは向こう三年間、ドックで整備に入ることになった。

一方、中国の空母一番艦の遼寧号の位置づけだが、空母建造技術の集積に向けたテスト艦と見た方がいいかもしれない。既に二番艦、三番艦の建造に着手していると伝えられているが、詳しいことはわかっていない。アメリカの原子力空母並みに排水量一〇万トンの巨大船を建造できる技術は今の中国にはないようだし、通常艦を建造するにしてもロシアと同様にガスタービン・エンジンの技術力が低いという弱みがある。空母用原子炉ユニットと電磁誘導カタパルトの開発が課題であることは、ロシアと同様だ。

スチーム・カタパルトや電磁誘導カタパルトの技術を開発するには、まず陸上設備でテストを重ねなければならないため、設備が衛星写真で容易に確認されてしまう。二〇一六年九月、軍事情報サイトであるイギリスのジェーン・ディフェンス・ウィークリーやアメリカの海軍協会（ＵＳＮＩ）ニュースは衛星写真を掲載して中国がスチーム・カタパルトや電磁誘導カタパルト（ＥＭＡＬＳ）の開発に取り組んでいるとの情報を流した。場所は渤海《ぼっかい》湾西岸の遼寧省・葫蘆島《ころとう》市近くの海軍航空隊基地で、スチーム・カタパルトと電磁誘導カタパルトが平行に並んでいると専門家は解析している。だが、研究開発しているのは確かであるものの、実用化にはまだ時間がかかると見られている。

中国の場合、海軍の艦船数を増やすことと、原子力空母ほど費用がかからない原子力潜水艦の建造を急いでアメリカを牽制し、原子力空母建造への時間を稼ぐ方針のように見える。

「多目的艦」からレールガンまで――艦隊を護衛する最新兵器

現在のアメリカの空母とイージス艦で構成する「空母打撃群」に関し、あまり話題にはされていないが、注目すべきは強力な随伴艦の存在だ。従来は空母と駆逐艦と原子力潜水艦の組み合わせだったが、今は「多目的艦」が加わる。代表的なものがフランスのミストラルより先にアメリカが開発した多目的攻撃艦だ。アメリカ級とワスプ級の二系統があるが、ほぼ同じ設計で艦長は二五〇～二六〇m、船幅約三二m、排水量四万一三〇〇～四万四四〇〇トン。輸送兵員は一六八七人とミストラル級よりかなり大きい。艦載機はヘリコプター、垂直離発着できるハリアー攻撃機や海兵隊用の新鋭機F－35B、オスプレイなど戦闘能力は旧来の軽空母ミストラル級を数段上回る。アメリカ級二艦、ワスプ級八隻が配備されている（二〇一六年三月現在）。

多目的攻撃艦は、救援活動においても活躍し、アメリカ中西部を襲った大型台風カトリーナ、インドネシア・アチェの大型津波、東日本大震災におけるアメリカ軍の「トモダチ作戦」などでも目覚ましい活動を行った。日本が配備する「ヘリコプター搭載型護衛艦」のいずも（艦長二四八m、幅三八m、排水量一万九五〇〇トン）は、国際的分類では多目的攻撃艦と位置づけられる軽空母だが、日本を取り巻く国を刺激しないよう、穏やかな名称にしている。いずもは二〇一六年四月の熊本地震に際し救援物資を積んで有明海に入り、米軍のオスプレイが物資を陸揚げし、その多機能ぶりを印象付けた。

アメリカ海軍の「多目的」路線のもう一つの柱は「多目的輸送揚陸艦」だ。海上から戦闘地域へ上陸する兵員の輸送能力を強化し、航空機も運用できるようにしているのが特色。サン・アントニオを一番艦として九隻を配備し、さらに二隻を建造中だ。艦長二〇八m、艦幅三二mで、飛行甲板からヘリコプターやMV－22オスプレイが飛び立つ。車輪が付いた装甲船のような多目的攻撃車両などで強力な上陸能力を備え一度に兵員約七〇〇人を運べる。

建造費が高い艦船を有効活用しようという路線が「多目的型艦船」の採用理由だが、それを守る武器も進化している。その最先端がレーザー兵器システム（ＬａＷＳ）及びレールガン、新開発の火薬を使う超高速発射体だ。

アメリカの多目的攻撃艦ワスプ

まず、レーザー兵器システムは、高出力レーザー光線で艦船に近づく小さな船舶やドローン（無人機）を破壊する仕組み。二〇一三年四月から海軍多目的輸送艦ポンセに出力三〇kWの装備を試験搭載している。光の速度、つまり秒速約三〇万kmで正確に目標を破壊できる上、一回の照射に必要なコストは、使用電力に見合う原油代金換算で一ドル以下、しかも素早い連射が可能だ。アメリカ海軍は攻撃できる範囲を明らかにしていないし、悪天候でも照射が成功するかテストを行う予定で、今後出力を一〇〇～一五〇kWに高めて標準装備とする方針だ。

またレールガンはリニアモーターカーや電磁カタパルトと同じ原理を応用し、電磁誘導で鋼鉄製の弾丸を飛ばす。現在までの実

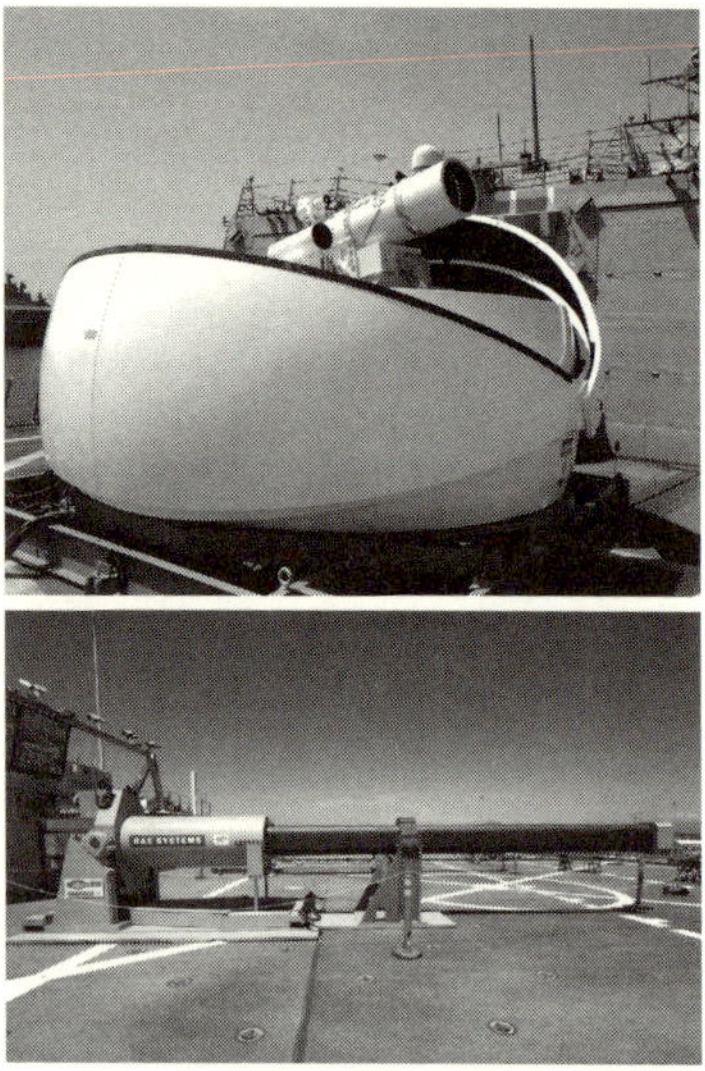

レーザーガン（上）とレールガン

験装備で、弾はマッハ五～七の超高速で三七〇km先の目標を破壊する。この弾丸には火薬は入っていないが、超高速でぶつかることで大きな破壊力が生じる。二〇二〇年から二〇二五年にかけての配備を予定している。この装置に使う鋼鉄製弾のコストは一発二七五万円と、破格の低コストだという。

さらに超高速発射体は現在の海軍艦船の装備である直径五インチ砲をそのまま利用する新開発火薬弾で、通常の砲のスピードの二倍、マッハ五～七で四八km～七五km先の標的を破壊する。海軍が配備を始めた三隻のズムワルト級駆逐艦には一五五ミリ砲を搭載しており、これに合う新開発弾を用意する。二〇一八年までには配備を終える方針だ。

これまでの艦船から発射するミサイルは種類によって異なるが、最も安いもので一基九九〇〇万円からだ。ちなみに、港湾封鎖などに使う機雷は一機一〇〇万円ほどで「貧者の武器」と呼ばれるが、効果は絶大だ。巡航ミサイルはどんなタイプの弾頭を装着するかで大きく価格が異なるが、最新鋭のトマホークは一基一億数千万円とされているので、レーザー兵器やレールガンがいかに〝安価〟かわかる。

こうしてアメリカの航空母艦打撃群は一段と目に見える形で機動力を誇示しているが、これに立ちはだかるのが原子力潜水艦の隠密行動だ。

潜水艦の誕生

フランスのSF作家、ジュール・ヴェルヌが一八七〇年に発表した小説『海底二万マイル』は、まだ潜水艦が実在しない時代の作品だが、「ノーチラス号」と「ネモ船長」の話は世界の人々を虜《とりこ》にし、人々に潜水艦という乗り物の時代の到来を予感させた。「海の忍者」とも表現される現代の潜水艦は、海中で隠密行動をとるためか、なかなか勇ましいイメージがわきにくい。飛行機と潜水艦はほぼ同時期にアメリカで発明されたが、ライト兄弟の名は知っていても、実用的な潜水艦の発明者ジョン・F・ホランドを知っている人があまり多くないのも、青空を飛行する機体と海底の闇に忍び寄る乗り物との対比のせいかもしれない。

ホランドはアイルランド生まれで、家族とともにアメリカに移住した。最初、飛行機の設計に興味を持っていたホランドは、『海底二万マイル』を読んで潜水艦の設計に夢中で取り組むようになったという。行動力があり、民間団体から六千ドルの資金提供を受け、建造と試験を重ねて水上ではガソリンエンジン、水中では蓄電池とモーターで動く潜水艦を作った。艦には「バラストタンク」を設け、これに水を満たして艦の浮力をゼロにして潜航する仕組みを確立した。一八九三年にアメリカ海軍省の潜水艇設計懸賞募集に応募して当選、ホランドは試作艦に改良を加えて一八九九年に試験を完了し、海軍省は一九〇〇年四月一一日にホランドの潜水艦を一五万ドルで購入した。海軍省は艦を「ホランド」と命名して名誉をたたえ、第一号艦であることを示す艦番号「SS－1」を与えた。艦長四・八m、幅〇・九m、排水量六二トン、六人乗りで、艦首には魚雷発射管を備えて二発の魚雷を搭載した攻撃型潜水艦だった。ライト兄弟の飛行実験成功の三年前のことだ。

水中に潜んで敵に近づき攻撃するという潜水艦の機能を最初に生かしたのは第一次世界大戦でのドイツ海軍だった。ダーダネルス海峡を目指すイギリス、フランス、オーストラリアは潜水艦を繰り出し、ガリポリ半島からマルマラ海に抜けようとしたが、座礁したり潜水艦防御網に絡まったりした。

ソ連・北海艦隊の潜水艦

これに対し、操艦技術に優れていたドイツのUボート「U－21」は一九一五年五月二五日から二七日にかけてイギリスの戦艦トライアンフ（排水量一万二千トン）とマジェスティック（排水量一万四九〇〇トン）を魚雷で撃沈、世界に潜水艦の威力を知らしめた。ガリポリ戦役で失った潜水艦はイギリス三隻、オーストラリア一隻、フランス四隻だが、Uボートの被害は記録されていない。

第二次世界大戦ではドイツはUボートの戦法を進化させた。攻撃目標を発見した潜水艦はまず司令部に知らせ、司令部が付近の潜水艦を結集させて攻撃にかかる「狼群作戦」をとってイギリスやアメリカの輸送船を沈没させ続け、イギリスは海上補給路をほとんど絶たれた状態に陥った。

戦後、アメリカは潜水艦にも原子力を応用、空気の補給をしなくて済むため長期間の潜航が可能となり、ミサイルも核弾頭を装備し、その隠密行動から最強のステルス（隠密）兵器となった。今やこの原子力潜水艦が原子力空母に立ちはだかり始め、航空母艦の優位性を脅かしている。

高まる原潜の脅威

第七艦隊に配備され、二〇一五年一〇月一日に横須賀港に入港した原子力空母ロナルド・レーガンが、韓国海軍との演習のため母港・横須賀を出て九州南部を航行していた一〇月二四日、中国の潜水艦がほぼ半日にわたってつけ回し、一時は「通常の遭遇」レベルを越えて急接近、レーガンの艦内では潜水艦接近を知らせる非常ベルが響き渡った。「南シナ海での『航行の自由作戦』をやめろ」という政治的メッセージを送るためだろうが、危険極まりない威嚇だった。

その三日後の二七日、日本海に入った空母レーガンに今度はロシア太平洋艦隊所属の長距離対潜水艦哨戒機ツポレフＴｕ－１４２ベアーが高度約一五〇ｍという超低空で接近、レーガンから艦載機が緊急発進して艦隊から離れるよう誘導した。中国ほど露骨で挑発的ではないが、やはり「太平洋はアメリカ専用の庭ではない」という政治的メッセージだろう。

この二つの出来事は、日本を取り巻く現在の軍事的状況を象徴している。ところが、公海上とはいえ、日本のすぐ近くで起きているのに、日本の世論の反応は今一つだった。原子力空母建造への道は遠いが、中国とロシアは潜水艦戦力を急拡大している。特に原子力潜水艦は驚異の度合いが別格である。一番情報公開度が高いアメリカから、潜水艦戦力を見てみよう。

アメリカの原子力潜水艦は攻撃艦とミサイル艦に大別される。攻撃型は小型で速度が速いのが特徴で、監視・攻撃だけでなく、海軍の特殊部隊「シール」を輸送・上陸させたり、敵の港湾に機雷を敷設したりする任務に就く。艦の長さは概ね一一五m、艦幅一〇m、排水量約七九〇〇トンで、乗組員は一三〇人から一四〇人だ。二〇〇四年に就航したヴァージニアを一号艦とするヴァージニア級が一〇隻就航中で、建造中あるいは建造予定が一五隻、シーウルフを一号艦とするシーウルフ級が三隻、さらにロサンゼルスを一号艦とするロサンゼルス級が三五隻（ロサンゼルスは二〇一一年退役）で、攻撃型は合計六三隻（二〇一七年四月現在）となっている。

ミサイル艦は艦長約一七〇m、艦幅約一三m、排水量一万七千〜一万九千トンと大型で乗組員は約一六〇人。誘導ミサイルあるいは弾道ミサイルを搭載する原子力潜水艦だ。いずれもオハイオ級と呼ばれ誘導ミサイル艦は二隻、弾道ミサイル艦は一二隻という構成だ。

潜水艦は、通常七七日航行したら乗組員の休養と艦の点検整備に三五日充てるというローテーションで活動、一五年就航したらオーバーホールする。太平洋には三〇隻配備しているが、ローテーション上、常時二〇隻が就航しているに過ぎない。

一方、中国の保有潜水艦数について、米国防総省の分析ではディーゼル・エンジンの攻撃型潜水艦が五七隻、攻撃型原子力潜水艦が五隻、弾道ミサイル潜水艦が四隻となっており、原子力潜水艦へのシフトを強めている（米国防総省「議会への年次報告二〇一六」）。二〇一六年夏には、核ミサイルを配備する第三世代の攻撃型原子力潜水艦の映像がネット上で流れた。

ロシアは三月一九日を潜水艦の日と定めていることからも分かるように、潜水艦へのこだわりが非常に強く、しかも太平洋艦隊を増強している。ロシアの国営通信社イタル・タス通信のレポートによると、同艦隊には原子力潜水艦が一六隻、ディーゼル潜水艦八隻の計二四隻が配備され、これに長距離対潜水艦哨戒機ツボレフＴｕ－１４２ベアー二機が一体となって行動している。「戦略海面下巡洋艦」と名付けたボレー級改造潜水艦五隻はプロペラの革新技術でステルス性能が飛躍的に向上、最新艦のユーリー・ドルゴルキー戦略潜水艦は、アメリカのヴァージニア級よりもソナーの捕捉範囲が広く、大陸間弾道ミサイルを装備している。

ロシア海軍が現在建造しているヤンセン級潜水艦は、高強度低磁性鋼の使用で通常潜水艦の二倍に当たる六〇〇ｍ以上の潜航に耐えられるため、対潜哨戒機が艦を捕捉するのは極めて難しくなる。八基のミサイル発射装置を備え、速度は三〇ノット（時速五五㎞）以上とされ、これが太平洋艦隊に配備されればアメリカ海軍にはかなりの脅威となろう。

ロシアの潜水艦は今、第三世代から第四世代への移行期にあり、第五世代を視野に入れている。ディーゼルから原子力への進化は世界の趨《すう》勢にも思えるが、原子力潜水艦の設計を行うルービン・デザイン局の責任者、セルゲイ・スハノフは「ロシアの第五世代のハスキー級戦略攻撃潜水艦は原子力を動力としない、より小型で、捕捉しにくいものになるだろう」と専門誌『ディフェンス・ロシア』にコメントを寄せている。二〇一四年一月二三日の日付だが、「ネットワーク中心兵器」という考え方を示しているのが注目される。潜水艦が単独で戦うのではなく、海上艦、航空機、陸上基地、衛星などと情報を共有し、一体となって戦うという戦略だ。浮上して酸素を取り込む必要がない「非大気依存推進装置（ＡＩＰ）」を用いると、推進装置が回転し続けている原子力潜水艦よりもはるかに静粛性に優れ、一ヵ月かそれ以上潜航しつづけることができ、乗組員も少なくて済むという。この考え方は海軍長官ビクトール・チルコフも二〇一五年六月末に言及しており、原子力を用いない新鋭潜水艦建造はロシア海軍の既定方針になっていると見て間違いないだろう。アメリカ海軍にも情報ネットワークの概念やロボット潜水艦構想はあるが、攻撃型の非核潜水艦については研究していないようだ。

日本が配備している潜水艦は一九隻。二〇〇九年から順次就役しているそうりゅう型潜水艦は八隻で、ロシアが第五世代潜水艦で目指している「非大気依存推進装置（ＡＩＰ）」を採用し、静粛性に優れている。オーストラリアへの商談で話題となった。日本は今後も年次的にそうりゅう型潜水艦を建造していく方針だ。

緊迫の度を増す日本周辺の海では、対潜哨戒機とヘリコプター搭載型護衛艦による潜水艦探索、日本が保有する潜水艦によるパトロールで、中国やロシアの潜水艦に対して、断固とした意志を示し続けることが最も大事だろう。

第九章　ステルス戦闘機の登場とネットワーク戦略

「われわれはわれわれの未来を力の上に築かねばならぬ。弱さを深めるだけの勢力均衡の上に求めてはならぬ」（アメリカの飛行家チャールズ・A・リンドバーグ）

中国産ステルス戦闘機の衝撃

「戦略対話　各説空話」――これは香港紙『明報』が二〇一一年一月一一日付で掲載した、看板記者・孫嘉業《そんかぎょう》の「中国評論」の見出しだ。中国・北京を訪問していたアメリカの国防長官ロバート・ゲイツと国防相（国務委員）梁光烈《りゅうこうれつ》との前日の会談で、唯一の成果とされた「戦略的信頼関係の構築へ向けた対話継続」について、この見出しは「双方が都合良く中身のない話をさも重要なように言いつくろっただけだ」と核心を突いたのだ。

米政府が台湾への武器売却を表明したために一年余り中断していた米中の軍首脳による対話再開は、軍事交流の仕切り直し、さらには直後に予定された胡錦濤国家主席の訪米への地ならし、と位置付けられ、もとより成果が期待されているわけではなかった。

ところが、中国側はゲイツの訪中に合わせて強烈なパンチを見舞った。中国が極秘に開発していた第五世代の戦闘機、「ステルス戦闘機」の試験飛行を行ったのだ。ステルス戦闘機はアメリカだけが実戦配備し、ロシアがその後を追って開発していた。中国は世界で三番目となる。外交交渉の場で臆面もなく軍事のカードを使ったのだが、中国ではこのころから軍高官が政治に容喙《ようかい》する発言をし始めた。

二〇一〇年末、中国の民間のサイトに突然、新鋭機と思われる航空機の静止画像が載った。軍事関係者は、ステルス戦闘機の実物大模型（モックアップ）で、こけおどしだろう受け取った。ところが年が明けると、滑走路脇を全力疾走する航空機の動画、軍事関係者の用語で「ハイ・スピード・タクシー」と呼ぶ、試作機の完成時に行われるテストの動画が流れた。インターネットに対して徹底した情報統制を行い、不都合な情報は即座に遮断する国で、中国政府がこれだけ〝軍事機密〟を流すのはなぜだろうかと、またもや軍事関係者は疑心暗鬼に陥った。こうした前置きがあって、一月九日からのゲイツの北京滞在時に、低空・低速ではあるが試験飛行の動画が登場したのだ。中国政府が「中国はステルス機開発に成功したのだ。見くびるなよ」と、劇的に政治的メッセージを送ったのだと理解するのが自然だろう。

ところが会談の席上、ゲイツからステルス機の試験飛行について質された胡錦濤は、明らかに驚きの表情を示し、即座に傍らの側近に尋ねた。会談の後、「試験飛行実施を知らなかったようだ」とゲイツが語ったことで、国際社会はさらなる衝撃を受けた。胡錦濤は中央軍事委員会主席を兼ねる軍最高司令官であり、本当に知らなかったのなら「文民統制が形骸化しているのでは」との疑念さえ持たれかねない。ゲイツも驚いたが、このニュースは世界を駆け抜けた。

ステルス戦闘機は最新鋭の軍事力のシンボルだ。ロシアの首相ウラジーミル・プーチンは、試験飛行を行う前の操縦席に寄り添う写真を国営メディアに流させたことがある。国威発揚の場には、当然トップの姿がなくてはならない。ゲイツと国家元首兼軍トップの胡錦濤との会談前に、何のセレモニーもなく映像を〝公表〟した意図は何か。想定外のことで相手を驚かせるのは、中国が得意とするところだ。ゲイツが前年に「中国は当分ステルス機など作れない」と語ったことに対する意趣返しだ、という推測もあったが、その程度のことで驚かせることはなかろう。胡錦濤は軍の最高司令官という地位にはあったが、江沢民の隠然たる軍への影響力にはかなわなかったし、江沢民が率いる上海閥との権力闘争は水面下で続いていたから、江沢民が子飼いの軍有力者を使ってステルス機で話題をさらい、胡錦濤訪米の注目度を下げる作戦とみたほうが、まだ分かりやすい。胡錦濤は訪米して「和平崛起《くっき》」――中国は平和的に台頭すると語ったが、ほとんど注目されず、メディアでは買い物袋を山と抱えた胡錦濤の風刺漫画さえもが描かれてしまった。

ロシアの技術を違法コピー

この会談の前年、二〇一〇年のクリスマスイブに、米紙『ワシントンポスト』は、モスクワ発で実に興味深い長文の記事を掲載した。「軍事力は陽炎か　武器を外国に求める中国」と題するこの記事は、ロシア国防大臣のアナトリー・E・セルデュコフが明かした、中国側の武器購入希望リストを紹介している。中国が建造を予定している航空母艦（遼寧号）に配備するスホーイSu－35戦闘機、軍用輸送機のイリューシンII－476、空中給油機のイリューシンIL－478、S－400防空ミサイルシステムである。記事の核心は、中国が航空機、潜水艦、ミサイルを問わずいかにエンジン技術で遅れをとっているかという現実の分析である。

中ソ間では武器取引は中断していたが、このリストは記事掲載の約一月《ひと》前に中国がロシアに提示したのだという。軍事力の急膨張を背景に、中国は専横な振る舞いが目立つ。その実、中国は未だ、軍需産業が必要とする武器を製造できないでいる。一方、北京在住の中国の軍事専門家ワシリー・カーシンは「中国の軍需産業が目覚ましい発展を遂げているのは確かだが、過大評価してはならない、彼らには自己過信の長い伝統があるのだから」と指摘している。さらにロシア戦略技術研究センター所長でロシア国防大臣のアドバイザー、ルスラン・プーコフは「中国がジェットエンジンの技術を完成させるにはあと一〇年はかかる」、「中国はロシアに依存しており、しばらくはこの状態が続く」とも述べている。

中国は何としてもロシアの軍事技術を入手したいのだが、実は、ロシアには中国に航空機を売却するのをためらう理由がある。技術を盗まれた苦い経験があるからだ。

一九九一年のソ連崩壊を受け、外貨不足に苦しむロシア新政府を後目《しりめ》に、中国は改革開放政策で潤沢な資金を蓄え、軍の近代化に本格的に乗り出す時期を迎えていた。当時のロシアの最新鋭戦闘機、スホーイSu－27に着目し、戦闘機生産の革新を狙った中国は、まず一九九二年に一二機を発注した。年を追って一八機、さらに一八機と輸入を継続し、輸入の合計機数が四八

（左）ロシアのスホーイSu−27戦闘機。（右）スホーイSu−27を違法コピーしたとの疑いもある中国のJ−11B戦闘機

機に達した段階で、技術力吸収の戦略目標を引き上げ、ロシアに大型商談を持ちかける。こうして一九九五年一二月、ロシアは総額二五億ドルで中国とスホーイSu－27SK戦闘機のライセンス生産契約を締結した。中国側は組立機に「J－11」との名称を付け、瀋陽飛機工業公司が生産することになった。中国の戦闘機の呼称の頭に付く「J」は中国語の「殲撃《チィエンチー》（完膚なきまでに破壊する）」の頭文字だ。契約は、ロシアが供給する部品を中国で組み立てるノックダウン生産方式で、「J－11」を二〇〇機製造するとの内容。エンジンやエレクトロニクス技術など基幹部分は中国側に技術を公開しない契約、つまり分解して研究してはいけない契約で、外国に輸出しないことが大前提だった。

しかし中国は二〇〇四年、一〇五機を生産したところで一方的に契約を破棄し、一方で中国は二〇〇二年から「J－11B」という新機種を生産し始めていたことを公表した。契約遵守などどこ吹く風、「もう自分で造れるぞ」と宣言したに等しい。ロシア国内では中国がスホーイSu－27SK戦闘機の部品や設計図を非合法に入手していた事件が摘発され、ロシア政府はJ－11B戦闘機はロシアの同意なく違法コピーした部品が使われたとの疑いを強めたが、中国側からの説明は一切なかった模様だ。

兵器輸出国となった中国

だが、自信作のはずのJ－11B機は、飛行中の振動がひどいという理由で、開発した中国企業から軍が引き取りを拒否したこともある、いわくつきの戦闘機だった。にもかかわらず、中国はこれをパキスタンに輸出した。もともとロシア製スホーイSu－27戦闘機は、性能はいいが整備が難しいとされていた機種だ。それもあってか、ロシア製スホーイSu－27機は飛行四〇〇時間で整備を行うが、中国のJ－11Bは飛行三〇時間で整備を行わないと安全に飛べないという。それでもロシア軍当局者は「知的財産権保持に十分な注意を払わなかったことが悔やまれる。今や中国を兵器輸出の競争相手にさせてしまった」とコメントしている。

ロシアは報復として、商談を進めていた航空母艦への艦載機スホーイSu－33戦闘機の交渉を中止した。艦載機は空母上では翼を折りたたんで格納するが、中国はその技術も持たなかった。この交渉で中国がスホーイSu－33戦闘機を二機、テスト機として最初に引き渡すことを求めたため、コピーを危惧したロシアが交渉を打ち切った、との情報も流れた。そこで中国は、今度はウクライナ政府からスホーイSu－33戦闘機を購入、これをコピーして「J－15戦闘機」として空母・遼寧号に搭載したが、エンジン出力が不足しているのは前章で説明したとおりだ。第五世代のステルス機と主張する航空機をこれみよがしに飛ばせながら、第四世代の戦闘機エンジンを自前で製造できないでいる。これが中国の現状である。コピーは好ましいことではないが、コピーをしても要求された水準に届かないことこそが重大な弱点なのだ。創造力を欠いたコピーでは、技術のブレークスルーは望めないだろう。

元ソ連共産党機関紙『プラウダ』を引き継ぐ同名のサイトは、二〇一二年七月三日付で「ロシアが中国にスホーイSu－35戦闘機をコピーしないよう求めた」との記事を配信した。前出の艦載機Su－33とは別に中国が求めていたスホーイSu－27の上位機種であるスホーイSu－35戦闘機四八機の売却交渉は総額四〇億ドルの大型商談だったが、ロシア側は、コピーして他国に売らない法的保証を中国に求めたのだ。その根拠として「中国はスホーイSu－27戦闘機をコピーしてJ－11B戦闘機を、スホーイSu－30戦闘機を模造して複座のJ－11戦闘機を生産した」ことを挙げている。スホーイSu－30は二人乗りの多目的戦闘機だ。その後、スホーイSu－35戦闘機の商談に関するニュースは流れていないから、中国は「コピーしない」と確約できなかったのではないかと見られていた。しかし、三年後の二〇一五年一一月一九日、ロシアの通信社の『スプートニク・ニューズ』は、中国にスホーイSu－35戦闘機二四機を二〇億ドルで売却する商談がまとまったとのニュースを配信した。二〇一七年から二〇一八年にかけて主要な部品を輸出する予定だという。

ロシア側は結局、中国は戦闘機が欲しいのではなく、スホーイSu－35戦闘機に搭載されているエンジンが欲しいために手を打ったのだと推測している。自前のエンジン技術では、アメリカのステルス戦闘機にはどうしても太刀打ちできず、エンジン製作技術を高度化するしかないと分かっているから、メンツを捨て妥協し、ロシア機を購入することにしたわけだ。

二〇一六年一二月二五日、中国軍のサイト『中国軍網』は、「ロシア軍の現役最強の戦闘機、スホーイSu－35戦闘機四機が中国に渡された」と報道した。しかし、ロシア政策研究センター（PIR Center）副所長で退役准将エフゲニー・ブジンスキーは、米誌『ナショナル・インタレスト』のインタビュー（二〇一六年一二月二八日付）に「ロシアは中国に王冠を渡しはしない。中国に渡したスホーイSu－35戦闘機はロシア空軍が使用している機と同じものではない。ロシアには輸出仕様と国内仕様の二種類があるのだ。彼らはエンジンを製作できない」と語っている。ロシアの『タス通信』は二〇一六年一二月一日に「ロシア政府はインドネシア政府とスホーイSu－35戦闘機一〇機の輸出について交渉している」と報じていたから、中国が手にしたのは、インドネシアが入手するであろう戦闘機と同レベルの、機能を落とした戦闘機ということだろう。

経済の苦境に苦しむロシアは、これまでの中国への武器輸出とその後の経験から「中国はスホーイSu－35戦闘機をコピーできるわけがない」と見切り、輸出に踏み切ったのかもしれないが、南シナ海、台湾海峡、東シナ海がきな臭くなるのはまちがいなかろう。

また、これまでかたくなに拒んできたミサイル防空システムS－400トリウームフ（大勝利の意）の売却について、二〇一四年九月に契約締結を済ませているとの情報もある。台湾海峡の東西の幅は最大二六〇㎞だから、射程四〇〇㎞のS－400が配備されると、台湾からの戦闘機やミサイルは直後に捕捉されてしまう。ロシアはS－400を首都モスクワの防衛に用い、最近、クリミアやシリアに配備したが、このレーダーを突破できるのはステルス機しかない。日本や米国にとっては格段に危険な状況にさらされることになる。日本も南西諸島や尖閣諸島をヤマアラシのように守るには、この地域のミサイル防衛網の構築が大きな課題となってくる。

なお、中国が新世代のステルス戦闘機と喧伝しているJ－20とJ－31という二機種について、ロシアの専門家はJ－20は第五世代のステルス戦闘機だと言えるかもしれないが、J－31はそのレベルに達してはいないと見ている。

事実、二〇一四年一一月の珠海航空ショーに登場したJ－31は、旋回時に高度が下がり、アフターバーナー点火で姿勢を保つという醜態をさらしている。エンジン出力の不足だ。それでもパキスタン国防相は中国からJ－31を購入したいと述べている。中国、インド、パキスタンを取り巻く情勢は不穏になろう。

中国がステルス機と説明しているJ－31

もう一つ、注目すべき動きがある。『タス通信』が二〇一六年六月二〇日付で伝えたところによると、ロシアと中国は双発（二つのエンジン）で二五〇～二八〇人乗りの民間旅客機の共同開発に合意、推力三五トンの新型エンジンを開発し二〇二五年完成を目指しているという。さらに七月一二日付では、戦闘機を生産しているスホーイ社が二〇一六年末までに北京に初の海外事務所を開設し、同社が民間用に開発した中型旅客機スホーイ・スーパージェット１００（ＳＳＪ－１００）の売り込みを開始すると報道、その後中国と共同でリース会社を設立した。民間機の話題だが、中国がジェットエンジン技術を向上させる機会につながるだろう。

イスラエルの技術を導入した中国のJ–10機

イスラエルの影

中国とソ連の路線対立で、ソ連が中国から技術者を一斉に引き上げた一九六〇年代半ば以降、中国は大動乱「文化大革命」に突入し、国際的孤立を深めた。だが「自力更生」をスローガンにしたものの、粗末な土《ど》壙炉《こうろ》による製鉄運動に象徴されるように、中国には毛沢東が引き起こした政治の嵐が吹き荒れ、技術の発展など望むべくもなかった。ここで手を差し伸べたのが、中東で孤立していた親米国家イスラエルだ。

一九七〇年代から始まったイスラエルの技術支援は、中国で最初の本格的国産ジェット戦闘機J－10へと結実する（両国は公式には否定している）。J－10は一九九八年に試験飛行を実施、二〇〇五年に実戦配備に入り、現在約80機を保有している。

J－10のデザインや大きさがイスラエルのラビ戦闘機や米国のF－16戦闘機に酷似していることは、軍事関係者によく指摘されている。「ラビ」とはヘブライ語で「若獅子」の意味だという。米国が一九七九年に実戦配備を開始した空軍の主力機F－16の設計思想を基に、財政的・技術的支援を行って米国とイスラエルで共同開発した戦闘機である。

ラビは、空中戦にも地上攻撃にも使える多用途機としてイスラエル政府が一九八〇年二月に開発に着手し、初の国産戦闘機として総力を挙げて取り組んだ。三角翼を採用し、外観はよく似ているがF－16より一回り小さく、軽量化を図った。特筆すべきは搭載したソフトウェアである。コックピットのディスプレイ、パイロットのヘルメットに装着した攻撃目標捕捉・攻撃システム、マルチ・モード・ドップラーレーダーなど最先端の技術が投入され、F－16をしのぐ機種となったが、それに伴ってコストもF－16の予定コストを大きく上回った。

一九八六年一二月末、最初の試作機が試験飛行を実施し、五種の試作機を製造する予定だったが、三機種を完成させた時点で、計画は中止に追い込まれた。それまでの開発費一五億ドルすべてを拠出していた米国が、完成までに予定の二倍の費用を要するこの計画の続行に難色を示し、レーガン政権がイスラエル政府に圧力をかけたのだ。イスラエル議会は多数決で計画続行を決議したが、政権は一九八七年八月末の閣議で一二対一一という僅差で計画断念を受け入れた。

米国はラビが国際的な兵器市場に進出しイスラエルが米国の競争相手になることを恐れ、さらにはF－16の機密が各国に流れる事態を恐れたという背景もある。イスラエル政府の後ろ盾はレーガン政権の国務長官ジョージ・シュルツだったが、イスラエル支持を続けるには旗色が悪くなりすぎた。

ラビの開発中止で職場を失った技術者多数は、中国に迎えられた。米国は一九九〇年代に入るまではイスラエルの中国支援を黙認して

アメリカの第5世代戦闘機F−22ラプター

いたとされている。

第五世代戦闘機の開発競争

ステルス航空機の開発は、アメリカが主導してきた。世界初のステルス航空機は一九八一年七月に初飛行した戦闘機F－117Aナイトホーク（夜鷹の意）だ。敵のレーダーに捕捉されることなく、重要目標を破壊するための戦闘機として開発され、甲虫のような特異なデザインで世界を驚かせた。巡航速度は時速約一一〇〇㎞とそれほど速くはないが、一九八九年一二月のパナマ攻撃作戦や一九九〇年から九一年にかけてのイラクでの「砂漠の楯・砂漠の嵐作戦」で期待通りの成果を上げた。

世界初のステルス航空機F−117ナイトホーク

爆撃機ではB－52の後継機として一九七〇年代に開発に着手したB－1Aはマッハ二・二の戦略爆撃機を目指したが、一九七七年に開発を中止。代わって通常爆弾も核爆弾も投下できる二人乗りの長距離ステルス戦略爆撃機B－2スピリットの開発に成功した。音速に近い速度を達成し、コソボ紛争や「イラクの自由作戦」で実戦に参加し、米本土から飛び立って作戦を終え、ノンストップで帰還するという驚異的な航続距離を誇った。

最新鋭のステルス戦略爆撃機は、B－1Aの後継機である四人乗りのB－1Bランサー（槍騎兵の意）長距離爆撃機で、一九八五年に空軍に引き渡された。搭載できる爆弾の重量はB－2の二倍強の約三四トン、飛行速度はマッハ一・二を達成している。

ステルス爆撃機はいわば長距離ランナーでありステルス機能の実現はさほど難しくはなかったようだが、速度と格闘能力とエレクトロニクスの結晶とも言うべきステルス戦闘機の開発は、格段に難度が高い。世界各国が開発にしのぎを削っている最新鋭の第五世代戦闘機を完成させ実戦配備しているのは米国だけだ。

ロッキード・マーティン社が主体となって開発した、世界最強といわれるF－22ラプター（猛禽類の意）は、F－15ストライクイーグルの後継機として一九八一年に開発に着手、二〇〇五年一〇月から実戦配備を始めた。しかし、一機二五〇億円という高コストのため、当初七五〇機製造するはずだった計画は大幅に縮小され、二〇一一年までに合計一八七機製造して計画を終えた。航空母艦搭載の主力戦闘機F／A－18スーパーホーネット（スズメバチの意）が現在の換算レートで一機七〇億円ほどだから、いかに高価格かお分かりいただけるだろう。

アメリカは当初、ラプターをアメリカ本土防衛に限定していたが、中国をにらんでグアム島に配備し、さらに二〇〇七年二月には、米本土以外では初めて沖縄の嘉手納基地にも六機が仮配備された。日本は次期戦闘機として売却を強く求めたが、あまりに高度な機能を備えているという理由で米連邦議会が輸出禁止を決議した経過がある。

一方、ロシアのスホーイ社とインドのヒンドゥスタン航空（HAL）が二〇〇二年から共同開発している第五世代戦闘機T－50は、二〇一〇年一月に試験飛行を行い、二〇一一年八月、

ロシアのステルス機T−50

モスクワ近郊の基地で開かれた国際航空ショーで初めてその姿が公開された。ロシアが配備すれば当然、インドも最新鋭機を配備することになる。二〇一五年以降に六〇機を配備する計画だったが、計画は大幅にずれ込んでいた。

　ところが二〇一七年七月、ロシアの国営通信社タスのサイトは初めてT－50の特集を掲載、パイロットの顔が見えるような近接撮影で捕えた本格的な動画とともに、性能を詳しく紹介した。同社は同月中に試作機を九機製作済みで、最終テストを経て同年から二〇一九年にかけて本格生産に入ることを明らかにしている。満を持した紹介であり、自信のほどがうかがわれる。二〇一七年八月、ロシアはT－50を制式採用しSu－57と命名した。

Su－57はスホーイSu－27とＭｉｇ31の後継機と位置付けた海・陸・空で戦える多目的戦闘機で、羽根や尾翼の角度を統一した機体デザインと機体へ塗布した電波吸収材により、敵のレーダーには〇・三㎡から〇・四㎡の物体としか映らないステルス性能があるという。比較のために挙げたスホーイSu－27は一〇㎡の物体としてレーダーに捕捉されるというから、飛躍的な進歩だろう。

　第五世代戦闘機の特徴の一つとされる飛行速度は、最大マッハ一・七（時速二一〇〇㎞）で安定的に飛行、航続距離は五五〇〇㎞、飛行時間は最大五・八時間だという。

　また、特徴の一つは「電子的副操縦士」と同社が名付けた高性能コンピューターを搭載していることで、瞬時の情報処理で操縦士を補佐する仕組み。レーダーの能力は四〇〇㎞先まで届き、同時に五〇の攻撃目標を捕捉、このうち一六の目標を攻撃対象に選べるという。

　この仕様が事実なら、一歩先を行っていたアメリカのステルス戦闘機F－22やF－35には手ごわい相手となるだろう。スホーイ社は二〇一九年に第一弾の一二機を軍に納める予定だ。中国はアメリカ、ロシアに次いで世界で三番目に第五世代戦闘機の試作機開発に〝成功〟し、順調に進めば二〇一七年ごろには本格的な生産に入る予定だといわれていたが、ステルス戦闘機一号機のJ－20は長らく姿を見せなかった。二〇一六年末に迷彩塗装を施したJ－20戦闘機群の写真が公表されたから、間もなく実勢配備となるのかもしれない（二〇一八年二月実戦配備）。

　アメリカ国防大学国家戦略研究所は二〇一一年一二月に「買うか、造るか、あるいは盗むか――中国の高度軍事航空技術への渇望（Buy, Build, or Steal: China's Quest for Advanced Military Aviation Technologies）」と題する論文を出した。この論文は「最先端技術になればなるほど技術をマスターするのは難しく巨額の費用がかかる」、「自前で高度技術を発展させたり合法的に外国から技術供与を受けることができなければ、中国が最先端航空技術を手に入れるには、より徹底的なスパイ活動に頼るしかない」と結論づけている。

三菱重工が開発した第5世代ステルス戦闘機X−2

　こうした中、日本では二〇一六年四月二二日、三菱重工が開発した第五世代ステルス戦闘機X－2が二三分間の試験飛行に成功した。

X－2はテスト機のため機体の長さが一四mと小ぶりで、F－22ラプターより四・九mも短い。二〇〇〇年に配備されたF－2戦闘機の後継機になるためには、今後、機体の大型化やエンジンの推進力強化が図られるだろう。また、日本は後述するアメリカの最新ステルス戦闘機F－35Aの導入を決めている。X－2の発展機とF－35Aとをどう役割分担させるのかはまだ明らかではないが、X－2が航空機製造技術の発展につながるのは間違いない。

最新ステルス機ラプターの性能

第五世代戦闘機の特徴は「高度なステルス性」、「超音速での巡航性能」、「高度な運動能力」の三本柱の実現にある。つまり、敵のレーダーに捕捉されなくする仕組みと、超音速で安定的に飛行する能力、そして急加速・急旋回など機体に強い負荷がかかっても安定した飛行ができる運動能力と電子機器だ。このうち最も重視されているのがステルス性である。

そもそも「ステルス（stealth）」とは「こっそり盗む」あるいは「こっそり動く」という「スティール（steal）」から来た言葉であり、野球でいえば「盗塁」、これがもっとも分かりやすい。「相手に気付かれないように行動する」ことに優位性があるわけだ。

第二次世界大戦初期、大西洋で恐れられたドイツの潜水艦Uボートは、姿が見えないところから魚雷攻撃を仕掛けたからこそ、優位に立つことができた。ところがイギリスで、音波による反射波で相手を探知するソナーが発明されると、さしものUボートも駆逐艦に追い回されることになった。

ラプターの戦術思想は三つの「F」といわれる。つまり「First look, First shot, First kill（敵に捕捉される前に敵を見つけ、攻撃し、仕留める）」だ。この三つのFを実現するステルス性能を、ラプターに沿って説明しよう。

第一のステルス性能にはレーダー波対策と熱源対策の二つがある。敵が発するレーダー波を来た方向に反射させせず後方にかわしたり、レーダー波を吸収・減衰させることだ。ラプターの機体や翼は同一の傾斜角度でそろえられ、入射したレーダー波は後方へと流れる。機体表面は磁性吸収体で覆い、電子戦用の各種アンテナ類は埋め込んだり張り付けたりして、機体表面の凹凸を無くしている。レーダーに最も探知されやすいエンジンの吸気口は、形状を平行四辺形にして、内部のエンジン先端タービンローター部分は円形に整えている。さらに吸気口先端部には異なるレーダー波に対応できる数種類の電波吸収材を塗布、しかも電波吸収剤の最下部（機体表面）から反射した、減衰しているレーダー波さえも中間層の電波吸収材で吸収する仕組みになっている。レーダー波を反射しやすい操縦席、パイロットのヘルメットも同様のコーティングを施している。

ロッキード・マーティン社のラプターのホームページによると、こうしたステルス性の徹底した追求の結果、驚異的な性能を実現した。胴体の長さ約一九m、翼の横幅約一三・五mのラプターの機体は、相手のレーダーには「マルハナバチ」、すなわち温室内で植物の受粉を助ける小指の先ほどの蜂の大きさにしか認識されないという。これは敵機のレーダースクリーンには機影が全く映らないことを意味する。

熱源の赤外線探知を避けるための工夫も多岐にわたる。戦闘機の一番の熱源はエンジンだ。ラプターは熱源を探知されにくくするためエンジンの噴出孔をカバーで覆い、噴出孔に上下二方向にそれぞれ最大二〇度動く二枚のパドルを設置、排気ガスの噴射軸を扁平に変えて大気と混合する仕組みだ。従来型の噴出孔に比べ排気を急速に冷やすことができる。このパドルはエンジンの推力軸を変え、上下方向への素早い姿勢転換能力の向上にもつなげる、一石二鳥の仕組みだ。エンジンに次いで熱源となるコンピューターからの熱は、機体上部中央の排出口から逃がす。赤外線で機体の位置を探知されないため、赤外線追尾方式のミサイル攻撃もかわすことができるという。

機体の運動能力も図抜けている。高出力のエンジンと推力軸の偏向で、「コブラ」と呼ばれる動作、すなわち毒蛇コブラが攻撃時に鎌首を素早く後方にのけぞらせ攻撃態勢に入るように、水平飛行状態から一二〇度もの角度で機体を斜め後方に転じ、すぐに水平状態に戻るという、超難度の動作も難なくこなす飛行能力を備えているのだ。

逆にラプターが敵を探知する仕組みもユニークだ。ラプターの主翼部には約二千個のアンテナモジュールが組み込まれている。自分の機体のレーダーから電波を出さずに、敵が発するレーダー波、無線通信、妨害電波をとらえ、さらに味方の早期警戒管制機E－3からの情報も受信して敵の位置を探知する「多目的パッシブ・レシーバーシステム」を搭載。また敵探索のためやむを得ずレーダー波を発する場合でも、非常に高出力の電波をごく短時間照射することで、相手機器に感知される前に必要な情報を得ることができるという。

第二は超音速巡航性能だ。戦闘機の性能比較では、マッハレベル、つまり音速を超えるスピードを競い、早ければ早いほどいいと一般には思われがちだ。しかし、特別な戦闘機を除き、速度の限界はマッハ二・二、高度一万mで時速約二四〇〇㎞とされている。この速度は東京―名古屋間を八分で飛行する能力に当たる。これを超えると機体のアルミ合金が空気の摩擦で溶け始めるスピードでもある。

第四世代の戦闘機が音速を超えるスピードを求める際は、エンジンを最大回転数まで引き上げ、その上で高熱の排気ガスに直接燃料を噴出して点火し、エンジンとは別に推進力を加える「アフターバーナー（再燃焼装置）」という仕組みを使わなければならなかった。アフターバーナーを使えばスピードは爆発的に加速するが、燃料も急激に消費する。このため空中戦や敵ミサイルをかわす場合などごく短時間でしか使えない。

ところがラプターではアフターバーナーを使わずにマッハ一・五ほどで超音速巡航（スーパーソニック・クルージング）ができる能力がある。エンジンが高出力のため超音速状態が普通の状態のように安定的に飛行でき、燃料消費も少ない。国際線旅客機は海抜一万m辺りを飛行するが、ラプターは最高で海抜一万五千mの高度で飛行する。この高度だと薄い空気に対応して燃料の消費量も絞るため、燃料消費が少なく航続距離も伸ばせる。さらにもう一つ利点がある。航空機から発射されたミサイルは、燃料を燃焼し尽くすとあとは慣性の力で飛行する。超音速巡航では発射ミサイルの初動速度が飛躍的に高まり、慣性の力も大きくなる。つまりミサイルの速度が上がり、到達距離も伸びて攻撃力がより高まるのだ。

こうして最先端技術のレーダー・電子機器システムで素早く敵の位置をとらえ、敵のレーダーに捕捉されずに十分な距離を保ちながら攻撃できる。暗闇でも樹上から獲物を見つけ、音もなく飛来して捕えるフクロウの姿を思い浮かべれば、米国のステルス機がなぜ「ラプター（猛禽類）」と命名されたか理解できるだろう。フクロウは西洋では〝智者〟の意味もある。

模擬戦でも驚異の成績

F－22ラプターは二〇〇五年一〇月に米国本土防衛用に実戦配備されている。最も近いところで二〇一六年四月にルーマニアに派遣されたものの、ロシアへのデモンストレーションに過ぎず、実際の戦闘に参加した経験はない。それなのになぜ「世界最強」あるいは「空の支配者」と言われているのか。

米国は実戦配備の翌年の二〇〇六年六月、アラスカ湾でラプターの初の実戦訓練となるノーザン・エッジ演習を実施した。海軍と空軍との二週間にわたる大規模な統合訓練である。訓練は空対空、空対地、空対艦など様々なシナリオを想定し昼夜行われた。模擬空中戦ではまず一二機のラプター編隊が仮想敵一〇八機を仕留めた。ラプターの損失はもちろんゼロだ。異なる機種とチームを組んだ模擬選では、ラプターが艦載機のF／A－18ホーネットやF－15C／Eイーグル、電子攪乱を任務とするEA－6Bプロウラー、早期警戒機であるE－2Cホークアイで「ブルーチーム」を編成、自チームの機数の四倍という圧倒的な数で構成した仮想敵「レッドチーム（ラプターは入っていない）」に対し二四一－二、つまり敵二四一機を〝撃墜〟し自分のチームの損失はわずか二機という輝かしい戦績を記録した。しかも〝撃墜〟された二機の機種はラプターではなかった。

空対艦、空対地の想定戦では、他の機種が敵に捕捉されるため近づけない「脅威圏（threat rings）」へ、ステルス性能を生かしてラプターが突入し、チームに攻撃目標の艦船や地上施設情報を流して攻撃成功に導いた。ラプターが敵を捕捉する範囲は三六〇度、正面だけでなく全方位で目標を捉えることができる。「神の目の視野」と呼ばれるゆえんだ。単独での攻撃能力が高いだけではなく、機種の違うチーム機を率いて攻撃目標を指示して作戦を成功に導く統合的攻撃能力こそ、空中と地上（海上）の攻撃目標を同時に捕捉できるラプターの本質であり、この故に「空の支配者」と言われるのだ。

米国は同様の統合演習を二〇〇九年三月、沖縄近海で三週間にわたって実施した。嘉手納《かでな》基地のラプターが参加したこの演習は、訓練であると同時に、中国にラプターの威力を見せつける威圧行動でもあった。

これより先の二〇〇七年二月に米国ネバダ州で行われたレッド・フラッグ演習（Red Flag）では、海外から空軍が参加した。パイロットの実戦能力を高めることを目的として始まったこの演習には、オーストラリア空軍、イギリス空軍に加え、日本の三沢基地、嘉手納基地に駐留する戦闘機も参加、さらにB－2ステルス爆撃機、F－117ナイトホークステルス攻撃機など当初の予定外の機種も加わって実戦即応能力を高めた。

この演習でもラプターはドッグ・ファイト（空中戦）を繰り広げたが、ここでもステルス機の威力を見せ付けた。ラプターに対峙した、米第六五飛行大隊で編成したＦ－15機のリーダー、ステファン・チャペルはこう語っている。

「操縦席からラプターが肉眼で見えているのに、レーダーには何も映らず攻撃システムのロックオン（攻撃目標設定）ができない。恐ろしい体験だった」

整備の簡単さも、これまでの常識を覆している。基地に帰還したパイロットは、操縦席からＤＴＣ（Data Transfer Cartridge）と呼ばれるカートリッジを取り出して整備士に渡す。整備士はこれを整備用コンピューターにつなぎ機体の状態をたちどころに把握、問題が生じていれば交換パッケージを装着して整備を終える。機体のあらゆるデータが詰まったカートリッジから情報を読み取り、健康診断と治療を一挙に行うような仕組みだ。しかも問題個所はこれまたパッケージの交換で済む。これまでの機種に比べ、整備時間は飛躍的に短縮された。弾倉へのミサイル類の搭載も、新システムにより自動化されているため、再出撃にかかる時間が短縮され出撃回数の増加につながって、総体としての攻撃力を増すことにつながっている。

Ｆ－22ラプターの廉価版を開発

ラプターがＦ－15ストライクイーグルの後継機として開発されたことは前述した。当初の構想ではＦ－15の機数に見合う七五〇機を生産する予定だった。

アメリカ空軍は戦闘機二機を基本単位とし、通常一〇機から二四機で編隊を構成する。陸軍騎兵隊の伝統を受け継いでいるという。ラプターは自国の防空分さえ必要な機数はとてもまかなえていない。新たなステルス戦闘機を開発するにしても、極力価格を抑えて友好国が購入できるものにしなくてはならない。この隘路《あいろ》を解決するために開発したのが、F－22ラプターの廉価版ともいえる後継機F－35である。F－22は米国本土防衛用の空対空の戦闘機で、陸上の航空基地に所属する。これに対しF－35は航空基地から発進するF－35A、垂直離着陸型で海兵隊が航空母艦や多目的攻撃艦などで使うF－35B、海軍が航空母艦で使うF－35Cの三タイプがある。F－35はF－22の設計思想と基本性能を受け継ぎ、一つの機種をモデルに三種類を同時に製作しようとしたのだが、合計二四四三機製造するコストは当初の見込み以上に膨らんだ。一機当たり価格は約一八三億円。F－22ラプターの二五〇億円よりは安いが、現在の主力艦載機F／A－18スーパーホーネットの二・六倍もする。

F－35は二〇一六年七月にアメリカ・ネバダ州で三週間にわたって実施した「レッド・フラッグ16－3演習」で、実戦を想定した訓練に初めて参加、期待以上の性能を実施した。詳細は明らかにされていないが、いち早く実戦に使用できると認定した海兵隊は第一二一戦闘機攻撃大隊に所属する一〇機のF－35Bを、二〇一七年一月中旬に岩国基地に恒久配備した。世界で初めての配備だ。

空軍は二〇一六年八月二日にF－35Aの実戦能力を認定した。空軍は同機を現在一五機配備しており、順次配備を拡大する。海軍が航空母艦で使用するF－35Cは、着艦時に使用する機体尾部のフックの強度に問題があったが、既に解決して航空母艦でのテストを重ねており、二〇一八年から約六〇機を順次実戦配備する予定だ。

さて、ステルス機の性能をF－22ラプターで見てきたが、どう戦略的に使用するのかが最も大事な点だ。F－22もF－35も、対戦闘機との格闘技的戦いよりも、地上の攻撃目標への戦いにおいて、その威力を発揮しそうだ。

そのカギとなるのは「ネットワーキング」の技術だ。F－22ラプターとB－1ステルス爆撃機、さらにB－1の護衛戦闘機の組み合わせだと、これ以上近づくと敵の攻撃を受ける「脅威圏」をまずラプターが突破し、パッシブレーダーで得た攻撃目標を爆撃機や護衛戦闘機に伝えるのが一例。あるいはF－35と潜水艦群の組み合わせでは、F－35が敵防衛ラインを突破して得た複数の攻撃目標情報を潜水艦群に流し、潜水艦から巡航ミサイルトマホークを発射するという具合だ。その意味でF－22、F－35は一段と進化した戦闘機といえる。さらに航空機、潜水艦、空母、護衛艦、偵察衛星、そして使用するミサイルなどの情報をネットワーキングで結び、総合戦として運用するという構想だ。攻撃の司令塔となる早期警戒管制機には「エアー・バトル・マネージャー（空中戦指揮官）」が乗り込んでおり、敵味方の情報、空中給油機の位置情報などを流す。新しい戦略はコンピューター・ネットワーキングによる情報統合運用をいかに発展させるか、いかにして習熟し練度を高めるかにかかっている。

空中給油の発達で滞空時間が向上

これまでステルス戦闘機について詳しすぎるほど説明した。確かに、ステルス戦闘機は革新的な最新鋭の戦闘機だが、航空機メーカーの中には、巨額の開発費用が掛かるステルス機能追求を敢えて見送り、異なる設計思想で新鋭機を開発したメーカーもある。スウェーデン・サーブ社の「グリペンE（羽が生えた獅子の意）」がそれだ。

二〇一七年六月に初飛行に成功し、二〇一九年から二〇二六年にかけてスウェーデン政府に計六〇機納入する予定だ。前身機のグリペンC／Dが配備から平均七年しか経っていないのに、新鋭機に全面的に切り替えるというのだから、大変な自信作なのは間違いないだろう。

グリペンEは、ロシアが開発中のステルス戦闘機T－50に対抗すべく、山岳や渓谷が多いスウェーデンの地理的環境に最適の戦闘機として開発したという。その特徴は革新的な航空電子技術によるレーダーやセンサー類を駆使し、敵に探知される前に敵の姿をとらえ攻撃する能力を実現したこと。戦闘機同士はもとより、基地や通信衛星との間でもデータを相互にやり取りできる。しかも巡行速度はマッハ2。機能面はまだ十分には明らかにされていないが、価格面でも市場競争力があると、絶対の自信を持っているようだ。

スウェーデンの最新鋭機グリペンE

ここで、世界最新鋭のF－22やF－35でも避けて通れない、最も重要なポイントに話を移そう。それは、基地（航空母艦）を飛び立った航空機がどれぐらいの時間、作戦空域に留まることができるか、つまり滞空時間の問題である。

初めて航空機が戦争に登場した第一次世界大戦では、作戦空域での滞空時間は二〇分～四〇分しかなかった。いかにしてこの時間を伸ばすか――ここに空中給油のアイデアが生まれた。世界で初めての空中給油は一九二一年一一月、カリフォルニア州ロングビーチの上空で、曲芸飛行家ウェスリー・メイが行った。背中に約二〇リットル入りの燃料缶を背負ったメイは、リンカーン・スタンダード機の翼からカーティスJN－4機の翼に乗り移り、燃料を補給した。

曲がりなりにも航空機から航空機への給油といえる実験は、一九二三年六月二七日、カリフォルニア州サンディエゴで行われ、郵便飛行機として活躍した複葉のデハビランドDH－4B機二機が、上空飛行側からホースを下方飛行側に垂らして重力の力でガソリンを給油した。この際は燃料バルブが不調で、八月下旬の再挑戦で三七時間の滞空記録を樹立した。

こののち、空中給油は滞空時間を競う民間のパイロットたちに広まったが、最初に軍事的価値を見出したのはイギリス空軍で、爆撃機運用のためだった。爆弾を目いっぱい搭載し、燃料も満タンにすると、爆撃機は重過ぎて離陸が難しくなる。そこで爆弾搭載量を優先し、燃料は空中で補給する方式をとったのだ。第二次大戦が始まると、イギリス空軍は爆撃機をドイツへ差し向けたが、ドイツ空軍は、爆撃機の護衛戦闘機が燃料補給のため基地へ帰還したところで爆撃機に襲い掛かる作戦をとった。

いきおい、軍用機開発は戦闘機の航続距離に重点を置くようになる。日本の零戦は機体重量をぎりぎりまで落とす設計思想をとった。太平洋戦争の開戦時、零戦が台湾の高雄を飛び立ってフィリピン・マニラの米航空基地を攻撃し帰還するという驚異的な航続距離を実戦で生かしたのは、この設計思想のたまものだった。だが後に、装甲をぎりぎりまで絞ったことによる機体重量の軽さと防御の弱さは、零戦の弱点となった。

空中給油が本格的に発展する契機となるのは第二次大戦後の一九四六年、アメリカが戦略空軍司令部（ＳＡＣ）を設置したことである。戦略空軍の原点は、原子爆弾を爆撃機でソ連に投下するという発想である。敵の迎撃戦闘機は、爆撃機の高度まで上昇できないはずだという考えが前提となった。爆撃機に燃料を給油する大型機が「タンカー」と呼ばれる時代が始まったが、中心となったのは戦略爆撃機Ｂ－29を改造したＫＢ－29だ。九二機を給油タンカーに、七四機を燃料の受け手の爆撃機に仕立て、一九四八年七月には二つの飛行中隊が誕生した。

ほどなく、爆撃機ではなく戦闘機への空中給油が差し迫った課題として急浮上する。朝鮮戦争の勃発である。朝鮮戦争は、ジェット戦闘機が初めて実戦に参加した戦いでもある。ジェット機は機体重量がピストン・エンジン機より一段と重くなり、大量の燃料を消費する。先に挙げたＦ／Ａ－18スーパーホーネットの場合、わずか一カイリ（一・八五㎞）飛行するのに燃料を一三ℓも消費する。自動車のように一ℓ当たりの飛行距離に直すと約一四〇ｍである。ロケット弾や爆弾も重さを増した。朝鮮半島を挟むように東と西の海上に航空母艦を配置したとはいえ、日本の基地を飛び立って北朝鮮の作戦空域に入った国連軍機（米軍機）は、三〇分ほどで作戦空域から帰還しなければならなかった。はなはだ非効率的な戦闘機運用を迫られたのだ。

空軍は急遽《きょ》、戦闘機に適した空中給油の新方式開発に着手し「フライング・ブーム」方式を完成させた。タンカーの胴体後方から稼動アームを斜め下に伸ばし、さらに先端のＶ字型の羽根の部分から燃料パイプを伸ばして戦闘機の操縦席後方にある燃料口に差し込み給油する。一連の操作はタンカー側で行い、戦闘機は同じ姿勢を保持して給油が終わるのを待てばよい。一分間で約二二七〇ℓの給油ができるようになった。

さらに給油口がアンテナのように機外に飛び出した航空機のため、フライング・ブームの燃料パイプの先端に漏斗《ろうと》状器具を取り付け、給油を受ける側の操縦で給油口を漏斗の中に差し込む「プルーブ・アンド・ドローグ」方式も開発された。朝鮮戦争さなかの一九五一年七月六日、新方式で給油を受けたロッキードRF－80シューティング・スター機が北朝鮮上空で偵察飛行を行った。初めて空中給油が実戦に用いられたのだ。この成功で、これ以後、同じ機が繰り返し空中給油を受けて偵察活動を続ける運用が始まった。

空中給油が実戦において最初に威力を見せつけたのは、アメリカ軍が一九六五年から一九七三にかけてヴェトナムを中心に東南アジアを猛爆した「オペレーション・アーク・ライト（聖櫃の光作戦）」である。「聖櫃」とはモーゼの十戒の言葉を刻み込んだ石板の容器を指す。グアム島のアンダーセン基地、沖縄の嘉手納基地、タイのユー・タパオ基地から飛び立った一八機～三〇機の戦略爆撃機B－52をタンカーに仕立て、爆弾投下を担当するほぼ同数のB－52爆弾機とで編隊を組んで飛び立ち、豪雨のような爆弾の雨を降らせた。東京大空襲を実施した米空軍の大量殺戮のDNAは脈々と継承されていたのだ。この作戦の総出撃回数（ソーティー）は一二万六千に上った。ちなみにイラク戦争の「イラクの自由作戦」では空中給油機一八二機が六千ソーティーも出動、総計一三六〇万トンの燃料を給油した。

アメリカが世界に先駆けて強力に推進した空中給油戦略は、世界の警察官としてのアメリカを支えた。空中給油機数は主力のKC－135（給油能力五二トン）が一〇〇四機、KC－10A

（給油能力八九トン）が五九機、その他ＫＣ－１３０、Ｌ－１０１１が若干数という構成だ。ＫＣ－１３５は老朽化が著しく、後継機にボーイング７６７旅客機をベースにしたＫＣ－46Ａ（給油能力九四トン）を採用、向う三〇年間で五〇〇機導入して順次置き換えて行くことになっており、二〇一七会計年度予算では第一弾として一五機分が予算に盛り込まれている。

湾岸戦争の〝影の主役〟

世界の警察官としてのアメリカを象徴する有名な言葉がある。一九九三年三月一二日、米航空母艦セオドア・ローズヴェルトに降り立った大統領ビル・クリントンは、乗組員にこう語り拍手に包まれた。

「ワシントンで危機という言葉が飛び交う時、すべての人が異口同音に最初に口にする言葉がある。それは『一番近くの空母はどこにいる』だ」

では、近くに空母がいなかったらどうなるのか。一九九〇年八月二日、イラクの大統領サダム・フセインが軍をクウェートに侵攻させ、イラク軍は南のサウジアラビアへ向け一気に進軍を始めた。近くに米空母はいない。アメリカ国防総省がとった対抗手段の第一弾は戦闘機の派遣だった。ヴァージニア州ラングレー基地を飛び立った、Ｆ－15イーグルで編成する第一飛行大隊は大西洋をまたぎ、ヨーロッパを横切り、連続一四時間飛び続けて八月七日、サウジアラビア・ダーランにあるサウジ軍の空軍基地に着陸した。部隊の任務は国境付近の制空権確保だった。この瞬間、イラク軍の南下の動きはぴたりと止まった。アメリカ軍の緊急展開能力を甘く見た、サダム・フセインの最初のつまずきだった。

この作戦の陰の主役は空中給油機である。飛行大隊は一四時間の飛行に対し七回の空中給油を受けた。七回もの給油を可能とする空中給油機の展開能力も、空軍力の柱なのである。

今や航空機の作戦に空中給油は不可欠だ。フランスは世界に先駆けてヘリコプターに空中給油を始めたし、米海兵隊が運用の柱としている、ヘリコプターと航空機が一体となったV－22オスプレイも、空中給油機としての運用を将来の課題として活動しており、オスプレイからオスプレイへの空中給油も緊急展開の課題となっている。日本はボーイング社の旅客機B－767を改造したKC－767を四機導入し二〇一一年から本格的に運用しているが、海洋国家・日本の海洋パトロール強化のためには、空中給油機の充実が必要だろう。

アメリカには世界で唯一の民間空中給油会社がある。一九八〇年代後半に設立されたオメガ・エアーである。パン・アメリカン航空の旅客機を購入して給油機に改造、一九九九年に商業活動を始めた。海軍や海兵隊と契約し、パイロットには軍のOBを採用、民間航空会社から旅客機を買い足して規模を拡大し、二〇〇四年に「オメガ空中給油サービス（OARS）」と改名した。コスト削減が課題の国防総省にとって、同社は強い味方だ。実戦にはもちろん参加しないが、演習や訓練で軍と一体となって活動している。アラスカ湾で米空軍が実施するノーザン・エッジ演習には、オーストラリア空軍やイギリス空軍の戦闘機が、同社のサービスを利用してアラスカ湾に飛来している。

二〇一五年四月、米海軍は同社のサービスを利用してノースロップ・グラマン社の無人機

X－47Bの空中給油実験に成功した。無人機への空中給油は初めてで、これによって空母を離陸した無人機が空中給油を受けて長時間活動することが可能となった。

中国の中央アジア構想

近年軍備増強が著しい中国の動向を見てみよう。中国が空中給油という運用思想を知ったのはヴェトナム戦争の時だったとされている。米軍機の残骸から用途不明の金属チューブ（主翼下に取り付ける、給油装置の格納容器と思われる）が見つかり、空中給油に行き着いたという。

空中給油機の開発プロジェクトを立ち上げたのは一九八八年。ソ連のアントーノフAn－12をコピーした中型輸送機Y－8を基にY－8Uを開発したが失敗。ソ連のツポレフTu－16戦略爆撃機を基に一九六〇年代にライセンス生産を開始したH－6（轟6）爆撃機をベースにするように方針を変更した。イギリスやイスラエルの技術者の協力を得たが遅々として進まず、一九九一年一二月にようやく試作機製作に成功、一九九七年に空軍に空中給油機H－6Uが配備され、海軍にはH－6UDが配備された。ただH－6Uは給油能力が一八・五トンしかなく、スホーイSu－30MKK戦闘機三機に給油したら基地に帰還しなくてはならない。二〇一五年時点での保有機数は二〇機程度と推測されている。

中国が期待を寄せているのは、二〇一四年から二〇一六年までにウクライナから年一機ずつ合計三機購入したイリューシンIL－78MPで、スホーイSu－30MKK戦闘機九機に給油する能力がある。中国軍は二〇一六年初、スホーイSu－30戦闘機がイリューシンIL－78MPから給油を受けているビデオ映像を公開した。イリューシンIL－78を用いれば早期警戒管制機KJ－2000への空中給油も可能になるとされる。

空中給油を行う中国軍機

ウクライナは旧ソ連の崩壊に伴い一九九一年に独立した。ヨーロッパの東端に位置し、ソ連の軍需産業の三分の一を引き継ぐ軍事と農業の国だが、親EU（欧州連合）の民主国家で、北大西洋条約機構（NATO）への加盟を模索し、プーチンの怒りを買った。ロシアが二〇一四年にウクライナ領だったクリミアに介入し領土に編入したため、アメリカ、EU（欧州連合）、日本はロシアへの経済制裁に踏み切った。

中国はヨーロッパと中央アジアの結節点に位置するこの国に急接近し、中国とヨーロッパを鉄道で結ぶという、習近平が二〇一三年一一月に打ちあげた「一帯一路（新・海陸シルクロード）」構想で、鉄路の成否を握る最重要国と位置付けた。実現すれば輸送の所要日数は船便より一五日も短縮でき、船便より輸送コストはかかるが、ヨーロッパの国々を経済で絡めとり、不動の足場を築くことができる。農業国ウクライナからトウモロコシや大豆を輸入し、アメリカへの輸入依存度を下げるという食糧戦略もあった。ところが中国からの投資は急増したものの、ロシアのクリミア併合で状況が変わった。経済制裁と原油価格の低迷で歳入不足に陥ったロシアが中国にすり寄り、原油獲得の好機と見た中国が軸足をロシアに移したため、ウクライナがもともと持っていた共産党政権への警戒感が再燃し、両国関係は足踏み状態にある。

ウクライナは、後に遼寧号となる空母の船体を中国に売り、遼寧号に艦載する戦闘機開発のためスホーイSu－33戦闘機二機を売却し、中国パイロットの訓練もウクライナの施設で行なった。中国はこれを基に艦載機J－15戦闘機の開発に成功、さらに空中給油機も中国に売って、中国の軍備増強に手を貸している。ウクライナにしてみれば最先端ではない武器を売ったつもりだろうが、今後日本は、ウクライナが中国に武器を売らないよう、黒海に面するウクライナの港湾整備など社会資本整備への支援を通じて、黒海沿岸諸国とも関係を強化するなど、中国の動きを見据えたウクライナ戦略を取らなくてはならないだろう。

二〇一六年秋から中国は南シナ海で空中給油機を展開し、空母・遼寧号の西太平洋航海でも空中給油機を展開した。アメリカ軍によると、中国の部隊編成は二機のH－6Uに対し護衛機四機を一単位として合計一二機で、約一二〇〇km飛行するという。南部の海南島基地に本拠を置くと、南シナ海からインドネシアに至る範囲が中国の行動圏に入ってしまう。遼寧号の航海では、中国軍は艦載機J－15が一五機搭載されていることを初めて明らかにし、空中給油訓練を実施したことも発表した。給油機の機体数がまだ十分とは言えないが、着実に能力を向上させていることを示した。日本や米国、台湾への牽制もあるだろうが、自国民に見せる意味合いの方が大きいのではないかと感じられる。

第十章　アジアの海と日本のシーレーン

「海洋には境界がない。ゆえに誰にも帰属せず、どの国も排他的な権利を主張できない」（国際海洋法の父フーゴー・グロチウス）

海へ侵出する中国

現代の中国の海岸線は黄海、東シナ海、南シナ海に接している。その距離は一万八千㎞を超え、面積が五〇〇㎢以上の島だけでも約六五〇〇ある。しかし、中国大陸の歴代王朝はほとんど海に関心がなかった。陸で完結しているから、海に出る必要がなかったのだ。

明王朝の全盛期、永楽帝の時代に、宦官《かんがん》で皇帝の側近だった鄭和《ていわ》は、総勢二万七千人超もの乗組員を率い、六二隻からなる大型船団を組織して南海遠征を行った。七回に及んだ遠征は、インド洋からアラビア半島、アフリカに至っているが、東の海へは目を向けなかった。なぜか。甥にあたる二代皇帝・建文帝を武力で倒して帝位に就いたことから、未知の世界への探検ではなく文明国に明王朝の存在を知らしめ、皇帝の権威を高めることが永楽帝の目的だったからだ。『明史』によると、鄭和の船団の中で最大の船は長さ一三七ｍ、幅五六ｍ、一隻に千人超が乗船できる巨大さで、海図や羅針盤を備えていたという。鄭和は陶器や織物、香料、鉄器などを満載して帰国したため「宝船《ほうせん》」とまで呼ばれた。

明王朝は倭寇対策を名目に海禁政策に転じ、外国との貿易を禁じたが、鄭和の遠征は朝貢貿易という位置づけだった。海禁政策で海を封じられた沿岸の「海商」は、時に海賊となって中国沿海部から台湾周辺の海域を自分たちの庭とした。同じく中国沿岸を荒らした、日本人のなりをした多国籍海賊の「倭寇《わこう》」と海商は、台湾北部の港町・淡水《たんすい》や基隆、南部の港町・安平《あんへい》を隠れ家《が》にして交易活動も行っていたが、世界の最先端だった明王朝の大型航海の知識や造船技術は廃れた。大陸国家としての領土追求が、海洋帝国としての道を断ったのだ。中国共産党総書記・習近平が「中華文明の偉大な復興」、「中国夢」をスローガンに掲げた時、中国国内では鄭和ががぜんクローズアップされたが、習が掲げる夢は、海で接する国々にとっては「悪夢」と言うべきだろう。

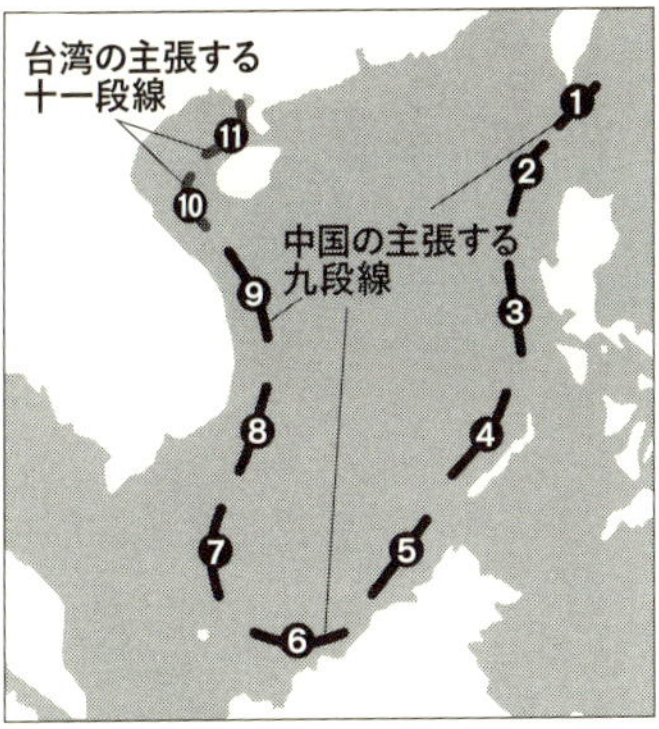

南シナ海では、台湾に逃れた中華民国が一九四七年一二月、東シナ海の地図に一一の破線で囲んだ牛の舌のようなエリアを領土として突如、主張をし始めた。一方の中国は一九五三年にこれを九つの破線で囲む「九段線」に仕立て直し、この線で囲まれた領域を「昔から中国のものだった」と主張している。南シナ海の約八五％もの広大な領域を自国のものだと主張するのだから、全く穏やかではない。中国のものだとす

る根拠について、中国社会科学院の李国強は、九段線は「中国人民の頭に染み込んでいる」と述べ「歴史的な感情を考慮するかぎり、中国人は現代国際法を用いて九段線を解釈することを受け入れない」と「感情」を強調する。国際社会には通用しない一方的な主張だ。

この地域で最も対立が先鋭化しているのはフィリピンと中国が領有権を主張しているスカボロー礁だ。二〇一二年四月にフィリピン海軍艦艇が中国漁船に立ち入り調査を行ったことが発端となり、フィリピン沿岸警備隊と中国海監総隊とが対峙する事態に発展、中国はスカボロー礁を事実上支配するに至った。フィリピン政府は二〇一三年一月、国連海洋法条約に基づき、常設仲裁裁判所に裁定を求めた。その後の動きは後述する。

国際法から逸脱した主張

そもそも、海に線を引く行為は大陸国家が領土の境界線を引く発想を海に持ち込んだものだ。大航海時代にいち早く海洋進出したスペインとポルトガルは無用の抗争を避けるためローマ教皇の仲介を仰ぎ、一四九四年、大西洋のグリーランドからブラジル東端にかかる西経四六度辺りの子午線を両国の海の境界とするトルデシリャス条約を結んだ。この境界線の東側はポルトガルに優先権があり、西側の土地はスペインのものとなる約束だった。

アジアへの進出が活発になると、両国は香辛料の産地モルッカ諸島やニューギニア中央部を結ぶ東経一四四度三〇分の子午線を境界とするサラゴサ条約を結んだ。スペインは東回り航路の拠点を持たないため、大西洋を南下して南アメリカ大陸南端のマゼラン海峡を回り、西へ転じてモルッカ諸島を目指した。しかし、モンスーン（季節風）の風向きが逆風となって航海が難しいことが分かり、モルッカ諸島から手を引いたが、フィリピンを領土として手に入れた。

　両国の境界はあくまで子午線に沿ったもので、十一段線や九段線という、海に領土をつくる発想とは根本的に異なる。十一段線や九段線は歴史的に見ても、全く異様な主張なのである。

　アメリカは二〇一四年二月、この九段線の主張と、台湾の十一段線の主張は国際法違反であるという公式声明を初めて出している。国連海洋法では、大陸の海岸線あるいは人間が居住できる島から二〇〇カイリ（約三七〇㎞）を「排他的経済水域」として漁業や天然資源の採掘の権利を認めている。排他的経済水域では他国の船舶の航行や航空機の上空通過、海底ケーブルやパイプラインの敷設などが認められている。下院外交委員会で国務次官補のダニー・ラッセルは「国際法の下では、南シナ海の海洋権益は陸上（の海岸線）から導き出されなければならない。中国が主張する九段線は陸上から派生しておらず、いかなる使用も国際法に適合しない」と証言している。さらに国務省は、一二月には「海洋の限界」と題する文書で中国の主張を挙げながらことごとく論破し、中国が掲げる「歴史的権利」は国連海洋法が規定するごくごく狭い歴史的主張の範疇にさえ適合しないし、歴史に基づく海洋主権という主張の資格さえ許容しないと、明確に退けている。

　しかし、中国はその主張を撤回しようとはしない。

　陸と違って海の境界設定はやっかいだ。領海だけでも争いが絶えないのに、大陸棚の問題や排他的経済水域の問題が複雑に絡む。ただの島なら放っておいたのが、石油が採掘できるとなると、途端に欲が前面に出る。日本が支配している東シナ海の尖閣諸島にしても、石油採掘が有望となった途端、中国は「昔から中国の領土だ」と主張し始めた。「昔から」という表現には、輝かしい中華帝国の記憶があるのかもしれないが、要するに国際法に基づく論理的主張ができないと認めているのだ。

人口一三億の原油輸入大国・中国では、中東からの原油タンカーはマラッカ・シンガポール海峡を通っている。中国はそのことが不安でならない。中国はパキスタンを支援してイラン国境に近いオマーン湾口に面するグワダル港を整備し、新疆《しんきょう》ウイグル族自治区のオアシス都市カシュガルとグワダル港を結ぶ、三千㎞に及ぶ「中国パキスタン経済回廊（ＣＰＥＣ）」を建設中だ。オマーン湾はペルシャ湾の前庭のようなもの。習近平が掲げる「一帯一路」構想の一環であり、インドを牽制しながら安全な原油輸入ルートを確保するのが一番の目的だ。

グワダル港は中国の出資によって二〇一六年一一月中旬に開港、カシュガルから運んだ中国からの積み荷が初めて貨物船で輸出された。さらに中国は二〇一七年一月中旬、港の防衛に当たる艦船二隻をパキスタン海軍に供与し、さらに二隻を追加供与する方針だ。

パキスタンの日刊紙『パキスタン・オブザーバー』（二〇一七年一月一三日付）によると、中国パキスタン経済回廊建設は二〇三〇年までの三段階計画で、総額五四〇億ユーロ（約六兆五七〇〇億円）を投資し、高速道路、鉄道、空港、発電所、パイプラインなどを建設する大規模開発だ。パイプラインが完成すれば、中国は原油輸入の陸上ルートを手に入れることになる。

パキスタンとアラブ首長国連邦が共同出資で一九七四年に設立したパキスタン最大のエネル

ギー企業ＰＡＲＣＯは、グワダルに一日当たり約四万〜約四万八千㎘を処理できる原油精製プラント建設を計画している。これは同社が誇る最新鋭石油精製工場の処理能力の二・五倍〜三倍に当たる。ＣＰＥＣはパキスタンにとってもエネルギー戦略の要になると期待されているのだ。

中国はなぜ「壁」を築きたがるのか

古来、中国大陸に建国した王朝は、遊牧民族の元を除いて「壁」に囲まれないと安心できない習性を持っていた。遠くは秦代の万里の長城に始まり、歴代王城は都市を壁で囲んだ。清代には一ヵ所の小さな入口から入り中庭に向けて部屋を配する伝統建築・四合院《しごういん》、さらに現代の鉄筋コンクリートの集合住宅の団地でさえ、小さな入口を一ヵ所設けて周囲から中が見えないように全体を壁で包み、大きすぎるような中庭を中心に配置する造りが多い。二〇〇八年に世界遺産に登録された客家《はっか》の大型集合住宅「福建土楼《どろう》」が分かりやすい。厚く高い壁を巡らせた円形ドーム状の住宅は、人口が増えれば外側にさらなる円形ドーム住宅を巡らせる。国力が増せば壁は外へ外へと拡張するのだ。マラッカ・シンガポール海峡までコントロールするほど航続距離が長い飛行機を持たない中国は、東シナ海を〝壁〟で囲み、航空基地を建設してパトロールさせないと安心できないのだろう。

南シナ海紛争で明白になったように、そもそも中国は「国際社会」とか「国際航路」という考え方をどうしても受け入れようとしない。

ジョージ・Ｗ・ブッシュ政権で国務副長官を務めたロバート・ゼーリックは二〇〇五年九月

二一日、ニューヨークで開かれた米中関係に関する全国委員会で基調講演を行った。彼は「ステイクホルダー（原義は掛け金の保管人、転じて利害関係者）」という言葉を用いて「我々は中国に（メンバーとして参加している）国際的な仕組みの中で、責任あるステイクホルダーになるよう促す必要がある」と述べた。六年後の二〇一一年八月、ゼーリックは世界銀行総裁としてオーストラリアのシドニーに赴き、アジア・ソサエティー・オーストラリア・センターの年次総会の夕食会で「中国は活力があるが、ステイクホルダーになるのを嫌がっている」、「中国は国際的システムに参加して利益を得ている。参加に伴う責任を分担する必要がある」と、再度この問題を取り上げた。

ステイクホルダーの責任を果たしている数少ない例に、二〇〇八年一二月から始まったソマリア沖の海賊対策への艦船派遣がある、と中国は主張するかもしれない。第一陣として駆逐艦・武漢、海口の二隻と総合補給艦・微山湖《びざん》で八〇〇人の兵を率いた司令官・杜景臣《とけいしん》は「人民解放軍海軍は外国の軍隊あるいは地域組織の指揮を受け入れない」と表明した。確かに以後六年間におよぶソマリア沖への派遣活動において、中国の艦隊はアメリカをはじめ二〇ヵ国を超える参加国と情報を交換し統合的な活動も行ったが、パトロールの指揮をとることはなかったし、他国の艦船のように米国の指揮下に入ることもなかった。

このことについて、アメリカ海軍大学準教授アンドリュー・S・エリクソンや同大中国海事研究所の研究員オースティン・M・ストレインジは「中国は、願ってもない国々との間で艦艇警護の手法やメカニズムを探求し、確立した」と指摘し、その上で「中国は今や世界へ向けて膨張し続ける自国艦隊を警護する能力を身に付けたし、実際にそうしようとしている」と警鐘を鳴らしている。また、ソマリア沖での活動終了後「東シナ海や南シナ海における中国艦船は非生産的で危険としか言いようがない行動を重ねている」と批判している。

第八章で述べた通り、中国海軍の父・劉華清は第一次列島線、第二次列島線を構想したが、中国は第一次列島線で封じ込められる事態を自ら招きつつあるということを想像できないでいるようだ。

中国が特に南シナ海で展開している軍事戦略が「A2／AD（アンチ・アクセス／エリア・ディナイアルの略）」、すなわち接近阻止、領域全体に近づかせない戦略だ。中国の脅しの切り札が「東風21Dミサイル」で、航空母艦が近づくとこのミサイルで沈めるぞというわけだ。

このミサイルは内陸部の基地から発射された後、一旦大気圏外に出て、目標の上空で大気圏に突入する。射程距離は四千㎞だという。だが、このミサイルは中国の砂漠で固定した目標に対する実験しかされておらず、大気圏外から再突入して空母のような移動する目標を正確に攻撃できるかどうか、まだ証明されていない。中国が情報を隠せば隠すほど、周囲の国は警戒のあまり過大評価をしがちである。中国の軍事技術を侮《あなど》ってはならないが、じっくり見極める観察眼が大事である。

もう一点大事なことがある。もし中国が対艦ミサイルでアメリカの航空母艦を撃沈したらどうなるか。約五千人が乗務する航空母艦は、言わば移動するアメリカ領土である。当然、アメリカは報復攻撃に出る。最悪のシナリオを描けば、報復攻撃で北京が攻撃され、共産党統治は崩壊するだろう。つまり、核兵器をいかにたくさん保有しても現実には使えないのと同様に、東風21Dミサイルも現実には使えない兵器なのだ。新兵器が出現したら、脅威を理解した上で、もし使用したらどういう事態を招くかを冷静に分析しなくてはならない。

アメリカ海軍、空母二隻をフィリピンへ派遣

中国は今、大陸国家から沿岸海軍国家を経て、遠洋海軍国家の道を目指している。だが、大動脈のマラッカ・シンガポール海峡からインドネシアのロンボク海峡、フィリピンのルソン海峡、フィリピンと台湾の間のバシー海峡、沖縄から南西諸島、日本列島の各海峡、宗谷海峡と連なるラインに囲まれており、中国が遠洋に出ようとしても自由に通航できる「チョーク・ポイント（海上の要衝の意、原義は「喉元」）」を持たない。劉華清が唱えた第一次列島線は、中国の不安のラインでもある。

中国が従うことを拒絶している国連海洋法条約は、世界を支配するアメリカが世界に押し付けた独善的条約ではなく、あくまで諸国の討議と合意によって誕生したものだ。遠洋海軍国家に不可欠なものは、海のルールを理解し規範を遵守する精神である。逆に言うと、海を平和に共同利用する思想を育まなければ、中国は永遠に遠洋海軍国家にはなれないどころか、逆に第一次列島線内に封じ込められて世界で孤立するしかない。

アメリカ海軍は二隻の空母、ジョン・ステニスとロナルド・レーガンを西太平洋に派遣し、二〇一六年六月一八日から、フィリピン近海で演習を開始した。一万二千人の兵員と航空機一

四〇機が参加した二つの空母打撃群の展開は、台湾海峡危機以来初めてである。「航行の自由」を掲げるアメリカの断固とした意志表示であり、ルールに従おうとしない中国への、かつてない警告である。世界秩序の破壊は許さないという点において、アメリカは国際社会の支持を得ることができる。

アメリカは常に戦争をしている国だ。アメリカには日本と戦った結果、中国の共産党政権と北朝鮮という厄介な国を誕生させてしまったという反省がある。ジャーナリストのロバート・D・カプランが『アトランティク』誌（二〇〇五年六月）に書いているように、アメリカは中国を軍事力でねじ伏せることはできるが、後にどのような政権が生まれるか見通せないでいるから、武力行使しないだけなのである。中国は勘違いしアメリカは弱気になっていると思い込んでいるのだ。

南シナ海を航行する空母ジョン・ステニスとロナルド・レーガン

常設仲裁裁判所は二〇一六年七月一二日、国連海洋法条約の下では、中国が主張する南シナ海の領有権は無効であり、歴史的権利を主張する法的根拠はないという判断を下した。中国の完敗である。一九四九年の共産党政権の樹立以来、最大の外交的失敗といっていいだろう。裁判官はガーナ、フランス、ポーランド、オランダ、ドイツの五ヵ国の裁判官・大学教授で構成し、上訴の仕組みはない。つまり今回の判断は確定した、不動のものだ。

中国は裁判そのものを否定したため、裁判所で主張を展開することもしなかった。ところが裏では、中国の駐オランダ大使が複数の裁判官に接触を試みる手紙を出していた。裁判所はこの事実を判決文に明記し、「非公式にコミュニケーションを図ろうとした中国の行為は、裁判所の法的手続きを否定するものとして取り扱うことを決定した」と、中国の行動を強く非難している。国際社会を驚かせたのは、王毅外交部長がケリー米国務長官との電話会談で、仲裁裁判所の裁定について「裁判は法律の衣をまとった政治的茶番劇だ」と言いつのり、胡錦濤政権下の外交トップだった元国務委員の戴秉国《たいへいこく》が、国際会議で裁定を「ただの紙くずだ」と決めつけたことだ。共に甚だしく品格を欠いた言動であり、国際社会を侮辱するもので、何よりも、中国は相手を納得させる論理を持たないと自ら認めたに等しい。

強硬姿勢の裏の国内事情

中国はなぜかくも無謀な戦略を推進したのだろうか。習近平は毛沢東がチベットで行ったことを南シナ海で行おうとしたと考えると分かりやすい。

一九四九年一〇月に中国共産党が政権を握った直後、毛沢東はチベット東部に軍隊を集結させじわじわと侵攻させた。独立国だったチベット政府は一九五〇年一一月「共産中国による侵略」を国連に提訴した。だが中国は、国際社会が朝鮮半島情勢に気を奪われているうちに事を進め、翌年九月、共産党軍が首都ラサに到着し、チベットを制圧した。毛沢東は軍事的指導力を強く印象付け、指導者としての地位を揺るぎないものとした。

習近平が軍の本当の信任を得るには、軍の指導者としての能力、いざとなったら戦争も辞さない強い指導者像を印象付けなければならない。だから南シナ海を「核心的利益」と殊更《ことさら》に大きく持ち上げ、軍事力を誇示する行動を積み重ねたのだ。

国内事情も複雑だ。中国は極めて統治が難しい国である。毎年の暴動発生件数を発表していた政府は、二〇一一年に二〇万件を突破した時点で、ぴたりと公表しなくなった。あまりに増えすぎてメンツが立たないのだろう。人口がほぼ十分の一の日本に引き直して考えると年二万件の暴動、つまり毎日五〇件強も暴動が発生していることになる。四七都道府県で毎日一件、空恐ろしい数字だ。

迷彩服姿で中央軍事委員会統合作戦指揮センターを視察する習近平国家主席（2016年4月20日）

国内の治安維持費用である「公共安全費」は二〇〇九年予算で初めて国防費を上回り、二〇一〇年は実績で公共安全費が大きく国防費を凌駕した。この流れはその後も一貫して続いていると見られており、二〇一三年予算では公共安全費は七六九〇億元（約一一兆五千億円）で国防費を二八四億元も上回っていた。ところが二〇一六年予算では国防費が九五四三億五四〇〇万元（約一六兆七千億円）なのに対し、公共安全費は「五・三％増の一六六八億一五〇〇万元（約二兆九千億円）」と発表された。二〇一三年予算より日本円で約九兆二千億円も少ない。七五％減だ。治安が回復したとの仮定はあり得ない。治安維持に必要な費用が国防費を上回るなどさすがに体面が悪いと判断して、別の費目に潜り込ませたのだろうか。

もう一つは反腐敗の取り組みだ。共産党の統制機関である中央規律検査委員会は二〇一六年一二月三〇日に北京で開いた全国大会で、一月から一一月までに全国で汚職事案六一万五千件を捜査し、訴追を要する事件として三六万件を立件、三三万七千人を処分したと発表した。これまた人口が十分の一の日本に引き直すと立件数三万六千件、一日当たり九八件以上立件されていることになる。反腐敗の取り組みは政治闘争の色彩を帯びているとはいえ、すさまじい数字である。このうち「大老虎」と呼ばれる大物三五人については賄賂の額と裁判の結果も公表し、死刑三人、無期懲役七人だった。反腐敗運動で死刑は初めてである。最も収賄額が大きかったのは広東省政治協商会議主席だった朱明国で一億四千万元（約二二億四千万円）、既に死刑は執行されている。

暴動件数といい、贈収賄といい、日本人の想像を絶する規模だ。中国を統治するのは、とてつもないエネルギーが求められるのだ。

また、これは暴動ではないが、二〇一六年一〇月一一日、首都・北京で習近平の心胆を寒からしめる事件が起きた。迷彩服に身を包んだ退役軍人約四千人が、軍の最高機関・中央軍事委員会が入っている「八一大楼（ビル）」を取り囲んだのだ。共産党統治が始まって以来初の元軍人の大規模デモだ。参加者は河北、湖北、山西、江日、内蒙古など各地から集まっており、中には当局の介入を防ぐため、敢えて「習主席を固く擁護する」という横断幕を掲げる者もいた。退役後の処遇、特に年金制度に不満があるらしいと動機が説明されたが、これだけの集団が事前に情報が漏れることもなく一糸乱れぬ行動をとったことは、背後に習近平を快く思わない大立者がいたと見るのが自然だろう。

習近平は、建国以来初の軍の組織・機構の大改革を行う方針を掲げ二〇一七年から改革が本格化する。陸軍主体だった軍を陸・海・空・ロケットの四軍を並列に並べ、習近平がトップに座る中央軍事委員会の直接指揮の下に置くのが骨子。かつての軍閥のように地方に割拠する力の源になっていた「軍区」制を廃止し、中央の命令が直接下部へ速やかに届く機構づくりと、軍の近代化と四軍の一体運用を目的としている。軍区制のもとでそれぞれの軍区幹部がうまみを味わっていた仕組みを取り除き、習近平に軍権の一極集中を図るという狙いは明白だ。

中でも軍人総数を二〇一七年から三年で二三〇万人から二〇〇万人へと削減する方針は陸軍にショックを与えた。総数でこそ三〇万人減だが、海軍が二三万人から三〇万人へと七万人増加し、空軍が四〇万人を維持するのに対し、陸軍は一一五万人から九一万人と、二四万人も削減されるのだ。また、将官と士官（兵）の割合は一対二・七から一対三・五へと改める。つまり中間管理職を減らして、より戦闘にふさわしい組織にするということだ。

軍の最高司令官として、習近平は軍改革の方針が正しいことを、ことあるごとに国民にアピールしなくてはならない。そこで海軍と空軍の活動をことさらに目立たせ、陸軍を減らしても強軍国家への輝かしい道を進んでいると、分かりやすく見せなければならない。南シナ海や東シナ海での強硬姿勢、空母・遼寧号の活動は、習近平のこうした意図を具体化したものだろう。

南シナ海問題の行く末

南シナ海を取り巻く情勢は急速に変化している。二〇一五年一一月にアメリカのオバマ大統領は太平洋へのリバランス政策を発表した。海軍力と空軍力のそれぞれ六〇%を太平洋地域に配備し「ルールに基づく地域の秩序」を確立するのが目的だ。

既にフィリピンの最高裁判所はアメリカとの新しい軍事協定に合憲のお墨付きを与えており、フィリピンの四つの空軍基地利用が可能となった。とりわけルソン島の空軍基地は、スービック湾に展開する米艦船と連携し、ルソン海峡を容易に抑えることができる。同海峡では、海南島の地下基地から出航して真東に太平洋に抜ける中国の原子力潜水艦の動きを阻止できる。シンガポールに定期的に配備されているアメリカ海軍の対潜哨戒機P－8ポセイドンはシンガポールからマレーシアにかけた海域、南シナ海の南西海域の偵察飛行を続けている。その上、ステルス性に優れた海軍の新鋭沿海戦闘船（LCS＝リトラル・コンバット・シップ）がシンガポールのチャンギ港からから南シナ海西域をパトロールしている。LCSは接近阻止戦略を打ち破る機能、機雷の探知・破壊能力、対潜水艦能力を特徴とする。チャンギ港はアメリカの空母が停泊できる機能を備えている。

加えてオバマはヴェトナムへの武器禁輸措置を解除したばかりだ。ヴェトナムはロシアの潜水艦を購入して中国に対抗する海軍力を強化しており、二〇一七年一月に六隻目のロシアのキロ級潜水艦が引き渡された。アメリカとヴェトナムの協議が進めば、ヴェトナムのカムラン湾へのアメリカ艦船の寄港が実現する。この結果、いざとなれば海運の大動脈、マラッカ・シンガポール海峡封鎖も射程に入る。

アメリカの太平洋戦略の要《かなめ》はグアム島である。米空軍は二〇一六年七月末、同島の基地に配備しているＢ－52戦略爆撃機を、Ｂ－１Ｂステルス爆撃機と置き換えるとの方針を発表した。Ｂ－１Ｂの作戦行動ではステルス戦闘機のＦ－22やＦ－35が護衛に当たりながら作戦を実施すると想定されている。グアム島の戦略的位置づけは飛躍的に高まることになる。

さらにインドはフィリピンのフリゲート艦建造計画を進めているし、パプア・ニューギニアが進めている海軍の大規模拡張計画にインドも参画すべく準備を進めている。

グアムへの配備が決まったアメリカのＢ－1Bステルス爆撃機

中国にとって更なる衝撃は、インド洋や太平洋に海外領土を持つフランスが、ＥＵ諸国の海軍とともに、南シナ海でアメリカと同様に「航行の自由作戦」を展開すると表明したことだ。あまり知られてはいないが、フランスはインド洋のレユニオン、南太平洋のニューカレドニアなどの海外領土によって、アメリカに次ぐ世界第二位の広大な排他的経済水域を持つ海洋国家である。

二〇一七年二月に母港を出港したフランス海軍の強襲揚陸艦ミストラルは、イギリス軍部隊とヘリコプター二機を同乗させ四月にヴェトナムに寄港、同月二九日に佐世保港に入港した。日、米、仏、英の部隊を載せてグアム島に向かったミストラルは、初の四ヵ国共同訓練を実施。グアム島での強襲揚陸艦による上陸訓練の実施は、南シナ海の島々で埋め立てと軍事基地化を進める中国に対する強いメッセージといえる。

アメリカは仲裁裁判所の決定により、南シナ海に新しい秩序を確立するため、中国を刺激し過ぎないようにして「航行の自由作戦」を継続するだろう。これは国際社会が支持するところである。

二〇一七年一月に発足したアメリカのドナルド・トランプ政権は同年五月二四日、南シナ海で同政権として初めての「航行の自由作戦」に踏み切り、駆逐艦デューイが人工島の一二カイリ内の海域にとどまって転落救助訓練を実施した。単に一二カイリ内を艦船が通過するだけでは「領海を認めた上での無害航行」と受け取られかねない。デューイの転落救助訓練は、同海域は中国の領海内ではなく公海内での実施であるとアメリカが考えていることを強くアピールするものだった。さらに六月二四日、七月二日と作戦を繰り返し、六月八日にはステルス爆撃機B1－Bステルス爆撃機と海軍艦船による初の海空合同演習、七月六日には同爆撃機と日本の航空自衛隊の戦闘機二機が夜間飛行も実施した。

アメリカの国防長官ジェームズ・マティスはこの間の六月二日、シンガポールで開かれたシャングリア・ダイアローグ（アジア安全保障会議）で演説し、仲裁裁判所が二〇一六年七月に出した南シナ海への中国の主張を否定した判決について「南シナ海の紛争を平和的に解決する出発点である」と前置きし、公海での人工島の建設と明白な軍事施設化について「中国の国際法無視と他国の利益に対する侮蔑、敵対的ではない問題解決決議の排斥」を強い表現で指弾した。

さらに「われわれは、人工島の軍事化と国際法に適合しない極端な海洋主権の主張に反対するし、現状を二国間で強制的に変更することも受け入れない」と中国を非難。「われわれは国際法が認める時はいつでも自由に飛行し、航海し、作戦を実行するし、南シナ海やその他の地域での行動を通じて確固としたわれわれの決意を示す」と、断固とした方針を明示した。

シャングリア・ダイアローグでのマティス演説は、アメリカの並々ならぬ決意を示しており、南シナ海・東シナ海問題の解決に向けた一つの分水嶺になると思われる。

マティス演説を受けた形で、イギリスの外相ボリス・ジョンソンは訪問中のオーストラリアで七月二七日、現在試験航海中の空母クイーン・エリザベスと建造中の姉妹空母プリンス・オブ・ウェールズについて、南シナ海で「航行の自由作戦」を展開させる方針を明らかにしている。中国はフィリピンとの二国間へと懸命に問題を矮小化しているが、南シナ海に関する中国の主張は完全に否定されているのであり、もはや二国間問題ではない。南シナ海の島やサンゴ礁に構築した建造物は違法建築であり、放棄しなければならないというのが、法的帰結である。中国はもはや南シナ海に関して何らの国際的権利も認められていない。

習近平政権の二期目となる向こう五年間、国際社会には「航行の自由作戦」を支持し、中国と向き合う根気と粘り、断固とした決意が求められている。このことは、わが国が抱える尖閣諸島問題とも連動していることを忘れてはならない。

なぜシーレーンを守るのか

四方を海で囲まれた海洋国家・日本は、海に依存する国だ。関西大学教授の羽原敬二によると、海上交通は日本の国際物流の九九・七%を占め、国内輸送でも四割を占める。日本の内海海運船五八〇〇隻は年間四億一千万トンを輸送しており、この数字はEU全体を上回る。また、日本の一次エネルギー自給率は二〇%で石油依存率は四八%、原油は九九・六%、石炭は九九・四%を輸入に頼っている。

これらを運ぶ海の大動脈のポイントがインド洋と南シナ海・太平洋の結節点、マレー半島南西岸とインドネシア・スマトラ島北東岸に挟まれた狭い水道である、マラッカ・シンガポール海峡だ。輸入原油の九割はこの海峡を通る。

マラッカ・シンガポール海峡からフィリピンの西を通り、台湾とフィリピンの間にあるバシー海峡抜けて、あるいは台湾海峡を北上して太平洋に至るルートは、日本のシーレーン(海上交通路)の根幹をなしている。もちろん、日本への物流だけでなくアジアからアメリカ西海岸への物流、逆方向の日本からインド、中近東、アフリカ、ヨーロッパへの物流、さらにはオーストラリア、ニュージーランドとの物流もこのマラッカ・シンガポール海峡を通る。

日本財団と国土交通省が二〇一二年に実施したマラッカ・シンガポール海峡の通行量調査の概要が二〇一四年に発表された。それによると二〇一二年の通行量は隻数ベースで一二万七千隻、積み荷の重量ベースで六九億四千トンだった。前回の二〇〇四年調査に比べ隻数で約三五%

増、積み荷重量は約七四%増と大幅に増加している。前回調査で船籍別通行量は日本が最も多かったが、二〇一二年調査では一位ギリシャ（一三・八%）、二位中国（一三・一%）、三位日本（一二・九%）となっている。さらに将来予測は、二〇二〇年が一七万一千隻・最大一二〇億トン、二〇三〇年は二二万六五〇〇隻、最大一八〇億トンと予測している。船舶の大型化が進み輸送量が増えるという傾向が背景にある。

だが、この海峡は非常に狭く、また海賊も横行するなど、船舶航行リスクが高いという弱点もある。

日本財団によると、マラッカ・シンガポール海峡の長さは約五〇〇㎞。マラッカ海峡は幅四・六㎞で、この中に西航用と東航用のレーン（航路）が設定され、中央分離帯（四〇〇ｍ）を含めた幅は二・二㎞、さらに喫水の深い船舶用の航路幅は八四〇ｍしかない。さらに、シンガポール海峡はマラッカ海峡より格段に海峡幅が狭く、浅瀬も多い。また、太平洋戦争中に沈められた船舶や海難事故に遭った船舶が航路の障害物になっているところも多い。難所中の難所なのだ。日本は、生命線でありかつリスクが大きいマラッカ・シンガポール海峡の安全確保に、さらなる外交努力を重ねなくてはならない。

シーレーンは日本の生命線であり、太平洋戦争では食料や天然資源を運ぶ大動脈のシーレーン防衛に失敗して敗れたことを、現代の日本人は忘れ去っている。

幕末、対馬はロシア帝国海軍に占領されたが、勝海舟の知恵と外交力でイギリス海軍の助力を得て初めて退去させることができた。外交の基礎は軍事力である。

「戦後の平和は憲法九条に守られた」という論調がある。確かに、憲法九条に基づく平和外交が果たした役割は大きい。しかし、平和外交を根底で支え日本の平和を守ったのは、日本を取り巻く海と日米安全保障体制であることは、冷静に世界情勢を考えれば理解できるはずだ。海こそ日本の生命線なのだが、海洋の安全保障、とりわけ海上輸送の安全・安定確保を考える上で、船員数の減少は大きな課題となっている。日本の船員数はピーク時の一九七四年には約二七万八千人いたが、二〇一〇年には約六万九千人にまで減少。中でも外航日本人船員は同時期で約五万七千人から約二三〇〇人へと極端に減少している（日本海難防止協会による）。円高による人件費高騰が大きな要因だが、外航船員の九割超を外国人が占める現状は、非常時に日本人船員を確保できないことを意味し、海運輸送に危機をもたらしかねない。日本人から海が遠くなっていることが危惧される。

李承晩ライン

日本が戦後、国際社会に復帰したのは一九五二年四月のサンフランシスコ講和条約による。

条約発効の直前の一九五二年一月、韓国の大統領、李承晩は海に一方的に軍事境界線、通称「李承晩ライン」を引き、島根県の竹島をラインの内側に取り込んで占領させた上、ラインを越えた漁船を銃撃したり拿捕《だほ》したりする行動に出た。同条約の起草過程で、韓国はアメリカに「日本が放棄すべき地域」に竹島を加えるよう要請したが、アメリカは「竹島は朝鮮の一部として取り扱われたことはなく日本領である」と明確に要請を拒否した経緯がある。李承晩は、日本の国際社会への復帰前に何とかして竹島を「実効支配」しようと、実力行使したのだ。国家の無防備はこのような事態を招く。現在、竹島は韓国が「実効支配」しているが、ルール破りの軍事占領が継続しているだけだ。

外交とは、歴史を誠実に見つめたうえで、相互理解を築くことが基礎になる。

一方、日本と中国のフラッシュポイントになっているのが尖閣諸島だ。「日本の領土だ」と念仏のように唱えるだけでは、領土は守れない。意志を目に見える形で示さなければならないのだ。

二〇一六年三月、陸上自衛隊は尖閣諸島の南一五〇㎞の与那国島に、約一六〇人で構成する与那国沿岸監視隊を新設した。これが意志の表明の重要な一歩だ。「離島奪還」という勇ましい言葉がジャーナリズムを酔わせたが、その前に上陸させないことこそが大事なのだ。

日本がもう一つ警戒すべきことがある。それは中国で最近膨張しつづけている「海上民兵」という組織である。半漁半軍の組織で、軍事訓練を受けている。海上民兵あるいは活動家が上陸して「民間人だ」と主張すると、実に厄介な事件に発展してしまう。日本は、国際社会に向けて「海上民兵は一般市民として扱わない」と明確に宣言した上で、国際的合意を取り付けパトロールを強化するしかない。領土を守るのは実に厄介なのだ。

二〇一六年四月の熊本地震発生直後、航空自衛隊は戦闘機を飛ばしたが、これも「この国はいつも通り平和が守られている」という意志の表明である。古来、天変地異に乗じて戦を仕掛けるのは兵法の常道だからだ。

島嶼奪還――フォークランド戦争の教訓

島嶼奪還作戦について、日本は、空・海・陸が一体となった一九八二年のフォークランド戦争（マルビーナス戦争）を参考にすべきだろう。われわれの記憶に最も新しい、現代の軍隊対軍隊の戦争だからだ。

戦いはアルゼンチンの南端、ホーン岬北東の南大西洋に浮かぶ英領フォークランド諸島とその東の英領サウス・ジョージア島に、アルゼンチン陸軍司令官出身の大統領レオポルド・ガルチェリ政権が軍事侵攻して始まった。

フォークランド諸島は約一五〇年にわたってイギリスが統治し、約一八〇〇人の住民が暮らしていたが、アルゼンチン国民には歴史的に自国領だというもやもやした感情がくすぶっていた。イギリスでは一九七九年、マーガレット・サッチャーが初の女性首相の座に就き、公約の経済立て直し路線を進めるべく一九八一年の国防白書で、南大西洋の海軍配備の規模縮小と、同諸島海域に唯一配備していた南氷洋パトロール船HMSエンデュランス（排水量三六〇〇トン）の退役を発表した。一九七六年三月のクーデターで政権を奪ったアルゼンチンの軍事政権はこれを好機と受け止め、自国の経済危機から国民の目をそらし政権への支持を高めようと画策した。

フォークランド諸島は東西二つの比較的大きな島を約八〇〇あまりの小島が取り巻く島嶼群である。同年四月二日、アルゼンチン軍は一万二千人の兵を東島や同諸島東のサウス・ジョージア島へ送り込み、フォークランド諸島の東フォークランド島では八〇人で島を守備していたイギリス海軍海兵隊をわずか二日であっさり降伏させた。サッチャーは直ちに二万八千人の兵と艦船一〇〇隻超を送り込む命令を発した。しかし、イギリス本土からフォークランド諸島までの距離は約一万三千㎞もある。そこでほぼ中間点にあるイギリス領の火山島、アセンション島に一旦軍を集結させ、ここを基地に攻撃に移ることになった。

イギリスは侵攻から五日後の四月七日、フォークランド諸島をすっぽり取り囲む二〇〇カイリ（三七〇㎞）の軍事制限水域を設定し、一二日以降この制限海域に立ち入った船舶は敵意あるものとして攻撃されると宣言した。戦域をフォークランド諸島に限定し、アルゼンチン本土は攻撃するつもりはないという意志表明でもあった。

イギリスは海軍の二隻の空母、一旦退役していた老朽空母ハーミス（二万八七〇〇トン）を旗艦とし、新鋭の軽空母インヴィンシブル（排水量一万九八〇〇トン）を加えた二隻を差し向けた。まず四月二五日、サウス・ジョージア島近海で帰任中のアルゼンチン海軍潜水艦サンタ・フェを、駆逐艦アントリムの艦載ヘリコプターが二発の爆雷で撃沈。次いで制空権を確保するため五月一日、アセンション島を離陸したイギリス空軍の三角翼の戦略爆撃機エイブロ・ヴァルカンB2が、空中給油で航続距離を稼ぎながら飛来し、島の空港の滑走路やレーダー施設を爆破した。続いて作戦海域に入った空母から飛び立った戦闘機シー・ハリアーが、アルゼンチン空軍のアメリカ製スカイホーク戦闘機、イスラエル製ダガー戦闘機、フランス製ミラージュ戦闘機などと交戦、イギリスのシー・キングス・ヘリコプターも陸上目標の攻撃を行った。

島の飛行場は滑走路が短く、アルゼンチン空軍は本土から飛来しなくてはならないというハンデを背負い、戦闘空域に留まる時間に限りがあったため不利な戦いを強いられたが、一方の核保有国イギリスは自己の海軍力を過信していた。

アルゼンチン海軍には〝秘密兵器〟があった。開戦前にフランスから五基の最新鋭対艦ミサイル「エグゾゼ（飛び魚の意味）」をひそかに購入していたのだ。備え付けたレーダーが目標へと誘導する方式で、海面上一～二mの超低空を飛行するため捕捉するのが非常に難しく、射程距離は約七〇kmもある。複数着弾すれば空母を沈める破壊力があるとされていた。

また、アルゼンチン海軍がフランスから購入した最新鋭戦闘機ダッソー・シュペルエタンダール機は、五月四日にイギリスの駆逐艦シェフィールドをエグゾゼ一発で撃沈、世界で初めて実戦で使用された対艦ミサイルの威力を見せつけた。軍事関係者は衝撃を受け、ロンドン市民はパニックに陥ったという。

アルゼンチン軍はさらにエグゾゼ・ミサイルと通常型爆弾で攻撃を続け、二二日にはフリゲート艦アーデント、二四日にフリゲート艦アンテロープをそれぞれ爆弾で沈めた。二五日には駆逐艦コヴェントリーを爆沈、さらに同日、ヘリコプターを輸送していたアトランティック・コンヴェイヤーを二基のエグゾゼ・ミサイルで沈めた。さらに六月一二日には陸上から発射したエグゾゼ・ミサイル一基が、駆逐艦グラモーガンを大破させた。

このほか爆弾は不発だったものの、艦に命中して大きな被害を被った艦船は二隻の駆逐艦アントリムとグラスゴー、二隻のフリゲート艦アルゴノートとフリゲート艦プリムスの四隻に上る。英海軍は主要艦二三隻中九隻が撃沈または大破、という甚大な被害を受けた。なかでもヘリコプターを輸送していたアトランティック・コンヴェイヤーの撃沈は、作戦に重大な影響を及ぼした。開戦前、フランス大統領フランソワ・ミッテランはアルゼンチンに対し武器禁輸措置をとるとサッチャーに約束していただけに、怒りにかられたサッチャーは「北大西洋条約機構の同盟関係に重大な影響を及ぼす」とミッテランに秘密電報で警告、ミッテランは電話で「ペルーに売却したミサイルがアルゼンチンに渡った」と釈明したという。

海軍は痛手を受けたが、制空権を握ったイギリスは、アルゼンチン軍の侵攻開始から四九日後の五月二一日、陸軍がようやく島への上陸を開始し、アルゼンチン陸軍を追い詰めていった。厳冬期の戦闘は難渋を極めたが、六月一四日、アルゼンチン軍が降伏し、戦争は終結した。

この戦争でアルゼンチン側は戦闘機七五機を失い空軍は壊滅状態になった。六五五人が戦死、約一千人強が負傷し、約一万一三〇〇人が捕虜となった。イギリス側は二五五人が戦死し約八〇〇人が負傷、住民三人が命を失った。島嶼防衛には制海権と制空権がともに確立されなければならないというのが教訓である。

軍事政権は島の首都ポート・スタンレー陥落の三日後に崩壊、アルゼンチンは民主主義を取り戻した。イギリスはこの勝利で「鉄の女」たるサッチャーが翌年の選挙の勝利を不動のものとし、その後のイギリス経済再生に道筋をつけた。

ただ、イギリスは勝ったとはいえ、それは苦い勝利でもあった。「戦争犯罪ではないか」と今に至るまで論争が続く戦い、すなわちイギリスの原子力潜水艦コンカラーが五月二日、二発の通常型魚雷タイガーフィッシュを命中させてアルゼンチン海軍の軽巡洋艦ゼネラル・ベルグラーノ（排水量一万二二四二トン、乗組員約一千人）を撃沈、三二三人が死亡した戦闘である。この艦は、アメリカ海軍を退役したフェニックスを購入したもので、新鋭艦ではないが、アルゼンチン独立の英雄マヌエル・ベルグラーノの名前を冠したシンボル艦だった。イギリスにとっては大きな戦果だったが、サッチャーは船が攻撃された場所の説明を拒んだ。後に明らかになったのだが、攻撃地点はイギリスが設定した軍事制限水域の外側、約六〇km南だったのだ。イギリス政府は未だにこれを認めていない。

フォークランド戦争は、国家経済立て直しのためという大義名分があったとはいえ、サッチャー政治の油断と誤算が引き寄せたものだった。この戦争は、両国合わせて九一〇人もの若者の夢と希望と命を奪ったのである。

沖縄の地政学的な重み

日本のシーレーン防衛の観点から沖縄を見てみよう。沖縄が位置する南西諸島は、九州と台湾を結ぶ線上にあり、東シナ海に蓋をするように立ちはだかっている。

太平洋戦争の最終局面では、アメリカ軍は日本本土攻略のため南太平洋を島伝いに北上して沖縄に上陸した。艦船による砲撃の雨、爆撃機による空爆の嵐、戦闘機による機銃掃射を経ての地上戦で、沖縄の人々はさながら生き地獄に突き落とされた。沖縄県出身者の軍人軍属の死者二万八二二八人に対し、一般住民の死者はその三倍強の約九万四千人（沖縄県平和祈念資料館）。

日本本土では夜間の焼夷弾により合計一一三もの都市の空爆で住民約五一万人が業火の中を逃げまどって焼殺されたことは第四章で記したが、沖縄は県下全域が凄惨な戦場となったのだ。

戦後、沖縄は米軍の施政権の下に統治され、不幸なことに大方の日本人の日常から忘れ去られ、沖縄はまるで〝外国〟のような存在になった。朝鮮戦争により東西冷戦が本格化すると、沖縄は東西冷戦のアメリカ最前線の要として機能を強化し続け、ヴェトナム戦争では空爆機の拠点の機能も果たした。沖縄の地政学的な重要性は一貫してゆるがなかった。

沖縄の海を守る第一一管区海上保安本部は一九七二年五月一五日、沖縄の本土復帰と同時に開設された。管轄区域は東西約一千㎞、南北約五〇〇㎞、日本の国土面積にほぼ匹敵する約三六万㎢もの広大なエリアを守っている。中国が執拗に公船を〝パトロール〟させている尖閣諸島への備えが、目下の大きな任務である。同本部のホームページでは、南西諸島の海底図が公開されていた。海の色の濃さで、深さが一目でわかる貴重な地図だ。東シナ海は深さが二〇〇m未満のごく浅い海なのに対し、南西諸島のすぐ東には水深一千から二千mの沖縄トラフが長さ一千㎞、幅一〇〇㎞にわたって横たわり、さらにこれと並行して最深部は約七千m超の南西諸島海溝が走っている。つまり南西諸島の東側は原子力潜水艦に最適の活動エリアであ

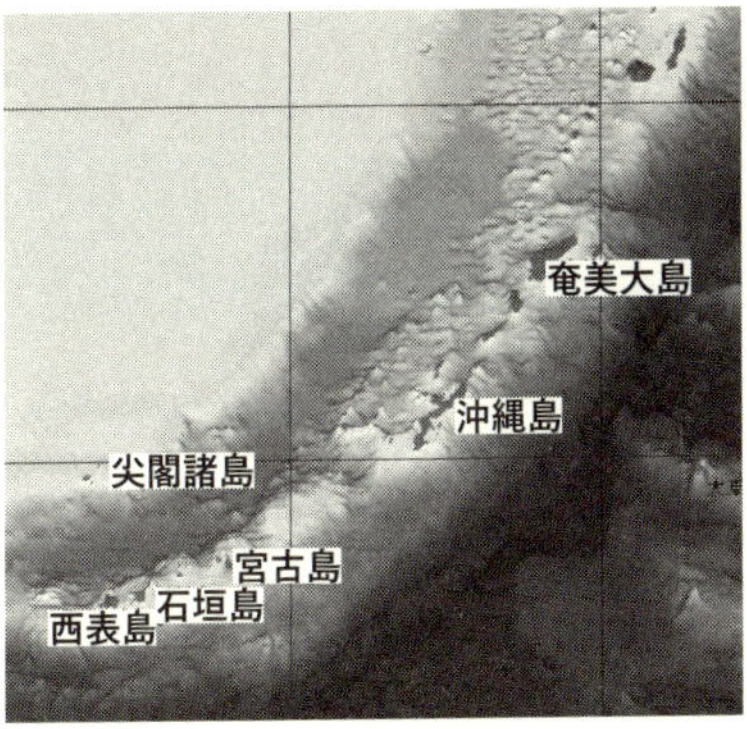

南西諸島の海底図(第11管区海上保安本部作成)

り、日米はここに中国の原子力潜水艦が入るのをできる限り阻止したいと考えている。中国の原子力潜水艦が太平洋に入れば、グアム、ハワイ、さらには米本土まで脅かされかねないからだ。その意味でも、沖縄を含む南西諸島は天然の要害なのである。

中国の原子力潜水艦が太平洋を目指すには、南西諸島が出入り口となる。特に水深が比較的深い宮古市の下地島《しもじ》西方が最適とされる。潜水艦の基本は隠密活動であり、浮上して姿を見せるのは緊急時か、他国の領海を通過する時である。

二〇〇四年一一月中旬に石垣島付近の石垣水道で領海侵犯事件を起こした中国の漢級原子力潜水艦は、一〇月に下地島付近を通過して太平洋に抜けグアム島に至った。原潜の行動は米軍も日本側も把握していたが、帰路、潜水したまま石垣島から尖閣諸島に向かうと思われる、領海侵犯の可能性があるコースを採ったため、自衛隊が追尾行動に踏み切った事案である。原潜は日本の領海を突き切って北上した。日本政府が「潜水したままの領海通過は国際法違反である」と抗議すると、中国は自国の潜水艦であることを認め、「通常の訓練の過程で、技術的原因から石垣水道に誤って入った」と釈明したが、到底受け入れらる説明ではなかろう。中国は、有事には南西諸島での自由な行動を確立したいと望んでいるが、その意味でも南西諸島は日本の防衛上の要地であり、これも沖縄の基地の地政学的な重みの証左でもある。

さらに沖縄には、島を取り囲むように海上に広大な米海軍と米空軍の訓練海域が設定され、陸軍と海兵隊の大型訓練場もある。米本土でも、基地のすぐ近くにこれだけの広さの訓練場を持っているところは見当たらない。沖縄は単なる基地の島ではないのだ。

二〇一二年の日米両政府の取り決めにより、二〇一六年時点で沖縄に駐屯する約五万五千人の兵員の再配置計画が決まった。沖縄基地問題の最大の課題は、人口稠密地区にある飛行場、宜野湾市の普天間飛行場の移設だ。二〇〇三年一一月に沖縄を視察したアメリカの国防長官ロナルド・ラムズフェルドは、普天間基地について「早く何とかしろ」と部下に指示したのは有名な話だ。現実には「普天間基地と同等の機能を持ちうる代替地」という大きな制約がある上、政治の壁も立ちはだかり遅々として進展せず、二〇一三年一〇月、知事が名護市の辺野古沖の埋め立てを承認し、今日に至っているが、まだまだ紆余曲折がありそうだ。

一方、沖縄米軍の主力である海兵隊の再編も難航している。V－22オスプレイの配備で海兵隊の機動力は飛躍的に高まったが、緊急事態への即応能力を維持したまま基地機能を分散させるのは非常に難しい。

今日の沖縄で焦眉《しゅうび》の急は、普天間基地に配備された海兵隊の二四機のオスプレイ問題である。ボーイング社とベル・ヘリコプター社が共同開発したV－22オスプレイは、海兵隊が久々に手にした革新的な装備だ。ヘリコプターの持つ垂直離着陸性能と、固定翼機が持つ速度と航続距離性能を併せ持つ。従来のヘリコプターの二倍の速度の最高時速約四四〇㎞で、三倍の弾薬搭載量または兵員二四人を乗せ、三～五倍の航続範囲に当たる約一一〇〇㎞を飛行する。一回の空中給油で日本からフィリピンまたは韓国まで飛行できる。

オスプレイとは鷹の仲間のミサゴのこと。日本では海鷹と呼ばれ、海面上空に静止して獲物を探し、見つけたら急降下して捕捉するハンターだ。現在、海兵隊と空軍の特殊部隊で計一二部隊で一六五機を運用しており。米軍は近い将来これを四一〇機まで増やす。わが国は他の国に先駆けて陸上自衛隊用に一七機を発注、二〇一七年秋から順次受け取っている。

V－22の特性で重要な点は艦載機であることで、空母や多目的攻撃艦には翼を畳んで格納できる。現在、空母や多目的攻撃艦で使用しているヘリコプターや輸送機はオスプレイに置き換わるし、日本のヘリ搭載型護衛艦「いずも」のヘリコプターをオスプレイに置き換えれば、作戦能力が飛躍的に高まる。

オスプレイの難点は、操縦が難しく、習熟に長い訓練期間がかかることで、操縦技術の未熟さから事故が起きており、国民の間にはオスプレイへの懸念の声が高いが、これだけ高性能の装備はもはや手放せないだろう。

海兵隊の機能分散問題について、現在の案では沖縄の海兵隊員約二万六〇〇〇人を約一万一五〇〇人へと削減、削った要員のうち約四一〇〇人をグアムへ、約二七〇〇人をハワイへ、さらに八〇〇人を米本土に移すというもの。南シナ海やインド洋をにらむオーストラリアのダーウィンには沖縄と他の基地から計二五〇〇人をローテーションで配置する。ダーウィンは雨期の半年間は使えず、オーストラリア政府の環境規制も厳しいためだ。再配備後の太平洋地域の海兵隊の体制は主力の沖縄が一万一五〇〇人、ハワイ八八〇〇人、グアム五千人、岩国三五〇〇人、ダーウィン二五〇〇人となるが、沖縄の訓練場の代替地はまだ模索中である。

ただ、忘れてはならない事がある。海兵隊は海軍と一体となって行動する軍隊であることだ。海兵隊を分散配置するのであれば、海軍もこれに対応した攻撃力強化の体制を築かなければならない。

米海軍が模索する圧倒的な制海権への回帰に向けた戦略の一つが「ディストリビューテッド・リーサリティ（distributed lethality）」である。日本では「武器分散」と訳されているが、「致命的攻撃力の分散配置」と訳した方が分かりやすい。米太平洋艦隊水上部隊司令官のトーマス・ロウデン中将らが二〇一五年一月に発表した。

アメリカの海軍力は、原子力空母とこれを防衛するミサイル駆逐艦などで構成する「空母打撃群」を頂点に世界の海をコントロールしてきた。しかし、軍備増強著しい中国が「A2／AD（接近阻止・領域拒否）」戦略をとって対艦ミサイルなどの配備により、攻撃目標に近づきがたくしてきたため、この中国の戦略を突破して安全保障環境を劇的に転換する新しい戦略が必要だというのだ。

同司令部が二〇一七年一月に公表した「サーフェス・フォース・ストラテジー（海上部隊戦略）」では①すべての艦船に致命的攻撃力を配備する、②各艦船を地理的広がりをもって配置し、多様な攻撃力で敵を圧倒する（敵に攻撃の的を絞らせない）、③宇宙からの攻撃、サイバー攻撃、水上艦からの攻撃、海中からの攻撃に対応できるよう装備やシステムを整える、の三点を柱として掲げている。従来、巡洋艦や駆逐艦に特化して配備されていた攻撃力を輸送艦や補給艦などあらゆる艦船に、その特性に応じて配備し、高性能な新型長距離対艦ミサイル、陸上攻撃ミサイルの配備と射撃管制システムによる艦船間の有機的結合を図って圧倒的な制海権を確立するというわけだ。

ドナルド・トランプ政権の誕生でアメリカは防衛力強化路線に転じ、軍事誌では海軍艦船増強の記事が目立ち始めた。沖縄の米軍の再編が今後どのように進むか、まだまだ予測しがたいところが多いが、中国が軍事的膨張・覇権路線という攻撃的姿勢を続ける限り、日本のシーレーン防衛の要である沖縄の重要性が変わることはないだろう。

経済との両輪で国を守れ

中国は南シナ海、東シナ海以外でも挑発的行動を続けている。

二〇一五年九月、中国海軍艦艇五隻が、アリューシャン列島周辺のアメリカの領海を通航した。アメリカへの事前通告はなかった。米国防総省はアメリカの領海を認めていることを前提とした「無害通航」とみなしたため、国際問題にはならなかったが、アラスカ訪問中のオバマ大統領をあざ笑うかのような行動だった。

一方で、中国の挑発はロシアの兵器産業にビジネスの機会を増大させており、これまでの顧客のヴェトナムに続き、ロシアのシリア内戦介入後はインドネシアがスホーイSu—35戦闘機購入を打診している。プーチンにとって南シナ海の緊張は外貨稼ぎの機会であり、習近平に適当にお付き合いしておこうということなのだ。

日本のように海で囲まれた国では、シーレーンを守るのは大変だ。もちろん日本一国では無理で、アメリカ、東南アジアの国々と協調しなければ、シーレーンは守れない。日本は平和的民主国家として国際社会と連携して歩む国であり、武力の威嚇でことを成し遂げようとする国には、断固とした決意で対処する覚悟と行動が求められているのである。

日本はこれまで、南にばかり目を向け、ロシアとの間には北方領土問題ばかりが議論されている。しかし、前述したように、経済制裁と原油安で歳入不足に苦しむロシアは中国にすり寄り、次々に武器を売りつけているし、ウラジオストックを母港とする太平洋艦隊には新鋭潜水艦を増強している。こうした情勢の下では、北方領土問題の位置づけが質的に変容し始めていると言える。中国はロシアから武器は買っても、ロシアへの投資は慎重で不満も生じている。日本はエネルギー輸入ルートを、リスクが極めて大きいマラッカ・シンガポール海峡に過度に依存している構造的弱さがある。北方領土返還一点張りを改め、ロシアから中国にこれ以上武器を売らせないよう、エネルギー輸入や幅広い投資で経済的結びつきを強化する道を模索しなくてはならない時がきたようだ。

日米安保についても、アメリカには親中の水脈が流れていることを忘れてはいけない。外交力の勝負である。覇権国家・中国に対峙するには、海上保安庁の増強、潜水艦の建造、空中給油機の増加による航空自衛隊のパトロール強化などが必要なことはもちろんだ。国を守る強い意志の基礎には軍事力だけでなく、強い社会が前提となる。経済力である。旧陸軍がなぜ満州事変を起こし戦争への道を突っ走ったのか。その背景には疲弊した農村社会や経済の弱さがあった。日本は今こそ貧富の格差が小さく若者が夢を持てる社会、中間層が分厚い経済・社会を再構築しないと国民は幸福感を感じることができず、国への誇りや国を守る気概も生まれないのである。

最後に、朝鮮半島問題に触れたい。核開発を進めミサイルで周辺国、さらにはアメリカをあからさまに威嚇し、攻撃の意志を口にする北朝鮮は、東西冷戦が産んだ鬼っ子である。第六章で詳述したように、朝鮮戦争は社会主義による朝鮮半島統一を目指した北朝鮮の金日成が一九五〇年六月に仕掛けた戦争である。しかも、今もって戦争は終わっていない。軍事境界線である三八度線をはさんで一九五三年七月から休戦しているに過ぎない。北朝鮮は戦争再開の意志を捨てていない。世襲国家として武力による半島統一の目標は息子の金正日《ジョンイル》、さらに孫の金日恩《ジョンウン》と、〝金王朝〟で引き継がれている。北朝鮮は、統一へ向けた工作手段の一つとして国家によるテロを採用した、異様な国家なのである。

一九六八年一月の韓国大統領官邸襲撃未遂事件、一九八三年一〇月のラングーン・アウンサン廟爆破事件、一九八七年一一月の大韓航空機爆破事件と、北朝鮮は世界を震撼させるテロ事件を起こし、国際社会を威嚇し続ける。さらに日本人や韓国人拉致、当局の関与が極めて濃厚な金日正の長男で金日恩の異母兄の金正男《ジョンナム》暗殺事件と、枚挙にいとまない。

ソ連の崩壊で、分断国家だった旧東ドイツと旧西ドイツは統一が成ったが、残された分断国家がある朝鮮半島は手付かずのままだ。これは民族の悲劇だろう。北朝鮮は核開発をやめるつもりはないだろうし、国際社会が圧力をかけると協調姿勢を演じて核開発の時間稼ぎを繰り返してきた。背後には北朝鮮を緩衝地帯ととらえる中国と、北朝鮮から実利を得ているロシアが控えているが、もうこうした時間稼ぎは許されない。

金正恩体制が核開発を止めるのが理想だが、それは金正恩の自己否定につながるだろう。政権を手放す覚悟がないとこの決断はできない。関係国による外国への亡命あっせんも、選択肢としてはあり得るが、現実的ではない。時間がかかっても経済制裁で圧力を高め続け、国際社会から孤立させて糧道を断ち、体制転換を促すしかなかろう。北朝鮮は、核を使った先制攻撃に踏み切れば破滅することを自覚しているはずだ。逆にアメリカが我慢しきれずに北の核開発阻止のために戦術核使用を含めた軍事攻撃に踏み切れば、凄惨な結末を招くだろう。破壊からは憎しみと混乱しか生まれない。

　これまで語られて来なかった朝鮮半島の統一国家づくりを遠望し、まず朝鮮戦争を終結させ、北と南の平和的共存について国際社会が手を携えて取り組むべき時が来ている。

エピローグ

二〇一七年七月二二日、アメリカの最新鋭空母ジェラルド・フォードが就役した。これまでのニミッツ級航空母艦の時代に終わりを告げる四二年ぶりの新装備で、このフォードの仕様を受け継ぐフォード級二番艦はジョージ・ブッシュ、三番艦はエンタープライズと決まっている。海の覇者の地位を譲ることはないという、アメリカの断固とした国家意志の表明である。また、大型空母を建造する圧倒的な経済力と国力を誇示していると言える。

東西冷戦が最も厳しい時代に米大統領を務めた陸軍軍人出身のドゥワイト・D・アイゼンハワーは、任期を締めくくる一九六一年一月一七日の演説で「産軍複合体」が政治を動かす時代趨《すう》勢に警鐘を鳴らしたことでよく知られている。しかし、私は演説の最後のくだりで、彼が率直に心情を吐露したフレーズに注目したい。

「平和を維持するのに必須なのは我々の軍事体制である」と明言する一方で「戦争の恐怖と今に至る悲しみを目撃した者として、できれば今宵《こよい》、恒久平和はすぐ近くまで来ていると皆さんに言えたらと思うのですが（それができない）」と語っているからだ。

アイゼンハワーは一九四四年六月五日、連合軍が七千隻の艦船と航空機一二〇〇〇機を用いて米、英、加の兵約一三万三千人をノルマンディーに上陸させた、「史上最大の作戦」の総司令官だ。この作戦による三国の死傷者は一万人強に達した。作戦決行の直前に、彼はラジオ演説で兵を鼓舞した。

「兵士諸君、水兵諸君、空挺隊員諸君、全世界の目が諸君に注がれている。希望と、自由を愛する全世界の人々の祈りは、諸君と共にある。諸君の任務はやさしいものではないが、私は諸君の勇気、任務への忠誠、戦闘能力に自信を持っている。諸君の幸運を祈る。全能の神のご加護を共に願おう」

アイゼンハワーの退任演説には、戦争を指揮した者だからこそ表せる、深い諦念《ていねん》が込められている。

演説から四十年後の二〇〇一年九月十一日朝、ニューヨークの世界貿易センタービル（ツイン・タワー）と首都ワシントンの国防総省本庁舎に、イスラム過激派が乗っ取った四機の旅客機が突っ込み爆発する米中枢同時テロ事件が起きた。死者は約三千人。初めて本土に攻撃を受けたアメリカは、最強の軍隊を持つ国家の威信をかけて「テロとの戦い」を宣言、果てしない戦いの時代が始まった。

米中枢同時テロでアメリカは国際的テロ組織アルカイダの司令官であるサウジアラビア人富豪ウサマ・ビンラディンを最重要容疑者として国際指名手配。潜伏先がアフガニスタンであることを突き止め、タリバン政権に引き渡しを要求した上で、二〇〇一年一〇月に米軍主導でアフガニスタンに侵攻し、タリバン政権を崩壊に追い込む。次いで二〇〇三年三月にはイラクのサダム・フセイン政権が「大量破壊兵器を隠し持っている」との名目で、米軍主導のイラク戦争に突入した。

バグダッド攻撃には初日に一基一億数千万円もする巡航ミサイル・トマホークを五〇基も打ち込み、標的をピンポイントで攻撃する精密誘導爆弾を繰り出した。米国立戦争大学で教官を務めた戦略研究家ハーラン・アールマンが提唱した「衝撃と威圧（ショック・アンド・オー）」戦術を採り、「凄まじい地響きを轟かせ閃光をきらめかせて衝撃的に戦端を開き、心理的に恐れおののかせる」という作戦を行った。二〇〇六年一二月にはサダム・フセインを捕えて間髪入れず死刑を執行、そして二〇一一年五月には米海軍の特殊部隊がパキスタンの首都近郊の潜伏先を急襲し、ウサマ・ビンラディンを殺害した。

バラク・オバマ大統領以下の政権幹部は、ホワイトハウスのシチュエーション・ルームでウサマ・ビンラディン襲撃・射殺の一部始終を実況中継で見ていた。この急襲作戦には、パキスタンの情報機関が極秘にアメリカを支援して筋書きを書き、米軍に直接殺害させるように仕組んだとの説もある。

ウサマ・ビンラディン殺害のビッグ・ニュースは世界を駆け巡り、人々はこれでテロの時代は終わるのかと、かすかな期待を抱いた。アフガニスタンとイラクの二つの政権を崩壊させ、国際テロ組織の首謀者も殺害したのだ。だが、世界はすぐにテロの根の深さを思い知らされる。アメリカの十年に及ぶテロとの戦いで、中東のテロ組織には世界各地から若者が集まり、テロリストを養成し始めた。無差別テロは震源地の中東から世界に拡散するようになったのだ。ヨーロッパの都市では難民出身の若者による無差別テロも頻発し、人々は暮らしに潜む不気味な恐怖に包まれている。

日本の公安調査庁がまとめた「世界のテロ等発生状況」によると、二〇一六年の世界のテロ発生件数は一九七件、二〇一七年一月から七月末までの七ヵ月間では七一件に達する。拠点のシリア、イラクで軍事的に劣勢に追い込まれた「イラク・レバントのイスラム国」（ＩＳＩＬ）は、欧米諸国に住むイスラム教徒や共鳴者にテロ実行を呼びかけ、一般市民が標的となっており、フィリピンやインドネシアでもテロ事件を起こしている。ウサマ・ビンラディン亡き後のアルカイダはアフリカ北部やソマリア、バングラデシュなどに関連組織を広げ、勢力を盛り返している。

ウサマ・ビンラディン殺害の実況中継を見る
バラク・オバマ大統領（当時）と政権幹部

国連難民高等弁務官事務所（ＵＮＨＣＲ）が二〇一七年六月に公表した統計では、二〇一六年一二月末時点での世界の難民総数は六五六〇万人で、一年間で新たに一〇三〇万人が難民となった。難民の母国は多い順にシリア、コロンビア、アフガニスタン、イラク、南スーダンとなっている。故国に帰還したのはわずか約五五万人にとどまっているが、このうちアフガニスタンが三八万四千人を占める。曲がりなりにも母国に平和が戻れば、難民は帰国するのだ。ヨーロッパでは難民受け入れに反対する極右政党が勢力を伸ばしているが、年に一千万人も難民が生まれる現状では、これ以上の受け入れは限界に近かろう。むしろ、難民を生む国の内戦や紛争解決に国際社会がもっと力を注ぐべきだろう。

ただ、相次ぐヨーロッパでのテロ事件は、ひとたび難民を受け入れると、受け入れ国の言葉や文化を理解する手厚い支援、就業機会の創設など、社会に溶け込ませる努力が大切なことを示している。要はソフトウェアなのだ。難民をゲットーのように押し込めるだけでは平和は築けない。テロは心の問題でもある。

力に傲《おご》り力を頼むアメリカの指導者たちは、軍事的手段に走りがちだ。統治機構を根こそぎ破壊すると権力の空白が生まれる。複雑な敵対勢力間で内戦が勃発すると普通の民は安寧を求めて難民として国外に逃れる。内戦への軍事的介入は、危険で高い代償を支払う結果を招く選択肢なのだが、大国はそれぞれの思惑から介入してしまう。さらに国際社会は、難民の今だけではなく将来、内戦終結後の難民の本国帰還プログラムにもさらに努力しなくてはならないだろう。

正規軍同士あるいは正規軍対反政府軍事組織という旧来の戦いとは異なり、いくら最新鋭の装備をつぎ込んでも、情報機関のネットワークを駆使しても、組織の資金源を断ってテロを封じ込めるのは至難の業だ。アフガニスタンやイラクにはテロを助長する宗教対立や政治勢力の争い、貧困や経済格差があった。現在、サウジアラビアとイランはイスラム教の教義で対立して断交状態にあり、両国の代理戦争も各地で火を噴いている。イスラム教徒によるテロが拡散するのも、貧困や経済格差に内戦という要素が加わり、組織を支援する外国勢力の目論見が入り交じって、泥沼化してしまうからだ。安心出来る暮らしがないと、テロの芽は育ち続ける。
アメリカは一九八〇年四月からイランとの国交を断絶しており、この間に中国とロシアがイランに付いた。親米国イスラエルはイランの核開発に疑念を持ち続けて険悪な関係にある。中東和平のためには、中東の大国イランを国際社会へ復帰させるよう、まずアメリカとイランが関係改善を目指した環境づくりを進めることも大きな課題だろう。

戦争を防ぎ、テロの起きない世界を築く策はあるのだろうか。私は、時間がかかっても人々の心に憎しみや反感を植え付ける、民族主義や偏った愛国心の風潮に「ノー」を突きつけ続けることが、何より大事だと思う。憎しみの温床は貧困と経済格差である。回り道であっても、貧困を無くす取り組み、経済格差を無くす取り組みを続け中産階級を育成することが、国の安定につながる。そして相互理解、異文化理解の取り組みを推進することも、憎しみの芽を摘む。これこそ自由と民主主義に生きる国の民の責務でもあると考える。

あとがき

日本は海洋国家である。アメリカもまた東を大西洋、西を太平洋、南をメキシコ湾とカリブ海に囲まれた海洋国家である。

太平洋戦争を勝利に導いた太平洋艦隊司令長官チェスター・W・ニミッツ提督は、日本海海戦（アメリカでは「対馬海戦」と呼ぶ）でロシア艦隊を完膚なきまでに打ちのめした連合艦隊司令長官・東郷平八郎を尊敬していた。

一九〇五年九月、明治天皇は日露戦争の終結を記念し、東郷を主賓とする園遊会を開いた。たまたま東京湾に停泊していた米戦艦オハイオにも招待状が送られたが、上級士官は招待に応じず、ニミッツを含む士官候補生六人が参列した。ニミッツは東郷の姿を認め、自分たちのテーブルに招いたところ東郷もこれに応じ歓談、ニミッツは東郷の人格と智謀に心打たれた。それ以来彼は東郷を尊敬するようになり、日本海軍の研究も重ねた。太平洋戦争の転換点となったミッドウェー海戦は、東郷の知恵を継承したニミッツの勝利だった。

一九三四年六月四日、ニミッツが艦長を務める戦艦オーガスタが横浜港に入港し、ニミッツは東郷の国葬に参列、東郷家の葬儀にも参列した。戦後、東郷の旗艦・三笠丸が装備をはぎ取られ、ダンスホールやバーとして利用されるほどまでに、見る影もない姿になっていると知ったニミッツは一九五八年、『文藝春秋』二月号に「三笠と私」と題する一文を寄せた。「三笠が今悲しむべき状態にあることは甚だ残念である。私はこの軍艦が日本の最も偉大な海軍軍人を偲ぶ記念物として保存されるべきだと思い、また、そうなることを希望する」と記し、最後に「私のこの一文が原稿料に値するならば、その全額を三笠復元基金に私の名で寄付していただきたい」と結んだ。

この文章が契機となって三笠の保存運動が高まり、一九六一年に横須賀の地で復元を終えた。ニミッツは日本人に、誇るべきは何かを教えたのだ。ニミッツの東郷への尊敬の念は、現在の空母ニミッツの乗組員にも継承されており、二〇〇九年八月下旬、横須賀港に寄港した同艦の乗組員は自発的に三笠の船体のペンキ塗装奉仕を行って関係者を喜ばせた。

一方、一九四三年一〇月にアメリカの第二三駆逐隊群司令となった大佐アーレイ・B・バークは、部下の駆逐艦長たちに戦術書を渡した。その表紙にはこう記されていた。「ジャップを殺すのに役立つなら、重要なり　ジャップを殺すのに役立たぬなら、重要でなし」

統合参謀本部に勤務した際、海軍を守るため提督たちによる議会での証言作戦のシナリオを書き、提督たちに立ち上がるよう呼びかけた、あのバークである。彼が率いた第二三駆逐隊群は日本海軍の巡洋艦一隻、駆逐艦九隻、潜水艦一隻を沈め、航空機三〇機を撃墜した。まさに猛将である。

朝鮮戦争が起きると一九五〇年九月、バークは極東米海軍司令官参謀副長として来日した。その時の心境を、スウェーデン系アメリカ人協会の発行物に寄せた一文が残されている。

「戦争中の経験からして日本人はまったく好きではなかった。できる限り彼らと接するのを避けよう、礼儀正しく、冷たく、なるべく距離を置こうと決意した」

日本人に心を閉ざしていたアーレイ・バークが、自分の日本人嫌いが正当なものかどうか考えるようになったきっかけは、帝国ホテルの部屋に自分の給料でひそやかに花を活け続けてくれた客室係の日本婦人であり、細やかな心配りで温かく接してくれた職員たちだった。バークは日本と日本人について知りたいと思うようになり、開戦前夜の駐米大使を務めた元海軍大将・野村吉三郎と知り合う。約九ヵ月の滞在期間中、毎週一度野村を訪ね、学び、交遊を重ねた。大の知日家、親日家となったバークは、後に海上自衛隊の、海の部隊としての建て直しに奔走したのだ。

太平洋を挟んだ「海の友情」のエピソードは枚挙にいとまない。

一八九七（明治三〇）年秋、一人の青年士官が留学のため米国ワシントンにやって来た。海軍大尉・秋山真之《さねゆき》、後に日本海海戦でバルチック艦隊を迎え撃った連合艦隊司令長官・東郷平八郎の下で、参謀を務めることになる人物だ。

ワシントンの日本公使館付武官という身分だった秋山は、世界的な海軍戦略家で退役大佐アルフレッド・セイヤー・マハンに直《じか》に教えを乞うことを最大の目的とした。米海軍大学長の紹介でニューヨークのセントラルパーク近くにある自宅を訪ねた秋山に、マハンは初対面ながら諄々と語って軍事研究の進め方を聞かせた。

「過去の戦史で実例を調べ、勝敗の原因に着目し、常に自分の心中で判断することです。私も独力で勉強しました。信じてください」

マハンが「戦争の原理を理解するのに一番良い本」と薦めたのが、ナポレオンの幕僚としてナポレオンの戦争指導を直に経験した軍人で軍事学者アントワーヌ・アンリ・ジョミニの『戦争概論』だった。そして「戦略戦術の原理は海上でも同じことです」と強調した。また出版されたばかりのマハンの著作『ネルソン伝』も薦めた。

マハンとの出会いに、軍事学に対する求道的精神で感応し合った秋山は、米海軍軍人との交流を通じてアメリカの海軍精神を学び、猛勉強を重ねた。ジョミニの『戦争概論』の英訳本は、当時の日本公使・星亨《とおる》から借りた。マハンは秋山が海軍省の図書館を自由に利用できるよう便宜を図った。

ジョミニの著作でナポレオン戦争を研究したことと、アメリカとスペインの戦争で、アメリカ海軍によるキューバの海上封鎖作戦を観戦した秋山は、「兵站」の重要性に思いを巡らすようになる。マハンとの出会いは、名参謀・秋山真之の出発点となり、やがて日本海軍の方向性にも大きな影響を与えることになった。

国と国との関係において、異文化を尊重し、お互いに共感して心の絆を育むことがいかに大事かを、こうしたエピソードは教えてくれる。さらに鈴木貫太郎、グルーやスティムソンからは、共通の価値観を持つ者としての相互理解と、相手の人格や人間性への共感が外交を大きく変える力となることを教えられる。日米は不幸にも戦火を交えてしまったが、戦う前にもっと相互理解を積み重ねる努力が必要だった。政治家だけでなく企業人、芸術家はもちろん、名もない市井の人々もそうした意味で「外交官」たり得る。国と国の関係が険悪な雰囲気を漂わせ、一見勇ましい言葉が飛び交うようになってはいけないのだ。

　ライト兄弟が発明した飛行機は、大空をはばたく人類の夢をかなえたが、海に進出して航空母艦につながり、都市を爆撃して無辜《むこ》の民を殺戮する爆撃機の登場にもつながった。戦争は軍人対軍人で行うものという考え方から、軍事力を支える生産基盤や都市を破壊しつくす戦いになってしまった。

　現在、海上の艦船では航空母艦が王座に就いているが、その航空母艦が移動するときには、潜水艦への警戒が不可欠である。更に原子力潜水艦は、その隠密性ゆえに優位を過信しやすい特性を持つ兵器であり、日々、キューバ危機のような核戦争と隣り合わせの状況が続いているのだ。

　第三次台湾海峡危機の際、アメリカのクリントン政権で国防長官を務めたウィリアム・J・ペリーは、現在も核への警鐘を鳴らし続けており、最近の講演で「今日、ある種の核による破局の危険性は冷戦期よりもはるかに高まっており、ほとんどの人は幸いなことに、この危険性に気付いていない」と述べている。

　戦争は悲惨極まりないものである。しかし、戦争を防ぐためには、もし攻撃したら逆襲を受けてしまうぞと意識させる、抑止力としての軍備が必要だ。この抑止力の基礎の上に、外交が成立する。かつて蔣介石が喝破したように「外交は無形の戦争」である。日本はこれまで外交力があまりに弱かった。もめごとを起こさないことを第一に、強い相手には下手《したて》に出る習性がしみ込んでいる。日本のガラパゴス外交はあまりに心もとない。

歴史を捏《ねつ》造したり、悪意に満ちたプロパガンダを放って国内政治をまとめようとする国家は後を絶たない。今、日本に真に必要なことは、世界の歴史への幅広い洞察力、異文化を尊重し共感するやわらかい感性と、自由と民主主義の理念を守り抜く固い決意を持ち、幅広い情報の収集・分析を怠らない若者を育てることだ。我々が未来への指針を探るには歴史に学ばなければならないが、歴史は過去との不断の対話で姿を現すものであり、絶え間ない振り返りと検証が必要である。この意味で、今の日本は歴史と対話する姿勢が弱い国になっている。

読者の皆さんに考えるきっかけを提供できたなら、筆者の喜びとするところである。

主要参考文献

■第1章

『飛行船の歴史と技術』牧野光雄（成山堂書店）

『Gas Balloons: view From Above the civil war Battlefield 』Ben Fanton（American Civil War magazine, September 2001）

『Wilbur & Orville Wrights』Arthur George Renstrom（NASA Publication SP-2003-4532）

『Short History of the Royal Air Force』Royal Air Forse

『Six months that changed aviation forever』Stephen Dowling（10 October 2014 BBC）

『The History of Flight from around the world』The American Institute of Aeronautics and Astronautics

『A History of Air Support Engineering』Royal Air Force

『Naval Aviation in World War 1』Adrian O. Van Wyen（The Office of Naval Operations）

『HMS Ark Royal』Royal Navy Log Books of World War 1 Era

『The schoolboy sailors who died at Gallipoli』BBC（24 March 2015）

『Were pilots in the most perilous position during WW1?』Martin Shaw Actor and pilot（World War One, BBC）

『Artifact Gallery』The Wright Brothers & The Invention of the Aerial Age

『History』Curtiss-Wright Corporation HP

『Glenn H. Curtiss 100 Years Ago』Glenn H. Curtiss Museum HP

『German Colonies in the Pacific』National Library of Australia

『日本におけるエア・パワーの誕生と発展　１９００〜１９４５年』柳澤潤（防衛省防衛研究所）

『Les debuts de l'Aviation maritime（1910-1918）』Robert Feuilloy

『Battle of the Somme : 1 July-13 November 1916』BBC History

『海軍戦略家マハン』谷光太郎（中公叢書）

『第一次世界大戦の歴史大図鑑』H・P・ウィルモット、五百旗頭真／等松春夫監修、山崎正浩訳（創元社）

『オスマン帝国の時代』林佳代子（山川出版社世界史リブレット）

『バルカンの民族主義』柴宜弘（山川出版社世界史リブレット）

『海戦史に学ぶ』野村實（祥伝社新書）

『The War in the Air』H .G. Wells 1908

『Eugene Burton Ely』The California State Military Museum

『A History of U.S. Naval Aviation』Capt.W.H.Sitz（United Sates Government Printing Office）

『Aviation in the U.S. Army,1919-1939』Maurer Maurer（U.S, Government Printing Office）

『The Command of the Air』Giulio Douhet（USAF Warrior Studies）

『The Heritage of Douhet』Bernard Brodie（The Rand Corporation）

『Air Force History』U.S. Air Force

『空爆の歴史』荒井信一（岩波新書）

『General William " Billy" Mitchell』Mitchell Gallery of Flight

『Military Aviation: Brigadier General Billy Mitchell 』militaryhistoryabout.com

■第2章

『ペリー提督日本遠征記』M・C・ペリー、F・L・ホークス編纂、宮崎壽子監訳（角川ソフィア文庫）

『黒船来航　船の科学館　資料ガイド４』（財）日本海事科学振興財団船の科学館、平成一五年七月三一日

『物語 アメリカの歴史』猿谷要（中央公論新社）

『Military Situation in the Far east』Hearing published,May3-5,7-12.14,1951（Committee on Armed Services.Senate; Committee on foreign Relations,Senate）

『The Strategic Air War Against Germany and Japan』Haywood S. Hansell, Jr.（U.S. Air Force）

『日中戦争への道』大杉一雄（講談社学術文庫）
『「満州国」見聞記　リットン調査団同行記』ハインリッヒ・シュネー、金森誠也 訳（講談社学術文庫）
『蒋介石の外交戦略と日中戦争』家近亮子（岩波書店）
『予期せぬ贈り物 米国における太平洋戦争の衝撃と遺産』ロジャー・ディングマン（防衛省防衛研究所）
『Secretary Stimson and the European War, 1940-1941』Gunther Eyck (Strategic Studies Institute, US Army)
『Arsenal of Democracy』FDR, December 29, 1940
『Adolf Hitler: Letter to President on Invation of Czechoslovakia』September 27, 1938
『The Doolitle Raid』Bob Fish（USS Hornet Museum）
『80 Brave Men The Doolittle Tokyo Raiders Roster』doolittleraider.com
『American Volunteer Group: Claire L. Chennault and the Flying Tiger』Ronald V. Regan（Aviation History, June 12, 2007）
『リンドバーグ第二次大戦日記』チャールズ・A・リンドバーグ、新庄哲夫訳（角川ソフィア文庫）
『Message from Roosevelt to Emperor Showa 6 Dec 1941』United States Department of State Bulletin, Vol. V, No.129, Dec.13, 1941（Yale law School Avalon Project）
『Introduction to China's Modern History』Columbia University
『Two Hundred Years of U.S. Trade with China（1784-1984）』Columbia University
『Robert Morris: America's Founding Capitalist』National Public Radio, December 20,2010
『The Opium War's Secret History』Karl E. Meyer（The New York Times Editorial Notebook, June 28,1997）
『Franklin D. Roosevelt's Family History in the Hudson Valley』Roy Rosenzweig Center for History and New Media
『China's Prima Donna: The Politics of Celebrity in Madame Chiang Kai-shek7s 1943 U.S. Tour』Dana Ter（Columbia University, May 1,2013）
『Mao Won the Battle, Chiang Kai-shek won the War』Robert Kaplan（Foreign Policy, March 24,2014）
『戦争指導者としての東条英機』戸部良一（防衛省防衛研究所）
『Japan's Gift to FDR』Bettina Bien Greaves（Liberty 20, Volume 1, Issue 1: 19-27）

■第3章

『U.S. Navy Surface Battle Doctrine and Victory in the Pacific』Trent Hone（Naval War College Review, Winter 2009, Vol. 62, No. 1）
『Replacing Battleship with Aircraft Carrier in the World War II』Thomas C. Hone（Naval War College Review, Winter 2013, Vol. 66, No. 1）
『昭和陸軍の軌跡』川田稔（中公新書）
『戦争史大観』石原莞爾（中央公論新社）
『太平洋戦争開戦時の日本の戦略』相澤淳（防衛省防衛研究所）
『旧日本海軍における航空戦力の役割』立川京一（防衛省防衛研究所）
『総力戦、モダニズム、日米最終戦争―石原莞爾の戦争観と国家・軍事戦略思想』石津朋之（防衛省防衛研究所）
『太平洋戦争における航空運用の実相―運用理論と実際の運用との差異について』由良富士雄（防衛省防衛研究所）
『戦間期における海軍航空戦力の発展―山本五十六と軍事革新―』塚本勝也
『太平洋戦争前夜におけるイギリスの極東戦略　１９４１年』ダグラス・E・フォード（防衛省防衛研究所）
『The Attack at Taranto』Angelo・N・Caravaggio（Naval War College Review, Summer 2006,Vol.59,No.3）
『Pearl Harbor: Thuderfish in the Sky』Pacific Aviation Museum
『Pearl Harbor』3d History Illustrated World History
『The First Attack: Pearl Harbor, February 7, 1932』Joseph・V・Micallef(Military.

com, 8 December 2016）
『On Active Services in Peace and War』Henry L. Simson and McGeorge Bundy (Harper &Brothers,1947)
『The U.S. Navy in Hawaii, 1826-1945: An Administrative History』Naval History and Heritage Command（April 23,2015）
『A Sunday in December ; Chapter 1 ; An Age of Innocence 』December 03, 1991, The Los Angels Times
『Sage Prophet or Loose Cannons ? Skilled Intelligence Officer in World War Ⅱ Foresaw Japan's Plans 』David. A. Pfeiffer（National Archives .gov, Summer 2008, Vol.40, No.2）
『War Plan Rainbow』globalsecurity. org
『The Liberty Ships of World War Ⅱ』Bill Lee（The Museum of the Waxhaws）
『アジア・太平洋戦争再考（１９３７年―１９４５年）　アメリカの勝利は必然であったか』アラン・ミレット（防衛省防衛研究所）
『Minutes of Meeting Held at the White House,June 18,1945』Truman Library
『The Strategic Air War Against Germany and Japan:A Memoir』Haywood S. Hansell, Jr.（U.S. Air Force）
『Analysis of Incendiary Phase of Operations 9-19 March 1945』Headquarters XXI Bomber Command Office of the Chief of Staff
『米国の戦略計画策定（１９１９～１９３９年）』フランシス・G・ホフマン（防衛省防衛研究所）
『ワシントン会議と太平洋防備問題』横山隆介（防衛省防衛研究所）
『旧日本海軍における航空戦力の役割』立川京一（防衛省防衛研究所）
『エア・パワーの将来と日本　歴史的視点から』林吉永（防衛省防衛研究所）
『史料紹介「山本五十六元帥の書簡等」』下川邊宏充（防衛省防衛研究所）
『Fleet Admiral Ernest J. King』Naval History and Heritage Command
『Fleet Admiral Chester W. Nimitz 』Mark J. Denger（California Center for Military History）
『Nimitz, the Submariner 』RADM Jerry Holland, USN（U.S. Navy ）
『Blockade!』James Russel Soley, USN（www.civilwar.org）
『対日戦に関する英国の大戦略』サキ・ドクリル（防衛省防衛研究所）
『英国の航空作戦指導　マレー及びビルマ』マイケル・ドクリル（防衛省防衛研究所）
『ガダルカナル島をめぐる攻防　戦力の集中という視点から』齋藤達志（防衛省防衛研究所）
『Operation Starvation』Gerald A. Mason, Captain, United States Navy（Maxwell Air Force Base, Alabama, February 2002）
『Lessons From an Aerial Mining Campaign（Operation〝Starvation〟』Frederick M. Sallagar（Rand April 1974）
『米軍資料　ルメイの焼夷電撃戦　参謀による分析報告』奥住喜重、日笠俊男（岡山空襲資料センター）
■**第4章**
『第二次世界大戦外交史』芦田均（岩波書店）
『Why FDR Decided to Demand Unconditional Surrender』Thomas Fleming（historynewsnetwork）
『Ulysses S. Grant: The Myth of Unconditional Surrender Begins at Fort Donelson』Civil War Times Magazine
『The Hundred-Year Marathon』Michael Pillsbury（ST. Martin's Griffin）
『Trying to Avoid a Japanese-American War : America's〝Japan Connection〟in 1937 and 1941』Barney J. Rickman（Southeast Review of Asian Studies/ Vol. XXX VI , 2004）
『日米戦争と戦後日本』五百旗頭真（講談社学術文庫）
『アメリカ外交五〇年』ジューョージ・F・ケナン（岩波 書店同時代ライブラリー）
『昭和天皇語録』黒田勝弘 畑好秀編（講談社学術文庫）
『最後の御前会議　戦後欧米見聞録』近衛文麿（中央公論新社）
『大日本帝国最後の四か月』迫水久常（河出文庫）

主要参考文献

『鈴木貫太郎自伝』小堀桂一郎校訂（中公クラシックス）
『日本陸軍と中国「支那通」に見る夢と蹉跌』戸部良一（筑摩書房）
『Hiroshima Nagasaki』Paul Ham（Black Swan）
『米中関係のイメージ』入江昭（平凡社）
『連合国戦勝史観の虚妄』ヘンリー・S・ストークス（祥伝社）
『MacArthur's Failures in the Philippines 1941-March 1942』Robert C. Daniels（Military History Online.com）
『Japan Attacks the Philippines, 1941- 42』James Bowen（The Pacific War Historical Society, 7 October, 2009）
『孫子が指揮する太平洋戦争』前原清隆（文春新書）
『勝海舟と幕末外交』上垣外憲一（中公新書）
『Minutes of Meeting at the White House, June 18, 1945』Miscellaneous Historical Documents　Collection（Truman Library）
『The Decision to Use the Atomic Bomb 』Henry Lewis Stimson（Harper's Magazine in February 1947 Vol. 194. No. 1161）
『Why did Japan Surrender?』Gareth Cook（The Boston Globe, August 7, 2011）
『Japan's Decision for War in 1941: Some Enduring Lessons』Jeffrey Record（Strategic Studies Institute, US Army War College, February 2009）
『American War and Military Operations Casualties : Lists and Statistic』Nese F. DeBruyne, Anne Leland（Congressional Research Service Report, January 2, 2015）
『戦中・戦後における喪失商船』大井田孝（防衛省防衛研究所）
『海上輸送力の戦い　日本の通商破壊戦を中心に』荒川憲一（防衛省防衛研究所）
『The Failed Attempt to Avert War with Japan,1941』Moments in U.S. Diplomatic History（U.S. Department of States）
『ハル回顧録』コーデル・ハル著、宮地健次郎訳（中公文庫）
『Ten Years in Japan』Joseph・C・Grew（Hesperides Press, 2006）
『Turblent Era: A Diplomatic Record of Forty Years,1904-1945』Joseph C. Grew (Boston: Houghton Mifflin Company,1952)
『ノモンハンの夏』半藤一利（文春文庫）
『ノモンハン事件（ハルハ河戦争）の歴史的研究　共同研究の経緯』Tumurbaatar Narmandakh（防衛省防衛研究所）
『ノモンハン事件の終結』秦郁彦（防衛省防衛研究所、政経研究第49巻、二〇一三年三月）
『日本とドイツの軍事思想比較　統帥権独立の影響』川村康之（日本クラウゼヴィッツ学会）
『「スイス諜報網」の日米終戦工作』有馬哲夫（新潮選書）
『国際決済銀行の過去と現在』矢後和彦（成城大学経済研究所年俸第26号、二〇一三年）
『Sage Prophet or Loose Canon? Skilled Intelligence Officer in World War II Foresaw Japan's Plans, but Annoyed Navy Brass 』David A, Pfeiffer（National archives.gov,Summer 2008, Vol. 40, No.2）
『Hiroshima:The Henry Stimson's Diary and Papers』August 10,1945（www.doug-long.com）
『Secretary of State Byrnes' Reply to Japanese Surrender Offer』August 11, 1945,United States Department of State Bultein
『Racing the Enemy :Chapter 6 Japan Accepts Unconditional Surrender』Tsuyoshi Hasegawa（The Belknap Press of Harvard University Press ,2005）
『A Most Honest Horse Thief' James Byrnes, Role in Japan's Conditional Surrender』Paul Ham（the historyreader.com, August 5, 2014）
『The Information War in the Pacific』Joseph・H・Williams（CIA Historical Document, April 14, 2007）
『日本国憲法を生んだ密室の九日間』鈴木昭典（角川ソフィア文庫）
『The Radio Broadcast That Ended World war II 』Thomas・B・Allen and Norman Polmar（Aug 7,2015 ,The Atlantic）
『Reform of the Japanese Government System（SWNC228)』27 November

1945, State-War-Navy Coordinating Committee
■第5章
『Annual Estimates of Unemployment in the United States, 1900-1954』 Stanley Lebergott（Bureau of the Budget）
『The Great Depression of 1946』 Richard K. Vedder and Lowell Gallaway（The Review of American Economics, Vol. t, No. 2）
『Establishing The Secretary's Role James Forrestal』Jeffrey A. Larsen and Erin R. Mahan（Historical Office, Office of the Secretary of Defense, June 2011）
『The 1949 Revolt of the Admirals』 Keith D. Mc Farland（Journal of the U.S. Army War College, 1980）
『Naval Aviation's Most Serious Crisis ?』 Jeffrey G. Barlow（Naval History Magazine-December 2011 Volume 25, Number 6）
『Innovation in Carrier Aviation』Thomas C, Hone, Norman Friedman, Mark D, Mandeles（Naval war College Newport Papers 37）
『Military Innovation and Carrier Aviation – An Analysis』 Jan M. Van Tol（JFQ Autumn/winter 1997-98）
『How the Royal Navy changed US Naval Aviation』 Stephen Trimble（flightglobal.com, April 4. 2011
『Technical Developments in World War Ⅱ』 Lee M. Pearson（Naval Aviation news May-June 1995）
『A History of U.S. Naval Aviation』 Capt. W. H. Sitz, USMC（US Navy Department Bureau of Aeronautics）
『Operation Paperclip: The Secret Intelligence Program to Bring Nazi Scientists to America』 Annie Jacobsen（Little, brown & company, 2014）
『Operation Paperclip: US Harbored Nazi War Criminals after World War Ⅱ』 Global Reserch, November 14, 2010）
『The Trial of Harry Dexter White: Soviet Agent of Influence』 Tom Adams（University of New Orleans, ScholarWorks@UNO）
『Alexander Vassiliev's Note and Harry Dexter White』 Svetlana Chervonnaya（documentstalk.com）
『Forging an Intelligence Partnership : CIA and the Origins of the BND, 1945-49』 Editor :Kevin C. Ruffner（CIA History Staff Center for the Study of Intelligence）
■第6章
『Freedom Betrayed』 George H. Nash（Hoover Institute Press）
『Memoirs by Harry S. Truman』 Harry Truman（The New American Library）
『NSC68: United States Objectives and Programs for National Security』 A Report to the President, April 14, 1950
『Two Strategic Intelligence Mistake in Korea ,1950』 P.K. Rose（Central Intelligence Agency）
『Naval Operation during the Korean War』 Fact Sheet, U.S. Navy
『The Korean War, 1950-1953』 U.S. Department of State
『Dean Acheson's Press Club Speech Reexamined』 James I. Matray（The Journal of Confrict Studies, Vol. ＸＸⅡ No. 1 , Spring 2002）
『Secretary of State Dean G. Acheson's Speech, Crisis in asia-An Examination of U.S. Policy』 Department of State Bulletin, ＸＸⅡ , No. 551（January 23, 1950）, " The World and Japan" Database Project
『The Venona Story』 Robert L. Benson（The Center for Cryptologic History, the National Security Agency）
『Hearings before the Committee on Un-American Activities』 House of Representatives, Eightieth Congress, Second Session
『Report of the Subcommittee to Investigate the Administration of the Internal Security Act and Other Internal Security Laws』 Committee on the Judiciary , United States Senate
『Red White: Why a Founding Father of Postwar Capitalism Spied for the Soviet』 Benn Stell（foreign Affairs, March/April 2013）
『The Dulles Brothers, Harry Dexter White, Alger Hiss, and the Fate of the Private Pre-War International Banking System』 Peter Dale Scott（The Asia

Pacific Journal, November 3, 2014）
『Press Release on VENONA Documents』Central Intelligence Agency, July 11, 1995
『The Ccurious Survival of the US Communist Party』Aidan Lewis（BBC News, May 1, 2014）
『The Story Behind the National Security Act of 1947』Charles A. Stevenson（Military Review, May-June 2008）
『United States Army in World War 2 China-Burma-India Theater, Time Runs Out in CBI 』Charles F. Romanus & Risley Sunderland（Center of Military History, United States Army）
『第二次大戦に勝者なし　ウェデマイヤー回想録』アルバート・C・ウェデマイヤー、妹尾作太男訳（講談社学術文庫）
『日中戦争期の中国におけるドイツ軍事顧問』ベルント・マーチン（防衛省防衛研究所）
『ナチス・ドイツと中国国民政府一九三三―一九三六（一）』田嶋信雄（成城大学・成城法学79号）
『中国国民政府・国民党の正規戦とゲリラ戦』菊池一隆（愛知学院大学文学部紀要37号）
『Secretary of State Dean G. Acheson's Speech, Crisis in Asia-An Examination of U.S. Policy』"The World and Japan Database Project" Institute of Oriental Culture, University of Tokyo
『Dean Acheson's Press Club Speech Reexamined』James I. Matray（The Journal of Confrict Studies）
『The MacArthur Hearing of 1951: The Secret Testimony』John Edward Wiltz（Society for Military History）
『Reports of General MacArthur The Campaigns of Macarthur in the Pacific』The Department of Army
『History of Jet Engine』Hans Von Ohain（Scientists and Friends,2007）
『Why Are Wings Swept？』Peter Garrison（Flying Magazine, January 24, 2009）

■第7章

『The Battle of Quemoy』Maochun Miles Yu（Naval War College Review, Spring 2016）
『両岸大事記』中華民国行政院大陸委員会
『張群外交秘録 日華風説の七十年』張群、古屋奎二訳（サンケイ出版）
『中国妖怪記者の自伝』陸鏗、青木まさこ・趙宏偉訳（筑摩書房）
『The Legacy of the Korean War: Impact on U.S.-Taiwan Relations 』Lyn, Cheng-yi（Journal of Northeast Asian Studies; Winter92. Vol. 11 Issue 4）
『First Taiwn Strait Crisis Quemoy and Matsu island』globalsecurity .org
『Second Taiwan Strait Crisis Quemoy and Matsu island 23 August 1958 – 01 January 1959 』globalsecurity .org
『Taiwan's Secret Ally』Hsiao-ting Lin（Hoover Institution, April 6, 2012）
『Taiwan Strait 21 July to 23 March 1996』globalsecurity .org
『Seventh Fleet Standoff: A Two-Cut Analysis of the Decision to Neutralize Taiwan in June 1950 』Eric P. Swanson（Concept, Vol. ⅩⅩⅩⅧ ,2015）
『Aircraft Carrier in the Taiwan Strait』Vasilis Trigkas（The Diplomat, December 29, 2014）
『Crisis Management :China,Taiwan and the United States- the 1995-96 Crisis and Aftermath』Gary Klintworth（Parliament of Australia）
『High Seas Buffer :The Taiwan Patrol Force, 1950-1979』Bruce A. Elleman（Naval War College Newport Papers 38）
『The Beijing-Washington Back Channel Henry Kissinger's Secret Trip to China September1970-July 1971』National Security Archive Electronic Briefing Book No.6, February 27, 2002
『Managing Policy Toward China under Clinton: The Changing Role of Economy』Charles A. Goldman（Rand, July 1995）
『US-China Relations Under the Clinton Administration: Comprehensive Engagement or the Cold War Again？』P.M. Kamath（institute for Defense

Studies And Analyses, India, August 1998）

『40 Years of US-China Commercial Relations』Ben Baden （China Business Review, January 1, 2013）

『「一個中国」各自表述』蘇起、鄭安國主編（財団法人 国家政策基金會）

『幸振甫人生紀實』黄天才、黄肇珩（聯経出版事業股份有限公司）

『Freedom Betrayed』George H. Nash （Hoover Institute Press）

『40 Years of US-China Commercial Relations』Ben Baden （US China Business Review, January 1, 2013）

『China's Entry into the WTO 10 Years Later Is Not What President Clinton Promised』Richard McCormack （Manufacturing & Technology News, June 15, 2010, volume 17,No.10）

『Permanent Normal Trade Relations for China 』Nicholas R. Lardy （Policy Brief, the Brookings Institution, May 2000）

『日本のレアアース政策とＷＴＯ提訴　中国の輸出規制問題に対する意思決定の変遷』塚越康記（海幹校戦略研究　二〇一五年一二月）

■第８章

『中国評論 戦略対話無各説空話』孫嘉業（明報、二〇一一年一月一一日）

『Dying with Eyes Open or Closed: The Debate over a Chinese Aircraft Carrier』Andrew F. Diamond（The Korean Journal of Defense analysis, Vol. XVIII , No. 1, Spring 2006）

『China's Aircraft Carrier Program-Drivers, Developments, Implications』Andrew Scobell, Michael McMahon, and Cortez A. Cooper III （Naval War College Review, Autumn 2015,Vol. 68, No. 4）

『Chronology of Submarines Contact during the Cuban Missile Crisis October 1, 1962 – November 14, 1962』Jeremy Robinson-Leon and William Burr （The National Security Archive）

『The Bay of Pigs Invasion and its aftermath, April 1961-October 1962』US Department of States

『The Cuban Missile crisis , October 1962 』US Department of States

『A Stark Nuclear Warning』Jerry Brown （The New York Review of Books, july 14,2016）

『New Sources on the Role of Soviet Submarines in the Cuban Missile Crisis』Svetlana・V・Savranskaya （The Journal of Strategic Studies Vol.28, No.2, April 2005）

『The Men Who Saved the World-Meet Two Different Russians Who Prevented WWW3』Editor, militaryhistorynow.com , 15 July, 2013

『Thank you Vasili Arkhipov, the man who stopped nuclear war』The Gurdian, 27 Octorber, 2012

『The man who saved the world: The soviet submariner who single-handidly acerted WW III at height of the Cuban Missile Crisis』Leon Watson and Mark Duell （The daily Male, 25 September, 2012）

『A Comprehensive Survey of China's Dynamic Shipbuilding Industry』Gabriel Collins and Lieutenant Commander Michael C. Grubb, U.S. Navy （U.S. Naval war College

『中国の海上権力』浅野亮　山内敏秀　編（創土社）

『太平洋の赤い星』トシ・ヨシハラ＆ジェイムズ・R・ホームズ著、山形浩生 訳（バジリコ株式会社）

『Submarine Defense: Russian Subs Posing Pacific Threat to US Navy』Tass, March 19, 2016

『潜水艦の戦う技術』山内敏秀（サイエンス・アイ新書）

『中国潜水艦の脅威と米海軍　米海軍は中国潜水艦の脅威をいかに評価し、対抗しているのか』青井志学（海幹校戦略研究、二〇一三年一二月）

『Navy Lasers, Railgun, and Hypervelocity Projectile: Background and Issues for Congress』Ronald O'Rourke （Congressional Research Service May 25,2016）

『火薬のはなし』松永猛裕（講談社）

『Shipbuilding May Limit Russian Navy's Future』Dmitry Gorenburg （The

Maritime Executive, November 27, 2015）
『Exploiting Amphibious Operation to Counter Chinese A2/AD Capabilities』Colonel Grant Newsham, USMC（Center for a New American Security, January 2016）
『How A2/AD Can Defeat China』J. Michael Cole（The Diplomat, November 12, 2013）
『にっぽんの海　船の科学館　資料ガイド11』（財）日本海事科学振興財団　船の科学館、平成二五年三月一二日
『逆説の軍事論』冨澤暉（バジリコ株式会社）

■第9章

『Military strength eludes China, which looks overseas for arms』J ohn Pomfret（The Washington Post, December 24, 2010）
『U.S.-Israeli defense technology collaboration began with confrontation 』Eli Lake（The Washington Times, May 23, 2011）
『China Clones, Sells Russian Fighter Jets』Jeremy Page（The Wall Street Journal, December 5, 2010）
『Pakistan Awaits 50 Jets Made With China』Agence France-Presse, May 20, 2011
『Israel Fighter Allegedly Reborn in China』Dominic Moran（ISN Security Watch, January 23, 2006
『Israel's role in China's new warplane』David Isenberg（Asiatimes, December 4, 2002）
『U.S. suspends Cooperation With Israel on Fighter Jet』Mark Perelman, Ori Nir（Jewish Daily, May 6, 2005）
『Ukraine to help train China's navy pilots』Andrei Chang（UPI Asia Online, December 5, 2008）
『Russia downplays Chinese J-15 fghter capabilities』Ria Novosti,（April 6, 2010）
『中國殲20設計超前震撼美国』李永峰　専訪：漢和防務評論総編集平可夫（亜洲週刊、二〇一一年一月一三日）
『日韓台灣戦機皆成漂垃圾』寥晨琳　専訪：厦門國際軍事學會會長黄東（亜洲週刊、二〇一一年一月一三日）
『China suspected of copycatting Russian naval jet』Ria Novosti, June 4, 2010
『Russia asks China not to clone Su-35 fghters』Pravda,July 3, 2012
『Exercise highlights Raptor synergy, joint capabilities』Capt. Elizabeth Kreft（US Air force News, June 16.2006）
『F-22 excels at establishing air dominance』Todd Lopez（US Air force News, June 23.2006）
『Raptor wield 'unfair' advantage at Red Flag』Russell Wicke（US Air force News, February 21.2007）
『ドッグファイトの科学』赤塚聡（サイエンス・アイ新書）
『Indigenous Weapons Development in China's Military Modernization』Amy Chang（U.S.-China Economic and Security Review Commission Staff Research Report, April 5, 2012）
『China's Activities Directly Affecting U.S. Security Interests』U.S.-China Economic and Security Review Commission 2008 Report to Congress
『Entering the Dragon's Lair』Roger Cliff, Mark Burles, Michael S. Chase, Derek Eaton, Kevin L. Pollpeter（The Rand Corporation 2007）
『The Development of China's Air Force Capabilities』Roger Cliff（Rand Corporation May 2010）
『Anti –Access Measures in Chinese Defense Strategy』Roger Cliff（Rand Corporation January 2011）
『Developments in China's Commercial and Military Aviation Industry』USCC 2010 Report to Congress Chaptor2, Section 2
『Buy, Build, or Steal: China's Quest for Advanced Military Aviation's Technologies』Phillip C. Saunders and Joshua K. Wiseman（National Defense University, December 2011
『Taking Mines Seriously-Mine warfare in China's Near Sea 』Scott C. Truver

(Naval War College Review, Spring 2012, Vol. 65 No.2)

『Friends With Benefits? Russian-Chinese Relations After the Ukraine Crisis 』Alexander Gabuev（Carnegie Moscow Center, June 29,2016）

『A capability review of the Chinese aerial-refueling tanker fleet 』Vivek Ahuja（Pakistan Defence, Nov 19. 2015）

『Air Force Aerial Refueling Methods: Flying Boom versus Hose-and Drogue』Christopher Bolkcom（CRS Report for Congress, June 5, 2006）

『Air Force Aerial Refueling 』Christopher Bolkcom（CRS Report for Congress, March 20, 2007）

『Tanker History』The Globalsecurity.org

『The PLA-AF's Aerial Refueling Programs』Carlo Kopo（Air Power Australia, April 2012）

『The aerial tankers that helped shrink globe 』Mark Piesing（BBC,20 December 2016,）

『PLA's aerial refueling tanker fleet』SinoDefence Editor, 7January 2017

■第10章

『海洋の安全保障と日本』秋山昌廣（防衛省防衛研究所）

『わが国の経済安全保障政策の強化と海上運送事業』羽原敬二（防衛省防衛研究所）

『Limits in the Seas No.143 China: Maritime Claims in the South China Sea』United States Department of States, Bureau of Oceans and International Environmental and Scientific Affairs

『The U.S. and China's Nine-Dash Line : Ending the Ambiguity』Jeffrey A. Bader（Brookings, February 6, 2014）

『The Geography of Chinese Power』Robert D. Kaplan（I.H.T., April 19, 2010）

『How We Would Fight China』Robert D. Kaplan（The Atlantic, June 2005 Issue）

『南シナ海における中国の「九段線」と国際法』吉田靖之（海幹校戦略研究　二〇一五年六月）

『中国の周辺国家の海上国境問題』李国強（「境界研究」No.1 二〇一〇年）

『海上保安レポート２０１６』海上保安庁

『海から見た世界経済』山田吉彦（ダイヤモンド社）

『Multipolar Trends and Sea-Lane Security』Xu Qiyu（Us Naval War College China Maritime Studies Number 13）

『Chinese Cooperation to Protect Sea-Lane Security: Antipiracy Operations in the Gulf of Aden 』Andrew S. Ericson and Austin M. Strange（Naval War College, China Maritime Studies Number 13）

『Freedom of the " Far Seas" ? A Maritime Dilemma for China 』Jonathan G. Odom（Naval War College, China Maritime Studies Number 13）

『War with China』David C. Gompert, Astrid Stuth Cevallos, Cristina L. Garafola（the Rand Corporation, 2016）

『Battle Atlas of the Falklands War 1982 by Land, Sea and Air』Gordon Smith（naval-history.net/NAVAL 1982 FALKLANDS,htm）

『The Falklands Crisis and the Laws of War』Micael N・Schmtt, Leslie C・Green（Inter national Law studies-Volume 70）

『How France helped both sides in the Falklands War』Mike Thomson（BBC, 6 March 2012,）

『The South China Sea's Third Force: Understanding and Countering China's Maritime Militia』Andrew Ericson（Testimony before the House Armed Services Subcommittee Seapower and Projection Forse Subcommitree, 21 September 2016）

『海の友情』阿川尚之（中公新書）

『アメリカにおける秋山真之（上・下）』島田謹二（朝日選書）

『戦争概論』アントワーヌ・アンリ　ジョミニ（中公文庫）

主要戦役索引

主要人名索引

p246（上） https://www.wired.com/2013/04/laser-warfare-system/
p246（下） https://news.usni.org/2015/01/05/navy-wants-rail-guns-fight-ballistic-supersonic-missiles-says-rfi
p248 https://www.express.co.uk/news/world/915472/world-war-3-russia-army-nuclear-submarines-vladimir-putin

第9章

p257（左） http://lefauteuildecolbert.blogspot.jp/2017/11/retour-aux-origines-maturation-du-porte.html
p257（右） http://mil.news.sina.com.cn/2016-04-15/doc-ifxriqqx2502883.shtml
p261 http://www.pakistanaffairs.pk/threads/5691-China-s-J-31-F-60-Shenyang-stealth-fighter/page2
p262 https://thaimilitaryandasianregion.wordpress.com/2015/10/25/chengdu-j-10/
p263 http://www.ebay.it/itm/Aereo-militare-aereo-caccia-f22-USAF-BLUE-SKY-poster-art-print-bb1053a-/121760374061
p264 https://militarymachine.com/f-117-nighthawk/
p266 https://sputniknews.com/russia/201708121056406782-russia-plane-evolution/
p267 http://www.mod.go.jp/atla/pinup280422.pdf
p277 https://saab.com/air/gripen-fighter-system/gripen/gripen/the-fighter/gripen-e-series/Gripen-E/
p284 https://www.scoopnest.com/user/PDChina/802910311187709953

第10章

p295 https://news.usni.org/2016/06/20/stennis-reagan-dual-carrier-operations
p297 http://www.todayonline.com/world/where-chinas-top-leaders-will-take-shelter-survive-nuclear-fallout
p301 http://nationalinterest.org/blog/the-buzz/the-b-1-bomber-the-supersonic-killer-north-korea-should-fear-21243

プロローグ

p325 https://www.voanews.com/a/al-qaida-leader-bin-laden-killed-by-us-special-forces/3834949.html

第4章

p99　https://commons.wikimedia.org/wiki/File:Chiang_Kai_Shek_and_wife_with_Lieutenant_General_Stilwell.jpg

p103　https://commons.wikimedia.org/wiki/File:Ulysses_S._Grant_1870-1880.jpg

p106　https://commons.wikimedia.org/wiki/File:Kantaro_Suzuki_suit.jpg

p109　https://ww2db.com/image.php?image_id=338

p124　http://www.kmine.sakura.ne.jp/kusyu/kuusyu.html

p129　https://commons.wikimedia.org/wiki/File:R_Sorge.jpg

第5章

p135　https://en.wikipedia.org/wiki/Harry_S._Truman#/media/File:Harry_S_Truman_-_NARA_-_530677_(2).jpg

p139　http://www.educatinghumanity.com/

p148　https://www.defense.gouv.fr/marine/

p152（左）　http://nationalinterest.org/blog/the-buzz/americas-aircraft-carriers-submarines-stealth-weapons-all-15324p154

https://commons.wikimedia.org/wiki/File:WhiteandKeynes.jpg

p152（右）　https://www.airspacemag.com/multimedia/hook-and-release-180955352/

p155　https://commons.wikimedia.org/wiki/File:Arlington_Hall_1943.jpg

p156　https://www.omnihotels.com/hotels/bretton-woods-mount-washington

第6章

p170　https://commons.wikimedia.org/wiki/File:Yalta_Edit.jpg

p174　https://ww2db.com/image.php?image_id=4907

p188　https://www.cvce.eu/en/obj/inchon_landing_korea_15_september_1950-en-ebf55e53-0d85-47f2-a2c0-42007f8ce728.html

p193　https://ipfs.io/ipfs/QmXoypizjW3WknFiJnKLwHCnL72vedxjQkDDP1mXWo6uco/wiki/North_American_F-82_Twin_Mustang.html

p194　https://wikivisually.com/wiki/File:Dunne_D8_flying.jpg

p195　http://www.af.mil/News/Photos/igphoto/2000466044/

第7章

p200　http://online.sbcr.jp/2015/08/004087_2.html

p205　https://www.whitehouse.gov/about-the-white-house/presidents/dwight-d-eisenhower/

p209　鐘振宏氏撮影

第8章

p226　http://news.ifeng.com/history/gaoqing/detail_2013_01/16/21257013_0.shtml#p=3

p229　https://financialtribune.com/articles/international/56202/japan-spots-chinese-armada-in-east-china-sea

p231　https://www.flickr.com/photos/usnavy/26245867344

p232　https://www.wittyfeed.me/story/62487/thrilling-photos-of-usmc-and-us-navy-showing-theyre-not-just-for-patriotism

p234　http://www.navy.mil/navydata/nav_legacy.asp?id=73

p237　https://commons.wikimedia.org/wiki/File:John_Kennedy,_Nikita_Khrushchev_1961.jpg

p245　https://warrior-lodge.myshopify.com/collections/ships-of-the-us-navy/products/wasp-class-amphibious-assault-ship

写真出典

※アクセスチェックは全て2018年2月14日

【カバー・大扉】

〈表〉 https://www.ibiblio.org/hyperwar/OnlineLibrary/photos/images/h77000/h77565.jpg

〈裏〉 http://www.navy.mil/view_image.asp?id=78672

〈大扉〉 http://www.navy.mil/management/photodb/photos/111003-N-ZZ999-002.jpg

【本文】

プロローグ

p8　筆者撮影

第1章

p14　http://www.wright-brothers.org/

p17　http://www.doncio.navy.mil/chips/ArticleDetails.aspx?ID=5306

p20　https://www.thoughtco.com/ferdinand-von-zeppelin-1992701

p22　http://www.bbc.co.uk/guides/zgxhpv4

p29　https://www.glennhcurtissmuseum.org/motorcycles.php

p30　https://airandspace.si.edu/stories/editorial/eugene-ely-and-birth-naval-aviation%E2%80%94january-18-1911

p35　https://www.army.mil/article/33680/william_billy_mitchell_the_father_of_the_united_states_air_force

p38　https://www.thoughtco.com/world-war-i-hms-dreadnought-2360908

p39　https://ja.wikipedia.org/wiki/%E9%B3%B3%E7%BF%94_(%E7%A9%BA%E6%AF%8D)

第2章

p44　https://www.history.navy.mil/research/library/research-guides/z-files/zb-files/zb-files-m/mahan-alfred.html

p45　http://www.themichaelteaching.com/wp-content/uploads/2011/01/warrior_artisan.jpg

p49　https://www.thedailybeast.com/a-noble-failure-woodrow-wilsons-presidency-considered

p50　https://www.khanacademy.org/humanities/ap-us-history/period-7/apush-great-depression/a/franklin-delano-roosevelt-as-president

p60　https://commons.wikimedia.org/wiki/File:Curtiss_P-40C_Model_H_81-A3.jpg

p61　https://commons.wikimedia.org/wiki/File:Ambassador_Grew.jpg

第3章

p64　http://www.militarymuseum.org/Nimitz.html

p65　https://commons.wikimedia.org/wiki/File:Portrait_of_Yamamoto_Isoroku.jpg

p68　https://commons.wikimedia.org/wiki/File:A6M3_Model22_UI105_Nishizawa.jpg

p77　https://www.military.com/daily-news/2017/12/07/pearl-harbor-ship-logs-memorialize-start-world-war-ii.html

p80　http://www.eglin.af.mil/News/Article-Display/Article/393474/eglin-commemorates-65th-anniversary-of-doolittle-raid-with-historical-marker/

p84　https://www.airspacemag.com/military-aviation/kansas-city-b-25-factory-180951624/

p89　https://ww2db.com/person_bio.php?person_id=509

p91　http://military.wikia.com/wiki/XXI_Bomber_Command

竜口英幸（たつぐち・ひでゆき）

ジャーナリスト。米中外交史研究家。西日本新聞TNC文化サークル講師。1951年 福岡県生まれ。鹿児島大学法文学部卒（西洋哲学専攻）。西日本新聞社に入社し編集局勤務。その後、人事部次長、国際部次長、台北特派員、事業局次長などを務めた。歴史や文化に技術史の視点からアプローチ。「ジャーナリストは通訳」をモットーに「技術史と国際標準」、「ダーウィンの進化論の意義」、「七年戦争がもたらした軍事的革新」、「日蘭台交流400年の歴史に学ぶ」、「文化の守護者-北宋・八代皇帝徽宗と足利八代将軍義政」、「中国人民解放軍の実力を探る」などの演題で講演・執筆活動を続けている。

海と空の軍略100年史

——ライト兄弟から最新極東情勢まで　　定価（本体2300円＋税）

2018年4月1日　初版第1刷発行

著　者　©竜　口　英　幸

発行者　川　端　幸　夫

発行所　集　広　舎
〒812–0035
福岡市博多区中呉服町5–23
電　話：092–271–3767　FAX：092–272–2946
http://www.shukousha.com/

制作　忘羊社（藤村興晴）

印刷・製本　モリモト印刷株式会社

ISBN978–4–904213–56–8 C0031

落丁本・乱丁本はお取替えいたします。